管理 叢書

Performance Management:
Theory and Practice

實用績效
管理學

丁志達◎著

序

成器不課不用，不試不藏。

——《管子‧七法》

　　企業的成敗在「人」，不是市場，也不是商品。績效管理是提高組織有效性唯一也是最大的有利因素，績效管理就是在談論「人」的問題。作家隱地說：「人」這個字，一邊向左，一邊向右，一副分道揚鑣的樣子，偏又相連著，各說各話，各走各路，卻又息息相關。「人」，這麼一個簡單的字，竟包含如此豐富的寓意，把人的榮譽、清明、至善……和猜疑、狠毒、奸詐……銜接得天衣無縫。

　　無論績效管理是從哪個角度切入，其最終目的都是為了提升「組織」績效。傳統的績效評估與衡量，著重於評量員工與組織「過去」的績效；發展式的績效評估則是重視過去與未來員工的潛能發展。

　　物理學家艾薩克‧牛頓爵士（Sir Isaac Newton）說：「如果我能看得更遠，那是因為站在巨人的肩膀上。」理論（遠見）、實用（按圖索驥）二者相互為用，最值得「擷取」、「借鏡」，所謂「知己知彼，百戰百勝」正是這個道理。

　　全書共十四章，從宏觀面的「績效管理框架」起頭，再陸續鋪陳出績效考核制度規劃、績效考核工具、目標管理制度、KPI與OKR、平衡計分卡的應用、績效衡量指標、績效考核制度設計、多元績效評估回饋制、績效考核行政作業、績效面談技巧、績效輔導與管理、績效管理發展，並以績效管理制度最佳典範總結。使本書在理論與實務方面能相互結合，內容簡明，體系完整，重點突出，讓閱讀者更容易掌握績效管理的精髓所在，引用的資料皆可醍醐灌頂，必定能受益無窮。

本書付梓之際，謹向揚智文化事業葉總經理忠賢先生、閻富萍總編輯暨全體工作同仁敬致衷心的謝忱。限於著者學識與經驗的侷限，疏誤之處，在所難免，尚請方家不吝賜教是幸。

丁志達 謹識

目　錄

圖目錄

表目錄

範例目錄

實用績效管理學
Performance Management: Theory and Practice

xvi

Chapter

1

績效管理框架

在廿世紀結束時，所有的管理理論都將重新洗牌，所有舊的理論都將不再被重視，唯一僅存的是「績效管理」。

——管理學之父彼得‧杜拉克（Peter F. Drucker）

張飛大戰黃忠

電視有畫面，聲畫同時出現的視聽雙重效果，形成電視為強勢媒體的地位。不過，電視一但有絲毫疏失，後果更加難以收拾。有一則國劇迷樂於傳述的笑話：「張飛大戰黃忠」一劇。

「張飛」一時匆忙，未及帶上鬍子就攜刀出場。

「黃忠」憋住笑意喝道：「我要殺的是你老子，你這個嘴上無毛的小子，為何來送死！」

「張飛」發現鬍鬚果然沒戴上，狠狠瞪了一眼：「是好漢就別跑，等我老爸來取你性命！」

回到後台掛上鬍子，鑼鼓聲中再度出場，掄起大刀就砍向「黃忠」。

【啟示錄】所謂：「台上一分鐘，台下十年功」，原本一場「下不了台」的表演，扮演「張飛」的角色人奇蹟般地迎來更多的聲譽，這就歸功於從容不迫，沉著鎮定不慌張，以維護平日「團隊」訓練有素的招牌不墜的口碑。

資料來源：丁志達主講（2019）。「主管必修面談實務研習班」講義。天地人學堂編印。

修習人文學科與社會學科，其研究範圍均是以「人」自己的問題做研究；歷史學科，研究「人群」行為的來龍去脈；社會科學諸學科，係研究「人」與「人」之間的關係、組織型態及集體行為的模式；文學、藝術與音樂諸學科，則研究「人」如何表現、抒發其情緒；哲學與宗教則探討人類價值觀念。凡此諸類別心智活動，無論涉及理性或涉及感性，都與我們的生活有密切的因果關係。因而人文學科與社會學科，即是我們嘗試瞭

解「自己」的學問（許倬雲，2000）。

　　管理學的「上游」是所有的社會科學（心理學、社會學、社會心理學、人類學、政治學等）；「下游」是組織與經營上的實際問題（問題分析與決策、個案研討等）。「上游」的學問博大精深，「下游」的問題複雜多變，管理學位居其中從事整合的工作，一方面以開放的態度自上游各界擷取學理的精華，一方面以嚴謹的邏輯將實際的問題分析歸類，並試圖以整合後的學理對問題提出解答（司徒達賢，1999：4）（**圖1-1**）。

圖1-1　組織行為學的理論架構

資料來源：劉姍姍。《組織行為學》教案，山西財經大學公共管理學院勞動經濟教研室，http://218.26.164.163/common/editer/openfile/get.jsp?fid=698。

第一節　績效管理的概念

　　成功的績效管理制度是確保組織目標達成的重要工具，透過有效績效管理制度的制定，將能協助員工發揮最大潛力並挑戰更高目標，將每位員工的績效成果與經營策略連結，並啟動高績效的正面循環，進一步打造高績效、高產能團隊（**圖1-2**）。

　　彼得・杜拉克在《有效的管理者》中對「績效」（Performance）的解釋為「直接的成果」。而「管理」（Management）乙詞的定義是指：「管理是經由他人之努力與合作而把事情完成。」（**表1-1**）

　　績效管理（Performance Management）是評估員工對公司經營目標所做的貢獻。

　　績效管理必須靠績效考核（Performance Appraisal）來執行。績效考

圖1-2　績效管理工具箱

資料來源：李洪余、朱濤譯（2003）。帕梅拉・瓊斯（Pam Jones）著。《績效管理》，頁90。上海交通大學出版社。

表1-1　訂定績效管理的目的

1.協助公司有效執行年度計畫及策略。 2.改善員工與直屬主管間的溝通。 3.評估員工績效作為調薪、升遷的依據。 4.讓員工參與自己的工作規劃。 5.給予員工在工作表現上的回饋並指導使其表現更好。 6.提供公司關於訓練生涯規劃及人力資源管理的資訊。

資料來源：陳子仁主講（1996）。「績效管理」講義。臺灣國際標準公司
　　　　　（Taisel）編印。

核的結果，可使員工明瞭自己工作的優、缺點。有關績效考核所發現的工作上的優點，能提升員工工作的滿足感與成就感，使員工樂於工作，適任工作；工作上所發現的缺點，能使員工知所改善，精益求精，達到績效管理的多重目的。因此，績效管理係強調主管與員工間事先對工作目標設定的重要性，以職責為基礎，依工作成果來衡量績效過程中，透過不斷的諮商（Counseling），達成目標管理（圖1-3）。

圖1-3　全方位績效管理流程圖

資料來源：丁志達主講（2016）。「目標與績效管理」講義。國立交通大學人事
　　　　　室編印。

一、策略性績效管理系統

績效管理的目的，是怎麼讓績效更好，評分只是工具而已。管理是運用評估之後的資訊，作為決策參考，或協助員工從數字中獲取資訊自我改進。人力源資學者麥可‧阿姆斯壯（Michael Armstrong）認為：「績效管理是一個策略性及整合性的措施，經由此一措施可發展個別員工及團隊的能力，改善員工工作績效，以促進組織的成功。」

管理觀念中最引人注意，也最常引起人們爭辯的，莫過於策略（Strategy）。競爭策略之父麥可‧波特（Michael E. Porter）說：「策略制定的要旨，就是決定哪些事不該做。」績效管理是一種遍及整個組織的管理過程，使員工對於績效目標與達成的手段能具有共同的認知，以增加達成績效目標的可能性。

績效管理之所以有別於績效考核，在於其強調：

1.將願景策略目標由上到下展開到每一員工。
2.績效改善的過程管理，包括政策手段、目標值及時程表。
3.績效管理係績效考核與其他人力資源管理功能的結合。

至於績效管理系統要能有效支持事業策略，至少應包括以下因素：

1.員工個人目標的設定，必須能支持整個事業策略目標的達成。
2.績效管理應具備績效考核回饋與協助員工發展等雙重角色。
3.員工的考核目標必須有效地與部門和企業的目標結合。
4.由考核者與被考核者針對績效差異與執行障礙分析討論。
5.從考核面談再去發展新的下期目標。
6.從考核面談中展開協助績效完成及個人發展的行動方案。
7.績效考核與薪酬制度的結合，藉以形成績效導向的企業文化。
8.主管於績效考核期間持續地給予部屬回饋、教導和諮商，是整體績效管理活動的一環。

9.績效考核的結果與薪酬制度的結合必須公平的、合理的。

10.從績效管理的成果去檢討組織現況，作為組織設計、事業策略等檢討改善的依據（李漢雄，2000：147-148）。

績效管理工作中最重要的是透過績效考核能夠使組織和個人不斷地改進業績，使每個員工懂得如何改善自己的績效。改善組織績效的關鍵是取決於績效管理系統而非績效考核系統（**圖1-4**）。

二、績效的意涵

國際商業機器公司（International Business Machines Corporation, IBM）前執行長路‧葛斯納（Louis V. Gerstner, Jr.）說：「企業可以透過績效管理塑造員工行為與思維模式，績效管理重視什麼，員工就會留意什麼。」績效管理是透過人力資源管理，將組織策略目標轉換成員工個別績效項目的制度與方法，用以強調主管與員工間事先對工作目標設定的重要性，以職責為基礎，以工作表現為中心，透過主管與部屬之間經常的互動、諮商與檢討工作上的得失，使部屬知道主管要部屬做什麼？要如何做？工作標準在哪裡？依工作成果來衡量績效，並使員工不斷地經歷新的

圖1-4　績效管理系統圖

資料來源：丁志達主講（2019）。「績效考核與目標管理訓練班」講義。台灣科學工業園區科學工業同業公會編印。

圖1-5　績效管理體系

資料來源：丁志達主講（2019）。「績效管理研習班」講義。行政院人事行政總
　　　　　處公務人力發展學院（南投院區）編印。

經驗、培養新的技術，在主管適時的協助下來完成工作目標，並累積工作
歷練，成為企業的棟樑。以「績效管理」取代「績效考核」之目的，是在
於結合不同人力資源的功能與績效的相關性，以及整合人力資源循環與企
業策略目標（**圖1-5**）。

　　績效考核與策略結合有利於策略目標之有效執行。績效考核是一種
策略控制的流程，運用績效考核去強調執行策略所須的行為，引導員工朝
向策略目標。

　　綜合言之，績效管理的重點就在於幫助員工成功。如果每位員工都
成功，團隊就會成功，主管也會跟著成功，最終目的是提升整體組織的效
能（**表1-2**）。

表1-2　績效管理與績效考核的差異

績效考核	績效管理
▼一年一度的成績單	▲持續性的過程（計畫、執行、檢討及調整） ▲回饋頻繁
▼回憶性的工作檢討	▲前瞻性的規劃工作 ▲注重工作績效及成果 ▲根據職責衡量
▼員工參與受限	▲員工積極參與分擔成果責任 ▲同時評估工作執行的過程及結果 ▲多方面的資訊取得
▼注重表格和考核的等級	▲注重評估的過程及雙方的溝通 ▲經常正面的回饋以及立即、有建設性的解決問題
▼缺乏附加價值	▲傳達組織理念、達成企業目標的設立個人工作目標的管理工具 ▲重視規劃、指導與考核

資料來源：參考自美商惠悅企管顧問公司台灣分公司「績效管理研討會講義」
　　　　　（1994）。

 第二節　組織績效與績效管理

　　組織是由人員與流程所組成，人員在各流程中執行工作，以滿足客戶的需求。以服務業而言，顧客的抱怨不一定是針對員工個人行為而來，大部分客戶抱怨的原因通常是來自流程本身，若服務業不蒐集客戶抱怨的資料，則他們可能會錯失有關流程改善的重要訊息。

一、績效考核矩陣

　　在績效考核的矩陣（Matrix）中，組織層次的績效評估指標，其實是人員層次與流程層次績效評估指標的綜合體。根據史蒂芬‧赫羅內茨（Steven M. Hronce）《非常訊息》提到績效考核矩陣指出：「平衡不同

範例1-1

聯合利華的績效管理

　　聯合利華（Unilever）是一家英國與荷蘭的跨國消費品公司，由荷蘭聯合麥淇淋公司和英國利華兄弟公司合併而成，總部設在荷蘭鹿特丹和英國倫敦。

　　聯合利華在年終考核績效時，除了關注業績指標的完成情況外，還有很重要的一個考核指標是，評估年初訂下的個人發展計畫有沒有實現，個人的能力素質有沒有得到提高。

　　評估結束後，每名員工都需要根據自己的優勢與不足，結合個人發展方向，制訂一個新的年度重點發展計畫，然後在下一輪績效管理循環中，透過培訓、輔導和其他方式，幫助員工提高能力。

資料來源：程建崗文，〈讓員工發展助力企業贏得競爭優勢〉。人力資源總第
　　　　　321期（2010/07），頁30。

績效評估指標（成本、品質與時間），用於橫跨多個層次（組織、流程和人員）的工具。」績效考核矩陣之效益是指：「可使管理者著手瞭解及建立績效評估指標，用於平衡價值及服務，而以公司之策略、目標與流程相配合」（圖1-6）。

二、人員層次的績效考核

　　在績效考核矩陣中，針對人員層次的績效考核，赫羅內茨就品質、時間與成本加以闡述。

(一)品質

　　可靠度、可信度與適任性跟品質因素相關。

圖1-6　組織績效評估關係位階圖

資料來源：丁志達主講（2019）。「績效考核與目標管理訓練班」講義。台灣科學工業園區科學工業同業公會編印。

1.可靠度的衡量：在服務業中，可靠度可以指人員符合進度的程度（人員是否能在期限前完成工作）；在製造業中，可靠度則通常是指錯誤率。

2.可信度的衡量：在服務業中，可信度是一項很重要的人格特質，因為業務員、接待員、接線生等都必須與外部客戶接觸，譬如金控業培訓員工，其櫃檯服務人員反應之形象非常重要，因此被要求具有可信賴的人格特質。

3.適任性的衡量：無論服務業或製造業，都需針對員工執行工作的技能水準進行衡量，其方法主要是透過能力測驗或證書資格來評定。

(二)時間

日理萬機的主管，要達到有效的管理，第一步是清楚的知道自己是如何運用時間的。反應度、調適度跟時間因素相關。

1.反應度：反應度對製造業或服務業都是非常重要的一項指標，例如許多公司都非常關心電話鈴聲響了多久員工才接聽電話，或是員工

回答客戶詢問的速度，這都是反應度測試指標。

2.調適度：調適度就是指彈性，若員工擁有多項技能，他們就可依不同的客戶需求提供服務，把事情做得更好，甚至在不同的工作之間進行輪調。

(三)成本

成本是製造及銷售一種產品所需的費用。薪酬、培訓、激勵跟成本因素相關（**表**1-3）。

1.薪酬成本的衡量：薪酬的衡量包括薪資、獎金費用等。
2.培訓成本的衡量：訓練課程費、指導費等。
3.激勵成本的衡量：分紅計畫、有薪休假等。

上述這三類績效評估指標（成本、品質、時間）有互相牽制的作用，企業必須同時加以掌控，更重要的是，企業必須看到整體全貌，諸如績效評估指標如何與組織策略連結？他們如何協助管理者掌握組織內的成本、品質與時間？這些項目都要靠績效管理制度上去落實，去考核、去追蹤與回饋（勤業管理顧問公司譯，1998）（**表**1-4）。

 ## 第三節　績效考核的定義與功能

英特爾（Intel）公司創辦人之一安得魯・葛洛夫（Andy Grove），曾對一組管理人員提出下列二個問題：為什麼「績效考核」是大多數組織所訂定的管理制度當中的一部分？我們又為什麼要對部屬的工作績效進行考核？葛洛夫得到的答覆有（巫宗融譯，1997：203-204）：

1.評鑑部屬的工作。
2.改進部屬的績效。

表1-3　組織層次的績效評估指標

組織層次			
績效評估指標		定義	範例
成本	財務性成本資料	遵守外界法規所編製之歷史性財務資料	・稅務機關 ・證管會
	營運性成本資料	企業每日營運的成本資料	・訂單數 ・銷貨收入 ・現金餘額
	策略性成本資料	做成長期決策的財務分析資料	・自製／外購決策分析 ・產品成本分析 ・目標成本分析
品質	關懷度	對個人的關注	・客戶滿意度 ・員工滿意度
	生產力	組織的效率	・每一員工銷貨收入 ・某時期內之產量 ・產出／投入
	可靠度	一致、可靠的績效表現	・產品退回 ・客戶抱怨
	可信度	利益關係人的認知	・形象調查 ・公共關係
	適任性	擁有必要技能的程度	・第三者認證 ・客戶推薦
時間	速度	組織交付各項產出的速度	・完成訂單週期時間 ・新產品開發時間
	彈性	組織回應不同需求的能力	・組織層級數及控制幅度
	反應度	企業提供快速服務的意願與能力	・回應客戶需求所需時間 ・回覆客戶查詢電話的平均時間
	調適度	面對變革的積極態度	・面對組織變革的心理準備 ・執行提案的個數

資料來源：勤業管理顧問公司譯（1998）。Steven M. Hronce著。《非常訊號》，頁47。勤業管理顧問公司。

表1-4　人員層次的績效評估指標

人員層次			
績效評估指標		定義	範例
成本	薪酬	薪資與獎金	• 薪資費用 • 獎金費用
	訓練	擴展員工的技能領域	• 訓練課程 • 研討會 • 教授 • 指導
	激勵	鼓勵員工持續改善	• 分紅計畫 • 獎酬／認同計畫
品質	可靠度	績效表現的一致性	• 績效表現能符合預定時限或承諾 • 錯誤率
	可信度	值得信賴的程度	• 個人特質
	適任性	擁有必要技能與知識的程度	• 技能等級／熟練程度 • 證書／資格
時間	反應度	員工對提供快速服務的意願與準備程度	• 回覆問題、詢問的時間
	調適度	員工改變的能力	• 擁有技能的數量 • 個人應變準備 • 提案數量

資料來源：勤業管理顧問公司譯（1998）。Steven M. Hronce著。《非常訊號》。
　　　　　勤業管理顧問公司。

3.激勵部屬。

4.對部屬提供回饋。

5.作為加薪的依據。

6.獎賞優秀的績效。

7.作為懲罰的依據。

8.提供工作方向。

　　績效考核協助管理者去評估他們實際上所要求且選用最適當的員工，因而績效考核在訓練上扮演一個重要的角色。

一、績效考核的定義

績效考核的定義，係指組織定期（例如年中、年終考核）與不定期（例如專案計畫各階段結束時的評估）有系統地評量員工績效（包括：工作能力、技術、態度、意願和方法等）貢獻的價值、工作品質、數量及發展潛力上個別的差異與優劣，以提供能夠作為調整工作表現依據的回饋訊息之過程，進一步使管理者能進行客觀的人力資源決策的依據。因而績效考核屬於人力資源管理體系中人力開發管理之一環，藉由對個別員工或工作團隊的績效評估，以期設法提升績效並達成組織的營運目標。

二、績效考核信息的用途

績效考核可達到下列幾項在「人力資源管理決策」與「員工職涯發展」兩大主軸的功能（**圖1-7**）。

圖1-7　績效管理的用途

資料來源：丁志達主講（2020）。「績效考核與績效面談實務班」講義。財團法人中華工商研究院編印。

(一)人力資源管理決策的依據

根據一項針對全美六百家公司的問卷調查結果發現，一般的企業大多以績效考核的結果作為「人力資源決策」的依據。

◆薪酬管理

員工加薪或給獎金時，是以員工對公司的貢獻度為考慮基準，並不以年資為標準。績效考核的結果，依考核等級作為調整薪資及績效獎金的重要參考，分別決定員工個別不同的薪資調幅及給付金額的多寡，如果績效考核結果和員工薪資不掛勾，將使績效考核功能失效（**表1-5**）。

◆升遷

升遷是遴選適合擔任該項職位的人，而不在報答某一員工過去努力的績效。員工升遷的條件，除了要把現在的工作做得好，而且更要能表現出有接受其他更高層級的工作潛力與意願，經過培育後，組織內部一旦有較高職位出缺時，符合升遷條件的員工，則會被列入晉升的考慮對象。

◆裁員

企業遭遇營運瓶頸，在無計可施情況下，需要裁員（資遣）救企業時，或不定期淘汰不適任的冗員時，則歷年績效考核的結果，就可以扮演相當重要且具有參考價值的佐證資料，提供裁員名單的重要參考依據之一。

◆懲罰

對表現欠佳的員工，主管須探求問題所在，嘗試幫助他改善，如果員工仍然沒有改善意願，一意孤行，則可依《勞動基準法》第十一條第五項：「勞工對於所擔任之工作確不能勝任時。」終止勞動契約，但要避免產生勞資爭議訴訟案件。

表1-5　不同績效考核目的的比較

比較項目	為改進績效的考核	為薪資管理的考核
觀點	向前	向後
考慮	細部的表現	整體的表現
比較對象	工作標準與目標	其他人
決定者	主管與部屬	主管 高階主管 人事主管
面談氣氛	客觀而非情緒化	主觀而情緒化
衡量因素	績效	薪資範圍 公司財務 工作績效 年資
主管角色	諮商、協助	判決、評斷
員工角色	主動、合作	被動、反抗

資料來源：丁志達（2012）。「績效管理與績效面談」講義。重慶共好企管顧問公司編印。

(二)達成企業的目標

　　企業的政策與計畫的評估，也涉及員工績效考核。績效考核可以瞭解員工在服務部門的工作目標達成狀況，進而瞭解整體企業目標達成率。績效考核作業，對公司政策的擬訂、修正是絕對必要的。

(三)訓練發展

　　績效考核是確認員工訓練發展需求的一項重要工具。評估結果可以顯示員工工作上的優缺點，公司據此便可因應實際需要，給予員工適當的訓練，同時發展其優點。在績效考核當中，主管可以確認員工的績效是否藉由參加訓練而改進。另外，針對受過訓練的員工，也可評估他是否有明確改進，可以用來評鑑該項訓練計畫的成效。

(四)員工發展

績效考核可作為員工個人確定自己職涯發展計畫的依據。透過績效評核的回饋，員工可以瞭解到自己在工作上的長處及有待改進的缺點，進而增加其對自我的體認，從而制定自己的最佳前程發展計畫。

(五)溝通工具

績效考核時，主管可以利用工作評估的數據作為基礎，對員工之工作計畫及工作進展做必要的諮商、溝通，瞭解員工的工作效率，並與員工討論工作中的問題所在，商討改善及解決的方法，並給予必要的協助，同時員工也可藉機與直屬主管溝通其看法與做法。

(六)激勵

員工績效考核做得理想，不但組織內呈現朝氣蓬勃的景象，員工也個個奮發努力，激發員工的潛能，對企業成長發展有絕對正面的意義；反之，如果績效考評不公平，員工個個怨聲載道，不但人才流失殆盡，組織內部人事傾軋不斷，永無安寧之日，自然而然地使得企業整體活力消失而步入衰敗之途。

(七)徵聘決策的參考

企業甄選與任用人員決策時，績效考核的結果會被拿來與個人特質作比對，以確定這些特質和績效表現間是否有關。例如，管理階層會檢查諸如教育程度、數理能力、語言能力、機械能力以及成就動機等各種人格特質，以瞭解這些特質與績效之間關係的密切程度，而在與某項工作之績效關係密切的一些特質上都有不錯表現的人，會被認為是適合該項職缺的人選。

績效考核的結果也可用來與新進人員招募時的考試結果做一相關

的統計分析，以瞭解面試的題目是否需要重新檢討，以提高它的有效度
（Validity）。

(八)回饋

績效考核的結果可讓受考核者瞭解自己距離組織所期望之目標還有多
遠，以及組織的績效目標為何？績效評估的回饋，應包含一份對受考核者
工作之優缺點的詳細討論資料，並將這份回饋資料應用在職涯發展上。

回饋行為有助於澄清一個人對工具性（指可以讓員工更清楚瞭解在
表現很好時，會獲得什麼獎勵？）與期望值（指可以讓員工知道要達到這
樣的績效水準，必須採取什麼行動？）的概念（**表1-6**）。

三、績效考核的功能

績效考核的目的，會依產業別、企業文化的差異而有所不同的需
求，但特別強調績效考核扮演「提供回饋」與作為「獎賞分配」的基礎這
兩項。

企業在制定績效管理制度與設計績效考核相關應用的表格時，可將
下列整理出來的各項績效考核功能，依企業經營實際的需要選擇幾項重

表1-6　績效管理目標

目標類別	說明
策略性目標（組織面）	有效執行組織策略，將部屬的行動與組織的目標充分結合，達成企業的長、中、短期目標。
管理性目標（人事面）	作為調薪、升遷、留任、資遣、獎懲的依據。最終實現組織整體工作方法和工作績效的提升。
發展性目標（績效面談）	協助表現良好的部屬繼續發展（開發潛能）。協助表現不理想的部屬改善績效。

資料來源：丁志達主講（2019）。「績效管理研習班」講義。行政院人事行政總
處公務人力發展學院（南投院區）編印。

點，規劃在績效管理制度內運用。

1.追蹤公司當年度經營管理目標進度。

2.提供資訊以協助公司有效執行當年度計畫與策略。

3.瞭解員工及部門達成目標的貢獻程度。

4.評估員工之績效以作為調薪、發放獎金、升遷、調職、降職、解僱的依據。

5.提供公司有關訓練、接班人、策略規劃或員工職涯發展等人力資源管理的資訊。

6.讓員工參與他本人的工作規範。

7.改善員工與直屬主管之間的溝通。

8.作為甄選及工作指派的依據。

9.作為公司用人決策的依據，決定要慰留或解僱的人選。

10.激勵員工奮發上進心，發揮工作潛能的誘因。

11.給予員工在工作表現上的回饋，以激勵員工把現在的工作表現得更好。

組織可藉由考核過程的公開化（績效面談）、提供員工的參與度（目標訂定）、導入360度評量（上司、部屬、客戶、同儕、自評等多面向評估）等做法，讓評估過程盡可能公正、客觀，以緩解員工在面對考核「結果」不如預期時的疑慮及失落感（陳芳毓，2014）。

 第四節 績效考核的原理與原則

績效考核可以說是人力資源管理中最重要的一環，員工都會十分重視績效考核的結果，且會依此結果，在經主管指導後逐步改變其工作行為（態度）。所以，考核結果的公平性與否，便受到相當的重視（圖1-8）。

圖1-8　考核的原則、目的與步驟

資料來源：戴國良（2008）。《人力資源管理：企業實務導向與本土個案案
例》，頁348。新茂圖書。

一、績效考核的原理

績效考核就是對人員完成任務情況的一個跟蹤、記錄、考評。績效考核要達到公平、公正、公開，下列的幾項原理要遵行：

1. 信度性：它不論何時採用此制度，均能產生一致之結果。例如評估績效的分數要有一致性、穩定性，以及如果應用在不同的評估者，於不同時間所產生的分數差距的程度要降到最低。

2. 效度性：它可確實衡量出工作的表現。例如績效評估結果實際真能反映工作要求與工作成果。效度是反應評估分數的真實性，而信度是指評估分數的準確性。

3. 公平性：它係指績效評估的分數不受個人特徵（如種族、階級、語言、思想、宗教、黨派、籍貫、出生地、性別、性傾向、年齡、婚姻、容貌、五官、身心障礙、星座、血型或以往工會會員身分）而受影響，因而產生差別待遇的不公平現象。

4. 簡便性：它係指績效評估的表格內容和分數處理必須簡單易行，過度繁雜的表格和程序，反而會降低主管評估的意願與效果（李仁芳、洪子豪，2000：429）。

二、績效考核的原則

考核的真正目的，即改善工作業績和提升員工能力，自下而上地達成公司的生產經營目標。無論企業用什麼工具考核部屬，在運用績效考核時，要把握下列的原則：

1. 績效考核執行的過程與結果並重。
2. 績效考核要注重評估過程及雙向的溝通。
3. 相同的職級應有相同的貢獻度考量。

4.儘量以成果導向觀察及記錄員工的工作紀錄。

5.考核必須考慮各地區的差異性，如市場潛力、工作負荷、競爭強度等。

6.績效考核制度最好保持彈性。例如景氣好的時候，汽車業務員每月銷售台數也許高達七、八台，但景氣不好之時，仍將四台的成績評為劣等，則業務員的心理會深受打擊。

7.實施績效考核時，要注意不要花管理者與員工太多的時間，以免本末倒置。

8.績效考核不應再考慮學歷背景、服務年資，而應以工作產值為評估的主軸。

9.考核等第不得輪流分配。

10.正面回饋，要對事不對人，並及時而建設性的解決問題。

11.考核必須反應實際績效，不能被加以扭曲或討好員工。

12.考核結果資料必須保密，尤其不可透露他人的考績，以博取被考核者的認同。

13.績效考核是達成公司經營目標的管理工具之一，應重視團隊績效。

14.考核結果必須力求正確、慎重，不能一改再改，尤其是在被考核者強烈表達不滿時。

15.執行績效考核時，主管應注意考核過程的公平性，對評估結果施予的懲罰一定要公平、公正，不可偏頗，避免判斷時的人為失誤。

16.考核表的內容必須具備相當的信度與效度，亦即考核結果要真正地代表員工實際工作成效。

17.考核項目雖然無法避免文字的敘述，但是考核結果要能做「量」的比較，最好可運用統計方法加以處理。

18.考核評分前，應儘量收集許多客觀資料，作為評分的標準。

19.對主管施以專門訓練，儘量利用評分差距，以客觀的行為作為考核的依據，避免受月暈效應（Halo Error）等知覺傾向的影響。

20.考核的程序應以會議或監督的方式進行，以避免草率行事、敷衍塞責的弊端產生。

21.考核後，應特別注意不同單位、不同職位的比較，做誤差的校正，以避免過高或過低的評分。

22.與被考核的員工檢討考核結果（面談），且以積極態度誘導或激勵該員工。

23.考核通常一年舉行一次，但如遇調職、新人到職、直屬上司調任或職務改變，則半年考核一次可能更適合。

24.別把績效問題延到年度報告中，而應給予員工每日或每週回饋一次，年度報告並不是呈現讓人驚奇（驚訝）的時刻。

25.別將考核與薪資檢討一起辦理，分開二次辦理，才能將重點放在考核工作表現本身而非薪酬。

26.面談前給予適當時間的通知，讓員工事前做好準備面談的資料與問題的討論。

27.面對面溝通討論所有事項，並且做成紀錄。

28.當主管必須批評部屬時，應把焦點放在明確的行為案例上，而不是個人的人格上。

29.被考核者與第二層的主管皆需要覆閱考核表，並在其考核表單上簽字負責。

不要忘了，一位員工無論在職多久，其工作表現皆有改善的空間（止於至善）。無論如何，即使考核只是簡短的討論，仍有必要採行（**表1-7**）。

表1-7 績效管理的效益

類別	效益
組織面	・改善組織內部溝通方式。 ・普遍地加強員工的工作動機。 ・增進組織目標的一致性。 ・改善組織的整體績效。
評估者（管理者）	・衡量與認知部屬的績效表現。 ・瞭解部屬（所擔憂的事項、意願和職涯企圖心）。 ・釐清評估者自己的目標與期望。 ・追蹤部屬所訂目標的進度與改善事項。 ・發展部屬績效（潛力）。 ・增強部屬工作動機。
就被評估者（員工）	・更加瞭解組織對績效的要求。 ・更加知悉自己的優缺點。 ・對過去的績效能有建設性的回饋。 ・發展一套能強化優勢的發展計畫。 ・有機會向上溝通自己對工作的感受與觀點。 ・經由瞭解主管對工作的期望，以及單位目標的優先順序，更清楚認識本身職務。

資料來源：黃同圳主講（2001）。「績效管理、考核與獎酬」講義。行政院勞工委員會編印。

 結　語

　　從公司策略目標實現的角度，績效管理可以明確並傳遞公司價值導向，促成目標達成；從管理者的角度看，績效管理要幫助管理者明確公司策略，並為管理者提供有效的管理工具，幫助管理者合理的評價人和選拔人；從員工的角度來看，績效管理幫助員工本人明確工作方向，對員工的工作成績進行及時肯定並確定獎勵標準。完善的績效管理制度，不但可以作為提拔人才、賞罰的依據，更可以鼓勵部屬的工作情緒。

Chapter 2

績效考核制度規劃

權，然後知輕重，度，然後知長短，物皆然，心為甚。

——《孟子·梁惠王上》

停！看！聽！

1930代的美國，經常發生鐵道平交道事故，造成許多冤魂和財物損失。當局在評估之後，認為需有一則簡潔有力而發人深省的警語，民眾才會記得鐵路平交道安全的標語。在重賞之下，獲得全國熱烈迴響，信件如雪片般飛來，結果由路易斯安那州（State of Louisiana）的史都華（Stewart）雀屏中選，他所寫的標語正是現今全世界鐵路平交道通用的標語「停！看！聽！」。

在此一標語廣泛豎立在全國各平交道旁邊後，果然交通事故大為減少；因為這簡短的三個字，適時地教導路人怎麼去做（分三個步驟去做）而非空泛的「要小心喔！」、「要注意喔！」之類的文字，效果當然良好。

在隔了十年之後的1940年代，美國某地發生一起平交道事故，一個人被輾死在平交道，經過調查，這個人居然就是史都華先生，此事著實令當時人們驚嘆不已！

【啟示錄】令從自身先行。績效管理制度並不是制定公布後就算大功告成，而是要建立全體員工必須共同遵循的「執行力」，如有窒礙難行之處，應加以檢討改進而作必要之修正。管理合理化乃是創造企業營運績效的根源，而利潤則是營運績效的結果。

管理大師肯·布蘭佳（Ken Blanchard），早年曾任教於大學，開學後上課的第一天，他在講堂上授課時，就把期中、期末考試的題目統統給了學生知道，好讓學生有充分的時間準備，而他的授課內容，也就是這些考題。他的這種做法，曾招致同僚們的質疑，迷惑地詢問布蘭佳：「你這樣事前洩題，不是讓他們考上一百分嗎？」布蘭佳反問他們說：「教授主要目的是要教會學生呢？還是要考倒學生呢？」原來，布蘭佳在學期初

所給予的題目，就是他這一學期所要教授的全部內容，只要學生有意願考一百分，就必須傾聽每一堂課，並按指定的閱讀範圍去自修，到學期末得一百分，正是每一位教授所期望的！上述例子正說明了績效管理就是要明訂工作範圍，宣示績效標準，讓部屬努力去準備工作，以達預定目標（管理雜誌編輯部，1992）。

第一節　績效考核週期

　　績效考核只是績效管理系統中的一部分，日常工作管理（走動管理）才是達成年終目標的關鍵。每位部屬都希望自己工作的表現能獲得正面的肯定，這也正是主管的責任。主管除了要評估部屬的工作績效，也要將評估的結果傳達給部屬知道，這種評估部屬與溝通的過程，對主管而言，應該是經常而且持續不間斷的工作，主管不應該拖到年底在一次與部屬算總帳，但也不能完全仰賴平日非正式的督導而已，必須正式與非正式的考核交叉運用。

一、績效考核頻率

　　績效考核應間隔多久進行一次，尚無定論。傳統產業傾向一年評核一次，高科技企業則為半年或一年評核一次，也有部分的企業會在員工完成某一特定任務（專案）之後，即針對員工此一表現進行績效評核。由此可知，績效考核時機，在實務運用上並無絕對標準，而應視組織與工作特性適度調整，如果任務簡單而部屬有最低要求之能力，則主管採標準週期的評估為宜；如果部屬具熟練且專業化的能力，則可以在每一計畫完成時進行評估（圖2-1）。

範例2-1

公務人員平時成績考核紀錄表

（機關名稱）公務人員平時成績考核紀錄表
（考核期間： 年 月 日至 月 日）

單位		職稱		姓名		官職等級			
工作項目									
考核項目	考核內容					考核紀錄等級			
						A	B	C	D	E
工作知能及公文績效	嫻熟工作相關專業知識，且具有業務需要之基本電腦作業能力，並能充分運用。公文處理均能掌握品質及時效，臨時交辦案件亦能依限完成。									
創新研究及簡化流程	對於承辦業務能提出具體改進措施，或運用革新技術、方法及管理知識，簡化工作流程，提升效能效率，增進工作績效。									
服務態度	負責盡職，自動自發，積極辦理業務，落實顧客導向，提升服務品質。發揮團隊精神，對於工作與職務調整，及與他人協調合作，能優先考量組織目標之達成。									
品德操守	敦厚謙和，謹慎懇摯，廉潔自持，無驕恣貪惰，奢侈放蕩，冶遊賭博，吸食毒品，足以損失名譽之行為。									
領導協調能力	具判斷決策溝通協調能力，並能傳授知識、經驗、技能，適當指導同仁，且經常檢討工作計畫執行情形，達成預定績效目標。（主管職務始填列）									
年度工作計畫	工作計畫按預定進度如期完成或較預定進度超前，充分達成計畫目標，績效卓著。									
語文能力	積極學習英語或其他職務上所需之語言，已通過全民英檢或相當英語能力測驗或其他語言能力之認證，有助於提升工作績效者。									
個人重大具體優劣事蹟									
面談紀錄									
直屬主管綜合考評及具體建議事項（請簽章）					單位主管綜合考評及具體建議事項（請簽章）				

附記：

一、依據行政院及所屬各機關公務人員平時考核要點第4點之規定訂定，但各機關仍得視業務特性及需要自行訂定。

二、平時考核紀錄等級分為5級，為強化績效考評功能，結合團體績效考核與平時考核，各機關得依據其發展策略願景或年度施政目標，訂定內部單位之年度工作目標，再由主管及受考人於年初共同商訂個人年度工作計畫，據以設定計畫評量指標（評量指標之設計應儘量予以量化）及預定完成期程，並依規定按時考評。平時考核紀錄等級分述如下：

A：表現優異，足為同仁表率（年度工作計畫執行進度按預訂進度完成或進度超前，且充分達成原訂績效目標者）

B：表現明顯地超出該職責的要求水準（年度工作計畫執行進度落後10%以內，或與原訂目標差距10%以內者）

C：表現均能達到要求水準（年度工作計畫執行進度落後10％、並在20%以內，或與原訂目標差距10％、並在20％以內者）

D：表現未盡符合基本要求（年度工作計畫執行進度落後20％、並在30％以內，或與原訂目標差距20％、並在30％以內者）

E：表現多未達基本要求，經勸導仍未改進者（年度工作計畫執行進度落後30％以上，或與原訂目標差距30%以上者）

三、為鼓勵公務人員積極學習英語或其他職務上所需語言，各機關對於受考人通過英語檢測或其他語言能力認證者，得於平時成績考核紀錄表酌列適當等級。

四、受考人如有工作、操行、學識、才能等重大具體優劣事蹟，足資記錄者，應填列於「個人重大優劣事蹟欄」，以作為考評之重要參據。

五、公務人員考績考列甲等人數比例已予合理設限，為免造成受考人不必要之聯想，徒增機關主管評定考績之困難，平時考核之考核等級與公務人員考績法之考績等第並不完全等同，以求彈性。各級考評主管每年4月、8月應按考評內容評定各考核項目之等級，提出對受考人培訓或調整職務等具體建議。受考人當次考評項目中有D或E者，主管長官應與當事人面談，就其工作計畫、目標、方法及態度等進行溝通討論，面談內容及結果應紀錄於「面談紀錄」欄，以提升其工作績效，並作為年終考績評列等第及機關人事管理之重要依據。如受考人考評結果無提醒改進之必要者，則「面談紀錄」欄得不予填列。

六、單位、職稱、姓名、官職等級及工作項目欄，由受考人填列。平時考核紀錄等級，個人工作、操行、學識、才能重大優劣事蹟，面談紀錄，綜合考評及具體建議則由主管人員填列；「直屬主管綜合考評及具體建議」欄由受考人之直屬主管予以考評填列並簽章，「單位主管綜合考評及具體建議」欄則由處室主管等機關內部單位主管予以考評填列並簽章（考評單位主管時，本欄無須填列）。

資料來源：中華民國93年12月15日行政院院授人考字第0930065552號函修正發布第4點之附表，自94年1月1日生效。

圖2-1　績效考核週期

資料來源：丁志達主講（2012）。「績效管理與績效面談」講義。重慶共好企管
　　　　顧問公司編印。

二、績效考核週期計畫

　　績效考核週期是指員工接受工作業績考核的間隔時間的長短而言。
它包含設定績效目標、訂定年度目標、訂定計畫、階段性指導員工及有效
的回饋。

　　一般而言，績效考核系統的週期計畫應受到下列幾項因素的影響：

1.視績效考核辦法的規定而定。如果表格與程序很複雜，而且需要占用許多時間和文書處理工作，則一年實施正式書面考核一次為宜；如果表格填寫相當簡易，不需花費主管太多時間，則每年分二次辦理。

2.根據獎金發放的週期長短來決定員工考核的週期，例如每半年或者每一年分配一次獎金。因此，對員工的績效考核也要每半年或者每一年，並在獎金發放之前進行一次評核。

3.視主管的參與意願而定。如果主管熱衷而且感覺其確能改善員工關係與生產力，則一年可做二次正式考核；如果考核工作變成主管畏懼的一樁繁瑣事務並頻生怨言，則一年辦理考核一次足矣。初期實施，最好是由一年一次開始，再伺機發展為一年二次，而不是一開始就實施一年二次，而使主管望之卻步，使得考績辦法變了質。

4.有多少助手能幫忙居中協調主管處埋的表格，安排考核的時間及其他文書工作，如果人手夠，則一年二次考核是可行的。

5.如果每個管理人員負責考核的員工人數比較多，那麼在每次績效考核的時間，對這些管理人員來說，工作負擔就會比較重，甚至可能因此影響到業績考核的品質，因此也可以採取離散的形式進行員工績效考核，即當每位員工在本部門工作滿一個評核週期（如半年或一年）時，對這些個別員工實施績效考核，這樣可以把員工績效考核工作的負擔分散到平時的工作中來做。因此，一次考核人數的多寡，它牽涉到要花多少時間，花費時間越多，正式考核次數就要愈少。

6.評核者的考核技術如何？如果企業新實施考核制度，則正式考核一年一次，以便使主管熟悉此新制度；當主管漸漸熟悉此制度之使用方法時，可漸進式的採取一年二次的考核（林能敬編譯，1990：21-22）。

三、非正式與正式考核

　　無論績效考核採取一年一次、一年二次或一季一次，它的考核週期是要將非正式與正式考核交叉運用，才能真正達到績效考核的目的。

(一)非正式的考核

　　主管發現部屬表現欠佳時，首先應該口頭勸告，要求部屬改進績效；如果事後能改進，就不必留下任何不良書面紀錄；萬一員工沒有改進績效，主管就應該給予書面警告，強調改進日期，這種績效改進的問題，千萬不能拖，一拖下去將會花更多的時間去解決。部屬工作中表現的好壞要及時給予回饋。

(二)正式的績效考核

　　正式的績效考核，是指每半年或一年主管用正式規定的表單，來整理在平日非正式考核中重要、值得特別加以讚許或需要改進的地方，給以員工在這一段工作時間內各方面表現的綜合評估，如果主管平時即有持續性的考核，則最終的考核將會非常順理成章，而且其結果對主管與被考核者來說，都不會太意外。如果主管在平時沒有做好任何基礎工作（紀錄），則績效考核會變得比較困難與耗時。

　　美國曾經做過一項實驗，讓人看一張圖片，上面是揮舞著剃刀的白人和戴禮帽的黑人，過一段時間後，人們回憶說他們見到的是揮舞剃刀的黑人和頭戴禮帽的白人，這正說明評估者很難記住員工在長時間中的表現，容易發生錯覺歸類；但績效考核的頻率如週期太頻繁，則績效考核花費時間長，會讓管理人員卻步。所以，辦理績效考核的一個重要觀點就是，一項重要的項目、任務結束之後，或在關鍵性的結果應該出現的時候，就進行績效考核，較為妥當（**表2-1**）。

表2-1　績效計畫會議檢核表

開會前，主管要先明白：
□1公司的年度策略與目標
□2部門或團隊的目標
□3員工前一次的績效評估與績效計畫
□4員工目前的工作內容說明
開會時，主管要讓員工明白：
□1公司與團隊的目標
□2員工目前的工作職責及可能發生的改變
□3年底績效評估的標準
□4員工今年度最重要的工作職責及完成時限
□5員工的任務與團隊和公司目標之間的關聯
□6找出員工可能需要的資源，遭遇的障礙，並提出解決之道
開會後，主管要帶領員工做到：
□1與部屬共同擬訂書面的績效計畫，並且簽名
□2整理會議筆記，列出工作任務區域、目標與標準，為下次會議做準備
□3每隔一段時間，依績效計畫內容為準，與部屬討論工作進度

資料來源：邱天欣譯（2002）。羅博特‧貝可（Robert Bacal）著。《績效管理立即上手》，頁18。美商麥格羅‧希爾出版。

 第二節　考核系統標準設計

　　每一位員工並不是都能達到公司所設定的績效標準，但這並不表示該員工沒有善盡職責，有時只是因為考核系統標準錯誤所致。

一、考核系統標準設計原則

　　在美國進行的一項對全美範圍內三千五百家企業的調查顯示，最常被提及的人力資源管理功能是員工的績效考核，但是卻有30～50%的員工認為，企業正規的績效考核體系是無效的。因此，建立一套有效的績效考核體系，是非常重要的，而有效的績效考核系統的標準，應該有下列幾項

範例2-2

績效標準誤差

　　有家大型財務公司的總裁，在年底年度考核中，對他們賺錢的一家分公司主管，給了嚴厲的考評，他凍結了該主管的調薪並刪除該主管的紅利，他十分瞭解該主管必定會因此遞出辭呈。

　　這位總裁確實有他的苦衷，他認為該主管就像一匹脫韁的野馬，毫無紀律可言。該主管從來不在辦公室出現，每月的銷售月報也總是遲交，而且今年以來，他已經在每季的會議中缺席兩次，而理由只是為了協助業務員與牢騷滿腹的客戶打交道。在這位總裁眼中，該主管不只是一位差勁的主管，而且還非常難控制。

　　如總裁所料，該主管果然辭職了。但是總裁沒有想到整個分公司的員工都隨著該主管一併辭職，一家原本獲利頗豐的分公司，竟變成虧損累累，而且在短短六個月內，就結束分公司的業務。

　　這種後果，就是因為公司設定的績效考核標準，使得該主管看起來簡直一無是處。因此，當公司裡的優秀人才不照規則行事而出現犯規的情形時，處罰之前或許要考慮重新檢討公司的績效考核設定的標準。

資料來源：吳美麗譯（1998）。Mark H. McCormack著。《管理其實很Easy》。天下文化。

重點：

1.目的：每一項評估都要考慮目的何在？

2.可達到的：評估的項目是這個部門或員工個人能控制範圍，而且是透過部門或個人的努力可達成的，太困難或太容易的目標都會讓人意興闌珊。

3.具體的：需要具體明確的工作項目，以人力資源單位來說，「員

工離職率不得超過3%」就比「儘量降低離職率」要來得清楚與具體。具體、明確的目標，應該是陳述結果而不是活動，而且必須以清楚、簡單的文字表達。同時，評估的項目是配合公司的目標來訂定，所採用的資料也是一般例行作業中取得的而不是特別準備的。

4.簡明化：評估的項目不宜太多，針對每一部門或個人來設定幾項重要的項目，這些項目都可反應出日常執行的績效。

5.可衡量的：有句管理名言說：「凡是無法衡量的，就無法控制。」二十世紀初葉，美國教育心理學家愛德華‧桑代克（Edward L. Thorndike）在其《心理與社會測量學》序文中說：「凡是人的能力，都是存在的東西，而凡是存在的東西，都可以測量。」亦即：「人的能力是可以測量的。」因此，評估的項目可用數據、量化、評分表示目標的進度與達成率，它包括設立所有的標準。一般現象或態度等較抽象的用語評核，較無法客觀衡量比較，則需採取相互比較的方法。

6.時效性：評估資料必須定期、迅速而且方便取得，如果大費周章，曠日廢時才能得到，則某些評估就失去時效性，沒有多大的價值，同時也要規定何時必須達到成果，不要讓目標遙遙無期。

7.為雙方共同同意：接受評估的部門或個人，事先與管理階層或主管共同討論訂定，並同意此項評估標準，以此作為管理和執行的目標（曾渙釗，1988）（圖2-2）。

二、訂定績效考核的特徵

在職業棒球比賽時，如果投手三振對方，就可以得到獎品，投手站在投手板上，不管他投的是快速直球或是下墜球，要裁判說好球就是好球，說壞球就是壞球，投手剛上場時，不知道主審以什麼標準來衡量，但投了幾次球後，他就能摸得清楚，越投越好了。假如裁判沒有衡量標

圖2-2　人力資源管理制度規劃

資料來源：常昭鳴編著（2010）。《PMR企業人力再造實戰兵法》，頁42。臉譜
出版。

準，投得好是壞球，投得不好也是壞球，那麼投手就無法再繼續投下去了。因此，企業在建立績效標準之前，主管須先使用工作分析的方法，分析每一類工作的內容、需求及情境等資料，其次再規範各類工作的績效標準，發展各類考核量表，以供考核人員對有關成員於平時之工作績效加以紀錄，及定期做正式考核之用（曹國維，1987：198-199）。

訂定正式考核作業之後，組織根據考核結果資料，決定某些人事決策，以期提高組織成員的工作效能。訂定績效考核的特徵有下列幾項：

1. 標準是基於工作（事）而不是工作者（人）。
2. 標準是可以達成的，以工作項目達到可接受為標準，這個標準讓員工有很多機會得以超過標準，並得到主管的賞識，也表示未達此標準的績效，是無法讓人滿意的。
3. 工作要項指的是「該做的事」，績效標準指的是「該如何做」。
4. 要清楚說明對部屬的工作要求是什麼？所以要有工作（職務）說明書。從管理的觀點而言，工作說明書能記載的工作項目約占全部工作的75～80%，另外20～25%是臨時或特定的指派工作。
5. 建立工作期望達成的目標是哪些？時間性如何？
6. 可因新方法、新工具、新設備、新材料或其他重要因素而改變，但不可因個人工作表現未達標而改變標準。
7. 隨時檢視工作表現並做紀錄。
8. 績效考核衡量標準用來判斷工作執行的成效。
9. 與部屬共同討論績效，策勵未來。

 第三節　績效考核的效標

為了保證組織內部管理信息的有效溝通，許多企業建立績效管理系統。在實施和應用績效管理系統時，人的行為和管理風格也會發揮其重要

的作用。效標（Criterion of Validity）是建立測驗效度的標準。

一、信度與效度

　　在組織中每項工作都應有明確的標準，以為員工行事的依據。這些標準愈清楚、客觀而具體，且能被瞭解和測量，則工作績效愈有提高的可能；甚至績效評估有了明確的標準，可提高其公平性和客觀性，則有賴於建立信度（Reliability）和效度（Validity）。

(一)信度

　　信度，是指測驗的一致性，亦即評估結果必須相當可靠。例如我們用一把尺來量度物體，今天量度得2公尺的長度，明天量度又是得2公尺的長度，不論是由誰來量，都是得到相同的長度結果，這樣，這把尺是有一致性，它產生一致性的結果，它便有很好的信度。在實務上，員工被評估時，各種情境與個人因素都會發生變化，以致常有不一致和不穩定的現象，這些因素包括下列三種情況：

　　1.情境因素：績效考核時，情境因素會影響其信度，如評估時間的安排、對照效應對評估結果的比較等。
　　2.受評者因素：受評者暫時性的疲勞、心境、健康等個人因素，常使評估者所得印象不同，致有不同的評估結果。
　　3.評估者因素：評估者的個人人格特質或心態，對績效評估意見的不一致，常造成評估的不穩定。

　　基於上述因素，為了增進績效評估信度，可藉由多重觀察，或從多項因素加以比較，或由多個觀察者進行評估，並在短期內作數次判斷，以提高績效評估的信度。

(二)效度

效度，是指所量度出來的是否是我們原來想量度的東西的一個指標。譬如說，我們設計一個物理測驗，但是由於設計不佳，題目中大部分需做繁複的計算，所以測驗的結果，可能並不代表了受測者的物理知識，而是反應了他們的算數運算能力，這樣的測驗效度便很低了（鄭肇楨，1998：346-347）。

在實務上，員工被評估時，有下列三項需要考慮的因素：

1. 績效向度：在評估績效之前，應先確定影響績效的各種行為向度，並找出可代表行為的標準，譬如員工的職務、責任不同，其設定的績效標準會有差異。因此，績效標準最好能力求周延，相互為用。
2. 組織層次：績效評估效度的達成，除了需要考量績效向度外，尚須配合適當的組織層次，使組織群體或個人間能有所關聯。
3. 時間取向：績效評估的效度，有時受到時間長短的影響，有些標準具有短期取向，有些則具有長期取向。譬如特定的個人工作行為，可以利用短期方式測定，但團體性的利潤市場占有率，則需長期觀察方能顯現出來。

總之，信度和效度是有相當關聯性的，是整個評估過程良窳的關鍵，可能決定員工績效的適當性。因此，績效考核制度，為符合信度與效度之效果，有關考核因素之設定，應以評量工作績效為主，儘量避免涉及個性與態度之認定，同時，考核因素最好是可觀察且易於衡量的（林欽榮，1991：346-347）。

二、績效考核標準

組織的每個工作都應該設立清楚的標準，說明期望工作者要去做什麼。這些標準應當是清楚而客觀且能被瞭解及測量，它不該以含糊籠統的

字眼，諸如「整項工作」、「一個好工作」來描述。

　　績效考核的標準，有絕對標準（Absolute Standard）、相對標準
（Relative Standards）、客觀標準（Objective Criterion）三種方法來評估
員工的工作績效。當然，這三種方法各有其優缺點。

(一)絕對標準

　　當主管未具備洞察力與判斷力，但訂出相對明確且合宜的績效考核
標準時，主管常會傾向有等第分配的絕對標準可以依循，作為等第評分的
依據。例如量表尺度法、論文式的考評法、查核清單考核法、加註行為評
量表等，即為典型的實例方法，它適合於小型部門中評量幾位表現幾乎相
同的員工。

　　絕對標準法適用於員工個人職涯發展的用途上。透過絕對標準的評
估，員工可以清楚地知道自己工作上哪些方面表現不錯，哪些方面需要特
別加強，而主管亦可據此作為發展員工職涯的依據。採用此方法的風險是
缺乏考量影響績效表現的其他因素，如特殊表現、外在環境或工作難易度
等。同時，月暈效應、歸因傾向、直覺的偏見與誤差等都可能發生。

(二)相對標準

　　當主管具備成熟的洞察力與判斷力，但沒有確切訂定關鍵績效指
標時，主管會傾向依據對員工觀察的結果進行相對評分。例如配對比較
法、排列法、強迫分配法都是以相對標準作為評估的依據。

　　相對標準法主要適用於有限資源的分配上，及透過部屬之間的比
較，主管可以清楚地知道哪些部屬表現好，哪些部屬的表現差。因此在升
遷、調薪或分配獎金等人事決策考量上，這種方法就可以決定哪些部屬可
以分配到較多的資源，哪些部屬分配到較少的資源。同時亦可用來決定部
屬之間的獎懲，甚至在企業要裁員時，用來作為解僱員工的依據之一。採
用此方法的風險是判斷標準不透明，員工恐有不公平的疑慮。

(三)客觀標準

當主管具備成熟的洞察力與判斷力,且有訂出相對明確且合宜的關鍵績效指標(KPI)和工作關鍵事例的成功度時,主管可以妥善運用績效分數作為考核依據,並佐以員工的行為表現全面衡量員工價值。不過,客觀標準法必須耗費較多的精力與時間,必須隨時做修正,以保證特定行為和工作績效的預測有關。

總而言之,績效考核的標準是多重的,就評估本身而言,必須具備相當的信度與效度;就執行績效評估方面,則宜建立一些標準,以提供選擇。同時,欲建立績效考核的公平性與合理性,尚需慎選評估方法。

範例2-3

IBM績效標準

今天的資訊業要求的是創新、創造力和團隊工作,由於起伏不定的利潤率和反覆無常的客戶,使公司更須講求績效。如果薪資制度強調的是個人成就及內在的報償,再加上缺乏強有力的短期獎勵制度,便很難使員工有優異的表現。為了激發工作上的競爭,國際商業機器公司(IBM)開始了一系列強調排名的績效評估標準,績效標準也開始逐漸浮現。

IBM不再只依賴員工對公司的忠誠度所產生的正面動機,而開始出現不同的獎金及酬勞。用最低可接受的績效標準來調整個人績效評分,使得去年公司接受的績效標準,到了第二年也許就被判出局。

除此之外,經理們可以用排名的方式來衡量員工們對於公司的相對貢獻,據此撤換部門裡表現最差的員工,但也因此無法顧及員工在績效評估之外的特殊貢獻。因此設定績效考核系統的標準指標就顯得非常重要了。

資料來源:王雅音譯(1998)。D. Quinn Mills、G. Bruce Friesen著。《浴火重生IBM》,頁220-221。遠流出版。

三、確保績效考核程序的合理性

確保績效考核程序的合理性，有下列幾項重點要注意（李茂興譯，1992：130）：

1. 工作績效之評估必須根據完整的工作分析，以反應出特定的績效標準，其程序為：工作分析→績效標準→績效評估。
2. 工作績效之評估僅在員工完全瞭解績效標準才變得有意義。
3. 明確界定工作績效的各個構面（如品質、數量、時限等）。
4. 績效構面應該以行為表現為根據，使得所有評等工作有客觀的證據支持。
5. 採取評等尺度法時，避免抽象模糊的字眼（如忠誠度、誠實等），除非能以觀察得到的行為加以界定。
6. 評估系統應加以驗證。
7. 主管主觀的評等也許有用，但只能作為整體評估程序的一環。
8. 評估人員在應用評估技術之前，應予以適當的訓練。
9. 評估人員在日常工作中，應與被評估員工多做接觸。
10. 可能的話，評估應儘量由一人以上分別進行（如360度評估），如此可消除個人偏差的評核結果。
11. 提供申訴管道，使員工不滿上司所評定的績效成績時，有申訴的機會。（**表2-2**）

 ### 第四節　績效衡量層級的方法

組織在評估員工績效時所採用的方法，對員工的工作行為有很大的影響力，在績效管理制度的設計，可說是整體考核制度的靈魂所在。一份完善的績效評核制度，應該將員工對工作的投入、過程與產出三個

表2-2　良好業績的標準

業績標準	說明
衡量可靠	應該以客觀的方式衡量行為和結果
內容有效	與工作業績活動合理地聯繫起來
定義具體	包括所有可識別的行為和結果
獨立	重要的行為和結果應該包含在一個全面的標準之中
非重疊	標準不應重疊
全面	不應忽略不重要的行為或結果
易懂	應以易於理解的方式對標準加以解釋和命名
一致	標準應與組織的目標和文化一致
更新	應根據組織的變化而定期對標準進行審查

資料來源：趙正斌、胡蓉合譯（1999）。Richard S. Williams著。《業績管理》，
　　　　　頁122。東北財經大學。

向度同時列入考量。針對上述三個向度，績效評估方法區可分為：特質
取向（Trait Approach）、行為取向（Behavioral Approach）和結果取向
（Outcome/Result Approach）（**表2-3**）。

一、特質取向

　　特質取向的評量重心，在衡量此員工具有多少完成工作任務的能
力，它可能與工作結果相關，也可能無關，例如態度良好、滿臉信心、一
臉聰明相、看起來很友善、經驗豐富等，就可能跟工作無關。因此，在三

表2-3　績效評核方法

評核方法	內容	特點
特質取向	員工是怎麼一個人？（潛力）	對人不對事
行為取向	員工做了哪些事？（能力）	把事情做對（苦勞）
結果取向	員工貢獻度與成就有哪些事蹟？（績效）	做對的事（功績）

資料來源：丁志達主講（2019）。「績效考核與目標管理訓練班」講義。台灣科
　　　　　學工業園區科學工業同業公會編印。

表2-4　對正負面「性格特質」的評語詞彙

類別	評語
正面性格	意志堅強的、積極進取的、樂於助人的、善於交際的、性格豪爽的、具有慎重態度的、具有說服力的、不屈不撓的、天真純樸聽話的、自豪的。
負面性格	頑固的、厚臉皮的、強加於人的、輕浮的、頭腦簡單的、磨磨蹭蹭的、甜嘴巴、固執、死心眼的、沒有自主性、驕傲。

資料來源：詫摩武俊（1990）。《性格》，頁11-12。久大文化。

項評估取向中，個人特質取向是評估標準中最弱的一環。舉例而言，蔣中正在民國45年3月以「考核人才的要領與領導原則」為題材的演說中，提出考核人才必須依據的九大原則（主動、合作、負責、熱情、實踐、領導、思維、均衡、信心），以及其相對要避免的負面九大效應（自私、被動、推諉、冷酷、虛偽、模稜含糊、散漫、偏執、疑心）（蔣總統思想言論集編委會編，1966：165-178）（**表2-4**）。

個人特質項目很難有客觀而公正的評分標準，完全憑考核者的判斷而定，因為這些特質只能考量員工是怎麼樣的一個人，而不是他能否完成被交付的任務。因此，使用特質的考核，要針對工作行為有沒有達到標準為考核重點，例如：

1.誠信（個人特質）：值得信賴、不欺瞞。
2.誠信（工作行為）：不洩露工作機密、不公物私用。

以個人相關特質作為績效效標時，此種考核結果適合作為員工職涯發展與晉升的考量（**表2-5**）。

二、行為取向

以行為取向為基礎作為評估方式，主要是針對員工在工作過程中的各項可能之投注，屬於「只問耕耘，不問收穫」之類型，如同台灣諺語：「做人要認真，做事要頂真」這種考核模式，對員工職涯前程規劃有

表2-5　人格特質與工作行為的區別

人格特質（籠統）	工作行為（實例）
可靠度	每個月都遲到幾次
主動性	發現錯誤即時改進
合作性	對同仁不禮貌的批評
親和力	對顧客經常說「謝謝」
誠實	歸還顧客遺失的皮包記錄
能力	限期完成工作數量

資料來源：丁志達主講（2012）。「績效管理與績效面談」講義。重慶共好企管顧問公司編印。

莫大的幫助。它可以看出部屬的潛力在哪裡？如何培育？它較適合使用在基層員工考核，尤其當工作內容無法量化時，工作行為法則屬於較為確實與特定的評估辦法。例如百貨公司的警衛員或服務員，是否對顧客保持愉悅的笑容及友善的態度，這對公司的形象影響頗大，而這些行為本身很容易被觀察，行為基礎的評估標準，可以明確的告訴員工。

　　行為取向的評估法，計有評比尺度法、強迫選擇法、強迫分配法、個人對比法、書面法、加註行為評量法、特殊重要法等，其考核結果則可作為工作改善與員工培訓的參考。

三、結果取向

　　以結果為評估依據，主要是對員工實質、有形的產出進行評估。員工在考核期間內的成果有那些項目，一樣一樣的列出來。結果取向屬於實力派，且評估具有客觀性，例如單位產量、業務人員的業績、產品的不良率或應收帳的呆帳金額等。譬如評量一位銷售人員時，則可以看他在所負責領域內的銷售數量、業績成長率、銷售額以及新客戶增加來決定其績效（張智寧，2000）。

　　要達到結果取向的方法，主管在執行工作中，要確定每位員工清楚

其任務與其所需遵守的標準，經常與部屬接觸，隨時掌握部屬的工作進度，適時針對部屬的工作誤差，提供協助與支援，才不會讓部屬在工作中產生挫折感。工作中產生挫折感，就是因為員工在工作進行中，主管沒有適時的回饋，等到結果產出後，卻發現它不是組織所需要的結果。

古代中醫師用「望、聞、問、切」來診斷病患的病情。主管在工作上對部屬也需要用「望、聞、問、切」來指導部屬，使其在工作上做得更好。如果主管平日對部屬不聞、不問，績效成果自然不能顯著，則這位員工之在組織內，就少有飛黃騰達的機遇，也只能經常恭喜同事升官的分。

結果取向的方法有目標管理法與評鑑中心兩種，可作為個人獎金發放與加薪、晉級的依據。

上述三種評核方法，均有其優缺點。從考核的工具來看，雖然近年來仍然有許多學者主張，績效考核儘量減少個人特質的評量，但是有更多的學者認為績效考核具有多重性，不同考核效標，有不同的目的，這三種評核工具都是可行的、可用的工具。因此，績效考核應針對不同職別，設計多種類的表格，適用於不同考核指標的員工使用。如果我們選用多項效標作為績效衡量指標，還需考慮每個效標所占的比重，賦予那些跟整個績效評估最有關的效標較高的權值（**表2-6**）。

結　語

績效考核是人為的，很難達到理想評價境界，即使它已建立了一些標準、原理、原則與正確的考核方法，仍然無法完全掌握其準確性。是故，績效考核的公平與否，絕大部分仍掌握在主管手裡，只有管理者建立客觀的心理標準，培養豁達的胸襟，多觀察、多思考，避免主觀的知覺，才能使績效考核運用有效。《論語‧為政》：「視其所以，觀其所

表2-6　各種評核方法的優缺點

各種評核方法	特質取向	行為取向	結果取向
考核工具	• 圖表評等量法 • 交替排列法 • 配對比較排列法 • 強迫分配法	• 重要事例技術法 • 敘事考核法 • 加註行為評等量表	• 圖表評等量法 • 重要事例技術法 • 加註行為評等量表
優點	• 很容易發展此評估工具 • 可採用有意義的因素 • 很容易操作此工具 • 方便排列績效	• 針對績效行為因素 • 衡量變項是很清楚 • 衡量後可作為回饋用途 • 較客觀，針對能控制加以評核 • 明確回應員工該努力的訊息 • 可公正地給予報酬或升遷	• 可減少主觀上的偏見 • 衡量事項是很清楚的 • 可聯繫個體績效與組織績效 • 可鼓勵共同設定目標 • 可公正地給予報酬或升遷 • 使人員做對的事，達到組織整體的目標 • 使員工個人發展與組織成長結合
缺點	• 量度錯誤率高 • 對回饋諮商沒用處 • 對給酬與升遷不正確 • 較為主觀，易受偏見影響 • 說服力差的主管，較不願意給予部屬較差績效考核	• 其發展的過程都相當複雜、耗時、費力，要花費很多時間來設計 • 所花費的成本很高 • 量度時也會出現錯誤 • 人員可能不自在，無時無刻都有人在監視	• 要花費很多時間來設計 • 對事業發展展望會取短時間的態度與作法 • 對不合標準的員工可能會終止僱用 • 可能取負面的管理標準 • 目標設定不易，具體達成目標難定 • 員工可能只在意目標達成，而忽略其他部分 • 人員可能為達目標，不擇手段
備註	• 一般企業常採用 • 簡單明瞭，容易填寫 • 公務人員考績法類似此型	• 由直屬主管考評 • 評鑑項目是足以影響其工作績效之特別或重要的事件 • 使用時仍須視個別差異來決定評鑑項目	• 是一種以目標作為考核人員的方法 • 組織已實施「目標管理制度」為前提 • 考核期間大約以一季為宜

資料來源：丁志達主講（2012）。「績效管理與績效面談」講義。重慶共好企管顧問公司編印。

由，察其所安，人焉廋哉？人焉廋哉？」延伸的意思是說，主管平日多跟員工接觸，瞭解其工作性質與職務關係，採用正確的評量方法，始能臻於公平而合理的考核至善境界。

Chapter

3

績效考核工具

企業一切的經營活動，最終都是為了績效。

——管理學之父彼得‧杜拉克

 敬業精神

　　有一位外科醫生利用假期到中部去玩，順便去找在中部開眼科診所的大學同班同學聊天。同學為了敬地主之誼，當晚招待他到夜總會去觀賞脫衣女郎表演脫衣秀。

　　表演結束後，他的朋友問他：「你認為這場脫衣秀水準如何？」這位外科醫生回答說：「我發現這群脫衣舞孃中有二位開過盲腸手術」。

【啟示錄】管理者需要掌握員工的「敬業度」（Employee Engagement），而不只是「滿意度」。研究表明，員工敬業度才是提升企業績效的重要工具——員工是否明確了自己的工作職責，員工對公司的忠誠度如何。

資料來源：丁志達主講（2019）。「目標管理實務研習班」講義。毅嘉科技公司編印。

　　績效考核（評核）工具在整個人力資源管理與考核系統中都處於核心地位。績效管理有多重目的，但不會有適合一切目的的通用績效考核工具（方法）。在績效管理方面的問題，就是要確定設計何種績效考核工具，來達到企業要追求績效管理的極大化（**圖3-1**）。

　　人事心理學家透過大量的研究，創造了各種評核績效的工具，諸如圖表評等量法（圖表評等量表、行為觀察量表、加註行為評等量表）、員工比較法（個別排列法、配對比較排列法、強迫分配法、交替排列法）、敘事考核法（重要事例技術法、現場詢問法）、評估中心法、目標管理法、自我考核法、查核表等（**表3-1**）。

圖3-1 績效評估的方法對應圖

資料來源：黃家齊等著（2020）。《人力資源管理：基礎與應用──員工績效評估與績效管理》（3版），頁215。華泰文化。

表3-1 績效考核的重要性

1.有助於考評者與被考評者雙方對有效行為進行準確理解。
2.有助於考評者與被考評者雙方建立信任。
3.有助於消除考評者與被考評者雙方對績效考評寄予的不切實際的期望。
4.有助於考評者與被考評者雙方建立人力資源開發的有效系統。
5.有助於考評者與被考評者雙方對員工工作給予合理的報酬。
6.有助於考評者與被考評者雙方維持與提高員工的積極性。
7.有助於考評者與被考評者雙方制定員工職業計畫。
8.有助於考評者與被考評者雙方在管理過程中進行各方面的資訊交流與回饋。

資料來源：蕭鳴政等譯（2002）。加里‧萊瑟姆（Gary P. Latham）、肯尼斯‧韋克斯利（Kenneth N. Wexley）著。《績效考評：智力於提升企高事業組織的綜合實力》（第2版），頁5。中國人民大學出版社。

 第一節 評定量表系統

　　績效管理工作中最重要的是透過績效考核能夠使組織和個人不斷改進業績，使每個員工懂得如何改善自己的績效。評定量表（Rating Scales Format）比較容易建立與使用，是最常見的績效考核工具。本方法的基本

程序是評定每位員工時,就員工具有的各種不同特質之程度,選擇最恰當的勾選,加總即得出員工的總績效。最常見的有圖表評等量表(Graphic Rating Scales)、行為觀察量表(Behavioral-Observation Scale, BOS)和加註行為評等量表(Behaviorally Anchored Rating Scales, BARS)等三種方法。

一、圖表評等量表

圖表評等量表是最古老而且最簡單的績效評估工具之一。它是以一條直線代表心理特質(一般量表最常見的考核項目有工作上的品質與數量、專業知識、合作、工作忠誠度、出勤狀況、創意等)的程度。評定者即依員工具有的心理特質程度,在直線上某個適當的尺度(通常在四點至七點上較為常見)打個記號,即可得到評定項目的分數,再合計得出一個數字性的績效等級。

圖表評等量表簡單、容易使用,從所花費的時間及其他資源方面來看,此法算是很有效率的方法,而且可供評量分析和比較,但亦容易流於一些主觀性的評估,諸如太寬、太嚴、趨中以及月暈效應等的誤導,導致核評結果出現偏誤。為解決此一難題,應確保使用健全的工作分析程序為基礎,才能以量表來進行評等(**表3-2**)。

二、行為觀察量表

行為觀察量表係以每個不同職位所需具備的不同行為來特別設計,是由拉薩姆(Latham)和瓦克斯雷(Wexley)所提出,在使用這種評價方法時,首先需要確定衡量業績水平的角度,如工作的品量、人際溝通、執行、工作的可靠性等,每個角度都細分為若干具體的標準,並各自設計一種評量表(**表3-3**)。

表3-2　銀行櫃員的圖表評等量表

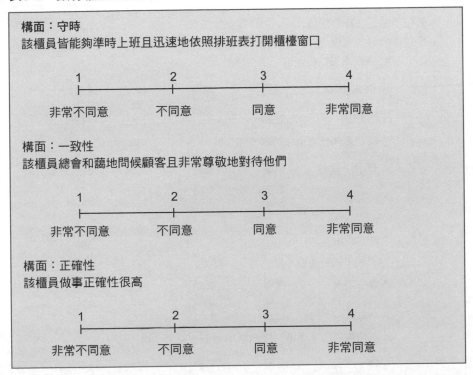

構面：守時
該櫃員皆能夠準時上班且迅速地依照排班表打開櫃檯窗口

```
     1            2            3            4
     |------------|------------|------------|
  非常不同意      不同意        同意       非常同意
```

構面：一致性
該櫃員總會和藹地問候顧客且非常尊敬地對待他們

```
     1            2            3            4
     |------------|------------|------------|
  非常不同意      不同意        同意       非常同意
```

構面：正確性
該櫃員做事正確性很高

```
     1            2            3            4
     |------------|------------|------------|
  非常不同意      不同意        同意       非常同意
```

資料來源：方世榮譯（1999）。Ricky W. Griffin著。《基礎管理學》
（*Fundamentals of Management*），頁205。東華書局。

　　這種方法依賴於評定者對有效及無效行為的感知及回憶，因此，評
定者評核標準也可能因不同考核者主觀偏見而造成信度與效度的偏失。
另外，量表過長，當被評核者人數很多時，使用起來則不大方便（**表
3-4**）。

三、加註行為評等量表

　　加註行為評等量表（BARS）是心理學家帕特里夏・史密斯（Patricia
C. Smith）及羅恩・肯德爾（Lorne Kendall）在1963年國際護理同盟會

表3-3　行為觀察量表

職位：銀行核貸助理員
項目：良好的表現
　　　1. 精確準備信用報告

幾乎沒有	偶爾	有時	經常	總是如此
1	2	3	4	5

　　　2. 與貸款申請者面談時很友善

幾乎沒有	偶爾	有時	經常	總是如此
1	2	3	4	5

項目：不好的表現
　　　1. 未能準備跟進的文件

幾乎沒有	偶爾	有時	經常	總是如此
1	2	3	4	5

　　　2. 必須經提醒才會準時提出信用報告

幾乎沒有	偶爾	有時	經常	總是如此
1	2	3	4	5

參考資料：黃同圳（2000）。《人力資源管理的12堂課——績效評估與管理》，頁126。天下文化。

議中所披露，藉由工作分析構成評估構面，並以標準化程序強調行為觀察，提供評估時之參考依據。

　　加註行為評等量表兼具有重要事例技術法之客觀性及圖表評等量表的簡單特點，即在量化的績效尺度（對每一種具體行為特徵的說明）上加註優秀、滿意、較差與不可接受等描述性績效實例，是所有績效評核方法中較公平的一種，其方法為：就每個評估項目，找出重要的工作行為表現為標準，按著優劣予以排序，每種行為標準的部分比重不一，端視其重要

表3-4　行為觀察量表優缺點比較

類別	說明
優點	1.所列工作行為要求都以有系統的工作分析為基礎。 2.明確陳述工作行為的考核項目與向度。 3.可以讓員工參與重要行為向度的設計，幫助員工瞭解與接受。 4.由於行為相當明確，故主管很容易做績效回饋，員工也較亦遵循。 5.量表有效地定義了職務的標準，為人事選擇預測變項提供了效標。 6.利用量表建立的特定目標，可以引起並保持員工工作行為朝積極的方向改變。 7.量表的建立過程已保證了其有效度與信度。
缺點	1.發展行為觀察量表耗時耗費。 2.對有些職務，行為與工作產出間並沒有必然的關聯性。 3.此量表對評估者的工作行為要充分觀察，所以當主管督導的部屬人數很多的話，運用行為觀察量表對主管而言將是一大挑戰。

資料來源：丁志達主講（2019）。「績效考核與目標管理訓練班」講義。台灣科學工業園區科學工業同業公會編印。

性而定，由下列三部分構成：

1. 評量績效的向度，例如準時繳交業務報表等。
2. 使用分點評量尺度。
3. 一套行為錨點陳述（主要集中於特定、可觀察、可衡量的工作行為）。

範例3-1

加註行為評等量表題目

單位		職稱		姓名	
項目	說明	評定			
工作績效	左列各項目之詳細內容與右列評定之定義，請參考下方資料。	□優	□佳	□可	□稍差	□要努力
業務品質		□優	□佳	□可	□稍差	□要努力
專業知識		□優	□佳	□可	□稍差	□要努力
人際關係		□優	□佳	□可	□稍差	□要努力
工作態度		□優	□佳	□可	□稍差	□要努力
個人操守		□優	□佳	□可	□稍差	□要努力
發展潛力		□優	□佳	□可	□稍差	□要努力

項目	等級	評量標準
工作績效	優	工作績效遠大於業績目標。
	佳	工作績效大於業績目標。
	可	工作績效等於業績目標。
	稍差	工作績效小於業績目標。
	要努力	工作績效遠小於業績目標。
業務品質	優	工作成果與效率優異，完全不用主管操心。
	佳	工作成果與效率良好，主管僅須稍加指導。
	可	工作成果與效率合於一般水準。
	稍差	工作成果與效率不如一般水準，且常發生缺失。
	要努力	工作成果與效率極差，造成主管困擾。
專業知識	優	通曉必要之專業與基礎知識，且能舉一反三，自我充實。
	佳	對職務上之專業與基礎知識應用能力良好，執行業務有效率。
	可	對職務上之專業與基礎知識瞭解，可運用於執行業務。
	稍差	對職務上之專業與基礎知識不甚瞭解，運用常有窒礙。
	要努力	對職務上之專業與基礎知識完全不瞭解，凡事須人指導。
人際關係	優	人緣極佳，與其他同事相處融洽，主動幫助他人完成工作。
	佳	人緣佳，會參與組織共同事務。
	可	人緣尚可，與他人互動維持一般水準。
	稍差	人緣稍差，少與組織內其他成員來往。
	要努力	自外於組織，不與組織內其他成員往來，缺乏組織認同感。
工作態度	優	對業務有高度熱誠及責任感，積極進取、努力不懈。
	佳	積極面對業務，對困難的工作亦盡力解決。
	可	處理業務尚稱積極，工作態度大致良好。
	稍差	處理業務之態度稍欠積極，責任感稍嫌不足。
	要努力	消極且無責任感，不喜歡困難或辛苦之工作。
個人操守	優	服從公司規定，品德優異，且能影響他人，對自我要求極高。
	佳	恪遵公司規定，品德兼優，私人生活規律、言行檢點。
	可	遵守工作場所秩序，無不良嗜好。
	稍差	偶爾會忽略工作場所秩序，造成主管及同事困擾。
	要努力	不顧工作場所秩序，嚴重影響他人工作情緒。
發展潛力	優	潛力出眾、有極大發展空間，可栽培往更高層次發展。
	佳	有發展潛力，經適當栽培後能膺重任。
	可	有一般水準之潛力，須按部就班培養。
	稍差	發展潛力稍差，須經更長之培訓期間始能勝任。
	要努力	無發展潛力，應無栽培必要。

資料來源：慶豐銀行人力資源部（2000）。〈人力資源庫介紹與說明〉。《慶豐銀行專刊》，2000年3月，第41期，春季號。

有關加註行為評等量表的優點有：

1.標準明確，以重要事件解釋績效點數。

2.量表精確，由熟悉工作內容以及工作目標之員工所發展出來。

3.構面獨立且構面多，不至於以偏概全。

4.回饋迅速，被評者可根據「重要事件」立即獲得回饋。

5.一致可靠，不會因評核者不同而有不同評核結果。

　　雖然加註行為評等量表有上述的優點，但此量表也存在著一些侷限面，許多與工作有關的關鍵事件在制定量表時被刪除了。因此工作中的某些特點就無法得到體現，並且有時對評定者來說，很難確定被評定者行為與量表中描述的類似程度，因此較難進行配對評定。所以要運用此法時，需以不同層次之行為定義評估構面（**表**3-5）。

　　考核工具要闡明每個員工在實現最底限目標中的職責，要達到這個目的，行為標準在一定的程度上必須依據系統工作分析和可信與有效的考評工具。

表3-5　實施加註行為評等量表的步驟

1.詳細收集對觀察得到的工作行為所做的說明，由熟悉工作內容的人描述與績效有關之重要項目。 2.針對每項行為進行評估，以確定此行為是代表好或差的程度；由經理人與人事專家共同決定各構面評核因素，對每一行為構面並加以定義清楚。 3.由一組熟悉工作內容的人確認每一構面內容的涵蓋面。 4.決定衡量比較的等級，一般使用五點或七點量表。

資料來源：丁志達主講（2019）。「績效考核與目標管理訓練班」講義。台灣科
　　　　　學工業園區科學工業同業公會編印。

第二節　員工比較系統

員工比較法（Employee Comparison Methods）是相對而非絕對的評估法。它是將個人的績效與另一個人或更多人加以比較。最常見的有個別排列法（Individual Ranking Method）、配對比較排列法（Paired Companion Ranking Method）、強迫分配法（Forced Distribution Method）及交替排列法（Alternation Ranking Method）等四種方法。

一、個別排列法

個別排列法（序列法）是將全部受評者之工作狀況分別列出其等級，再依序為其高低訂定成績之優劣，它是所有「員工比較系統」中最簡單的個別比較法，其方法是將所有員工在工作中各個方面的表現，按績效的層面從最好排到最差的順序，並對工作的整體印象進行排列，亦可以對每一個獨立的工作向度中的行為項目分別進行排列，最後把各方面的結果綜合起來，得到總的結果（**表3-6**）。

個別排列法的最大優點是簡單易行，不需要做任何複雜說明，但是當被考核員工人數眾多時，進行排列就比較困難與麻煩，此時評定結果的正確性也就降低了。例如對排列在中間位置的員工而言，有時就很難判斷先後差別的名次意義。很多時候，這種方法會被用來作為裁員的準則，將表現最差的員工解僱（**表3-7**）。

二、配對比較排列法

配對比較排列法是由考評者對所屬員工的成績用成對比較的方法，決定其優劣。其最終的結果與排列法一樣，是員工的績效順序排列，但配對比較排列法比個別排列法的評定結果要準確得多。

表3-6 排名系統的效用評估

條件	效用評估
協助組織統合單位的工作，並將個人工作與較大的目標做出連結。	並非藉由其本身，產生效用，且並未鎖定在工作任務上。
協助找出會阻擾組織生產力的障礙。	沒有。它關注於員工之間的比較，而忽略了每名員工都存有的障礙。
提供符合法律要求之績效建檔和傳達績效的方式。	只有當排名是基於單一、容易衡量的條件時，才有可能。但這種情形十分罕見。
提供有效資訊，用來做出有關升遷、員工發展，以及訓練的決策。	可能有。但是只有當排名是基於單一、容易衡量的條件時，才有可能。排名若是基於「模糊」的條件時，則顯得過於主觀。
提供即時資訊給經理人，讓他們能夠預防問題。	如果只是一年進行一次，而忽略其他時間的話，就絕對不可能。焦點並不是放在改進，而是放在比較上。
提供合作性的論壇，用以找出問題、研判問題，並降低個人成功的障礙。	容易產生爭議，因為定義相當模糊。迫使員工之間必須競爭，這對公司來說，可能个是件好事。
協助經理人統合直隸下屬的工作。	沒有。焦點大部分都是在評估上，而非計畫或統合。
提供定期、持續的回饋，以增強員工的動機。	如果只是一年一次的程序，就沒有辦法。
讓期望明確，並建立共識和權限程度，以預防錯誤。	沒有。焦點都鎖定在過去，而非未來。必須經過補強才能達到目的。
簡便易行，且相當實用。	改系統太過簡易，可能會造成許多表面工夫。
牽涉最少的文書作業與樣板文章。	取決於其執行的方式。
滿足經理人、員工與組織的需求。	一般來說並沒有。許多員工對於互相比較而非個別評估，感到不舒服。
進行此事所需的時間並不冗長。	評分可以很快就完成。它們完成得越快，它們就越沒有用處。

資料來源：邱天欣譯（2002）。羅博特‧貝可（Robert Bacal）著。《績效管理立即上手》，頁141。美商麥格羅‧希爾國際。

表3-7　個別排列績效考核表

部門：							
考核級職：					考核者： 日期：		
姓名	知識技術	工作態度	領導能力	溝通能力	工作協調	工作數量	工作品質	合計點數
賴柏仁	3	5	5	5	3	4	6	31
蘇建華	2	4	2	1	4	2	2	17
李澤民	6	2	6	4	1	6	4	29
陳信敏	4	1	1	3	6	1	3	19
曹玉琴	5	3	4	6	2	3	5	28
洪鎮鐘	1	6	3	2	5	5	1	23
總評：								
備註：								

資料來源：沙永傑、王忠宗、周賢榮、廖文志等編著（1996）。《企業診斷》。
　　　　　國立空中大學。

　　配對比較排列法係先將員工姓名用成對組合的方法，寫在小紙片
上，每一張紙片寫上二個員工的姓名，如共有10個員工，其公式為：
〔N×(N-1)÷2〕計算（N為人數），則10×(10-1)÷2的結果要進行45次
的比較。

　　配對比較排列法的優點為，所得之考核結果較為確實，信度達0.9以
上；但其缺點是，當比較的人數很多時，手續不僅過繁、冗長，而且乏
味，一般適用於人數較少的單位或部門（**表3-8**）。

三、強迫分配法

　　強迫分配法基本上也是一種排序法，但並不是對個別員工進行排
序，而是對整體員工進行績效的比較與排序。

　　公司先區分不同的績效等級，並訂出各績效等級的比例分配，再將

表3-8　配對比較排列法

成對比較法的評價過程

姓名	程昱	李典	夏侯惇	荀彧	張遼
程昱	—	李典	夏侯惇	荀彧	張遼
李典		—	夏侯惇	李典	張遼
夏侯惇			—	夏侯惇	張遼
荀彧				—	張遼
張遼					—

成對比較法的評價結果

姓名	贏的次數	排名
程昱	0	5
李典	2	3
夏侯惇	3	2
荀彧	1	4
張遼	4	1

資料來源：丁志達主講（2019）。「績效考核與目標管理訓練班」講義。台灣科學工業園區科學工業同業公會編印。

各員工評等歸入不同績效等級。例如先設定「優等」的人有10%，「甲等」的人有30%，「乙等」的人有40%，「丙等」的人有15%，「丁等」的人有5%，然後將考評人數按這些比例算出多少人要評為「優等」，多少人要評為「甲等」，其餘依此類推，達到強迫分配的結果。

強迫分配法考績的呈現，雖然無法達成絕對的公平，但至少可以達到相對的公平。為解決強迫分配法的缺點，企業可根據各單位業務績效的高低作為分配其單位考列各等人數之抉擇。例如單位業務績效考核列優等者，該單位考核「優等」、「甲等」之人數可以增加；單位業務績效考核列中等者，該單位考核「優等」、「甲等」之人數仍照一般規定；單位業務績效考核列差等者，該單位考核「優等」、「甲等」之比例則依一般規定降低，以期單位業務績效與人員考績等級比例能加以合理區隔。

範例3-2

奇異（GE）員工表現評量表

	模範生 （10%）	表現優異者 （15%）	高度受肯定者 （50～60%）	邊緣人 （15%）	效率最差者 （10%）
股票 認購權	100%	100%	50～60%	無	無

資料來源：袁世佩譯（2000）。Robert Slater著。《複製奇異：傑克・威爾
許打造企業強權實戰全紀錄》（*The GE Way Fieldbook*），頁
47。麥格羅・希爾國際出版公司。

　　《強迫排名》作者迪克・葛蘿特（Dick Grote）認為，嚴格執行汰弱
留強的制度，短期內固然可以迅速淘汰少數績效不佳的員工，但長期以
降，最後很可能會因為找不到更好員工替代，無形中增加企業的人事成
本。因此，他建議，強迫排名制大約運作三、四年後，就可稍做休息，重
新觀察組織的績效成果，並採取其他的評估工具。

四、交替排列法

　　交替排列法乃將被評估之員工依表現之良窳（如生產力、出錯率、

範例3-3

微軟宣布放棄強迫分配制

微軟（Microsoft）宣布放棄備受爭議的員工績效「排名制」，希望以強調品質的績效評鑑法取代數字化的評級，以促進內部的團隊合作。

微軟表示，將不再要求部門經理根據鐘形曲線（Bell Curve）為所有員工打分數，並給他們從一到五的評級。放棄這套通常稱作「堆疊排名」（Stack Ranking）或強迫排名（Forced Ranking）的制度，意味將不再規定微軟10萬名員工必須有特定比率被評為績效不合格。

在執行長鮑默爾（Steve Ballmer）的領導下，評級制是晉升和分配紅利與股票的重要依據。微軟表示，即日起放棄數字化的評級，改用較頻繁、強調品質的員工績效評鑑法。這項改變使微軟成為一連串取消強迫排名制的大公司之一。排名制在1980年代在奇異公司（General Electric Company, GE）執行長威爾許（Jack Welch）採用後大為流行，制度的特色是績效排名差的員工都被鼓勵辭職。

威爾許在他的書上說，「有人認為淘汰績效最差10%的員工很殘酷無情，其實不然。等到員工生涯較晚的時候才告訴他們不適任，才是殘酷。」不過，威爾許在奇異的繼任者伊梅特（Jeffrey Immelt）已取消這套數字化評比制。伊梅特偏好能坦率告訴員工哪些表現合乎標準、哪些還有待改善的評比制度。

達拉斯績效管理顧問葛洛特估計，財星500大企業至少有30%仍繼續使用排名制，但大多改用較柔軟的名稱，如「才能管理」制，避免引起負面聯想的「強迫排名」字眼。葛洛特說，純粹的堆疊排名制已經很少見，許多企業都在評級中加入一些改良，例如美國國際集團（American International Group, AIG）公司給部門經理更大的彈性，可以分配評級，並把行政助理排除在排名外。

資料來源：世界新聞網財經新聞組（2013）。〈微軟 不幫員工打分數了〉。《世界新聞網‧北美華文新聞》（2013/11/14）。

曠職率等），按順序排列。一般的做法是將單位內的全體員工評估出最佳（第一名）的員工和最差（吊車尾）的員工，接著依剩下人選評出次佳及次低者，如此交替，將所有人員均全部排出為止（**表3-9**）。

表3-9　交替排序法

評等量表

依據你所有評估的特質，將所有參與評估的員工列出。選出在此一特質上表現最佳的人，將其姓名填在第一欄的第一個空格上；隨後刪掉這人的姓名，在其餘的人選中，選出在此一特質上表現最差的人，將其姓名填寫在第二欄的最後一個空格上。接著再刪掉這人的姓名，在其餘的人選中，選出在此一特質上表現最佳的人，填寫其姓名在第一欄的第二個空格上……依此類推，直到所有人的姓名均已出現在量表上。

在此特質表現最佳者

1. _____	11. _____
2. _____	12. _____
3. _____	13. _____
4. _____	14. _____
5. _____	15. _____
6. _____	16. _____
7. _____	17. _____
8. _____	18. _____
9. _____	19. _____
10. _____	20. _____

在此特質上表現最差者

資料來源：張緯良譯（1996）。Gary Dessler著。《人力資源管理》（*Human Resource Management*），頁361。華泰文化。

第三節　敘事考核系統

　　敘事考核法又稱為書面評估，是最簡單的評估方法，一般在白紙上用文字陳述員工之整體形象，包括員工過去的工作績效表現、升遷的可能性、長處、短處、工作上改進的建議及有待加強面所需要的訓練及協助等，並標示其「績效等級」。這種方法不需要複雜的格式，評分人也無須接受什麼訓練，但是評估的結果，往往決定於評分人的筆下功夫能不能充分表達員工真實的工作情形。

 範例3-4

專業人員稽核評估報告

姓名：杜約翰
職稱：物料支援主任
評估期間：1982.02至1982.08
工作內容說明：
負責管理生產規劃流程與製造標準制定過程——包括維修及發展。

評估期間完成事項：
產出評估：
良好
在這年中，生產規劃流程有顯著的改變。各部門之間的協調做得不錯，而管理活動也都能有效率地進行。

優點及需要改進之處：
約翰在二月調到物料支援部。當時生產製造流程碰到了一些難題，而約翰很快地便進入狀況，與前一任主管順利交接。
但在製造標準制定方面，約翰的表現就沒那麼好。他雖然很努力但成效不佳。我想有兩個原因：

流程評估：
缺少
活動相對於
產出
• 約翰不太能清楚地訂定明確的目標。一個明顯的例子是他無法制定好目標及主要產出；另外一個例子則是他在三月間所做的製造標準系統評估時情緒化的結論。到現在我們還是不知道這個系統何去何從。一個人如果沒有明確的目標，很容易就會陷入「徒勞無功」的陷阱——這與接下來的第二點極有關聯。

陳述必須有
實例證明

讚美也得找
實例支持！

告訴員工他
該如何增進
績效

除直屬上司
外，還得向
上再呈報一
級。另外也
得呈報人事
部門，讓他
們處理薪資

• 我覺得約翰很容易誤以為開了會就是有進度。他應該在開會前多下點功夫，訂清楚會議的目標。

約翰之前的財務背景很顯然地在很多地方都能派上用場。最近的例子是他幫忙採購部門解決了一些財務上的問題——雖然並不是他份內的事。

約翰很希望能繼續晉升到下一個管理階層。這一次我並沒有擢升他的打算，但我相信他的能力終究會讓他升到他想要的位置。然而，在晉升之前，他必須證明他能處理複雜的案子——如之前的製造標準系統，而且重要的是必須要有結果。他必須要能清楚明確地分析問題，訂定目標，然後找出達成目標的方法。而這其中大部分都要靠他自己。

雖然我會從旁協助，但主角還是他。當他能證明他能獨立作業之時，擢升自然會水到渠成。

總而言之，約翰對目前的工作還算能勝任。我當然也明白他剛從財務部門調到製造部門，自會碰上一些難處。我會繼續幫他忙——特別是在目標訂定以及尋找解決方法上。約翰在物料支援上的評比是「及格」——他當然還有很大的空間可以努力改進。

評比：□不及格
　　　□及格
　　　□表現良好
　　　□表現優異

直接主管（簽名）：_____　日期：8/10/82
總經理（簽名）：_____　日期：8/15/82
矩陣主管（簽名）：_____　日期：8/10/82
人事部門（簽名）：_____　日期：8/18/82
員工（簽名）：_____　日期：8/22/82

這是個雙重報告的例子，物料經理委員會的主席也參與了此項評估

員工簽名只表示他看了這份報告，但並不一定表示他完全同意

資料來源：巫宗融譯（1997）。Andrew S. Grove著。《英特爾管理之道》，頁223-224。遠流出版公司。

一、重要事例技術法

重要事例技術法（Critical Incident Technique, CIT）為費南根（J. C. Flanagan）和布斯（R. K. Burns）所倡導。此方法是主管特別注意部屬在關鍵性行為上有什麼特殊的優良表現，或者犯了什麼特殊的重大過錯，然後根據這些事例來考核部屬。不過要特別記得，重要事例技術法的紀錄出發點是主管希望該員工能夠做得更好，而不要抓屬下的「小辮子」。如果某件事已經重要到必須記錄下來，那表示對工作的績效有影響，因此，一定要跟員工面對面溝通，花點時間與員工討論這件事。

通常這些重要性行為包括：物質環境、記憶與學習、檢查與視導、綜合判斷、反應能力、數字計算、可靠性、理解力、創造力、生產力、獨立性、接受度、合作性、主動性、正確性和責任等（陳正強編著，2000：167）。

重要事例技術法是用來獲得開發內容有效的考評尺度的足夠信息。設計重要事例技術法最重要的原則是，要能簡單好用，而且讓自己固定持續

範例3-5

重要事例技術法

2023年12月12日（星期二）下午二點

對約翰提出口頭警告，因為他在電銲時沒有戴上安全護目鏡。上星期他參加了安全講習，將口頭警告的事做成備忘錄，不過約翰拒絕在上面簽字，布希當時也親眼看到他拒絕簽字。

2023年12月28日（星期四）上午二點

瓊斯公司的人打電話來告訴我，由於比爾的事後跟催，使得我們公司免去在下一次訂單多付一次錢的成本，應該感謝比爾的努力。

資料參考：林瑞唐譯（1997）。Mike Deblieux著。《檔案紀律管理》，頁26-
27。商智文化。

的運用。表格內應能明確指出所發生事件的人、事、時間、地點及為何？同時記錄的資料不要太冗長，才不致讓重要事例技術法的紀錄視為畏途。

重要事例技術法的優點，是為員工的績效考核提供了實際訊息，以具體事實提供主管作為輔導員工的資料。主管不宜使用一些意義不明確的用詞，例如「為何最近工作很差」，而可以具體地與員工討論實際觀察到的事例。但此方法由於涉及人格因素，故而缺乏客觀計量的比較，只有靠重要事例技術法與評定量表結合運用，才能克服上述缺點。

二、現場詢問法

現場詢問法（Field Review Method）由瓦滋渥斯（G. W. Wadsworth）所採用，係由工作績效評估人員或人事人員到現場與在職者之主管，或其他瞭解在職者工作人員討論其各項表現後，再予以核定等第，送請各相關人員參考（**表3-10**）。

表3-10　各種績效考核方法的特點分析

優缺點＼技巧＼用途	尺度法	排列法	重要事例法	行為定位法	目標管理意義	評鑑中心意義
範圍劃分的意義	有時有意義	很少有意義	有時	通常有意義	通常有意義	通常有意義
所需要的時間	少	少	中等	多	多	多
發展所需費用	低	低	低	高	中等	高
評定時錯誤的可能性	高	高	中等	低	低	低
部屬接受的程度	低	低	中等	高	高	高
主管接受的程度	低	低	中等	高	高	高
在分配報酬的用途上	差	差	平常	好	好	好
對員工諮商的用途上	差	差	平常	好	好	好
在發掘晉升潛力方面	差	差	平常	平常	平常	好

資料來源：石銳（1991）。《企業人力資源作業手冊——用人》，頁66。行政院勞工委員會職業訓練局。

第四節　評鑑中心法

　　良好的績效評估系統是每位主管都夢寐以求的管理利器，但是傳統的評估方法似乎存在著天生的缺陷，以狹隘的眼光看待績效評估，以過去發生的事件為評估導向，容易引起企業用人方面的短期行為，因而評鑑中心法（Assessment Centre Method, ACM）、目標管理法、關鍵績效指標、目標與關鍵成果法、多元績效回饋法、平衡計分卡等乃運用而生。

一、評鑑中心法

　　二次世界大戰時的德國，將「人才評鑑」的想法，用於選拔納粹親衛隊幹部隊員。在1943年，美國在選拔戰略情報局（Office of Strategic Service of U.S. Army, OSS）幹員時，為分析候補人員所具備的特性而設立的能力檢定機構，開始研究萌芽。該項計畫大約在1957年由民營企業美國電信電話公司（American Telephone & Telegraph, AT&T）開始引進，因AT&T業績大幅成長時，需要有大量的管理者，而由工業心理學家道格拉斯·貝瑞（Douglas Bray）與威廉·貝哈姆（William C. Byham）開發成評量計畫來遴選合適的管理者。

　　評鑑中心法定義為：「運用評鑑中心技術，鑑別學員個人的優點與缺點，用以診斷其發展需求，從而提升工作績效及生涯發展，並進一步增進組織績效。」它採用之評鑑方式非常多元，例如：籃中演練（案頭練習）、無主持人小組討論、個案（問題分析）、事實發現、簡報、角色扮演、面談、經營競賽（管理賽局）等，每次實施至少選用二種以上的演練，評鑑中心法是衡量一個人潛質的方法（**表3-11**）。

表3-11　管理才能評鑑項目

編序	高階主管 （總經理級）	中階主管 （經理級）	初階主管 （主任級）
1	決策 （75%）	目標設定 （56%）	專業知識 （68%）
2	危機處理 （71%）	專案與流程管理 （51%）	問題解決 （64%）
3	遠景 （67%）	計畫組織 （50%）	工作效率 （58%）
4	策略規劃 （65%）	溝通技巧 （49%）	激勵部屬 （49%）
5	管理變革 （57%）	衝突管理／團隊建立 （47%）	執行力 （48%）
6	計畫組織 （54%）	培養部屬 （46%）	溝通技巧 （41%）
7	諮詢與授權 （49%）	問題解決 （45%）	主動積極 （36%）
8	市場敏感 （41%）	激勵部屬 （43%）	品質管理 （33%）
9	衝突管理／團隊建立 （35%）	創新 （37%）	資訊蒐集 （31%）
10	風險承擔 （35%）	市場敏感 （36%）	工作熱忱 （30%）
11	目標設定 （34%）	諮詢與授權 （34%）	誠信正直 （30%）
12	創新 （32%）	會議引導 （32%）	時間管理 （29%）
13	洞察力 （29%）	危機處理 （31%）	人際關係 （29%）
14	人脈建立 （27%）	策略規劃 （30%）	客戶服務 （26%）
15	誠信正直 （26%）	談判 （29%）	計畫組織 （25%）

資料來源：張裕隆（1998）。〈三百六十度回饋（七）〉。《國魂》月刊，1998年5月號，頁75。

二、評鑑中心小組成員

評鑑中心或稱小組評論法，是由員工的直屬主管與另外三、四位瞭解員工工作情況的管理者組成小組，對員工進行評估。這種小組評論的優點是多人評定，可以減少直接管理者個人偏好及標準過寬、過嚴、趨中、月暈效應對評定結果的影響，並對員工改進工作提供了幫助。

評鑑中心是被視為對具有潛力者提供可靠的預測，但是它的費用高，原因如下：

1.因為必須要慎重設計，以合乎企業需要。

2.因為占用相當可觀的管理時間。

3.有時很難找到對員工工作表現比較熟悉者的其他人員來共同評核。

評鑑中心的功能在於評鑑員工的職能，以利安排在適當的職務和未來的發展方向（適才適所），它較適合用來評估高層管理人員的發展機會（**表**3-12）。

表3-12 評鑑中心的條件資格

1.必須使用多元化的評估技術，而其中至少有一項必須是與工作情境類似的模擬訓練。
2.必須使用懂得多種技術的評估者，而這些人員要先受過「評鑑中心制」的訓練。
3.透過考核者及各種技術廣泛收集資訊，再據此審查工作成果。
4.由考核者對員工行為進行全面評估，而這項評估係於不同時間進行行為觀察得來的。
5.模擬訓練可以用來探索不同的預設行為，而這些訓練也需事先經過測試才可以派上用場。
6.由評鑑中心所評價出來的工作範圍、屬性、特質或品質，是對相關的工作行為進行分析後才做出決定的。
7.評鑑中心所使用的技術，都是事先經過設計的，其目的在於對預先設定的工作範圍、屬性、品質等方面做評價時提供相關資訊。

資料來源：陶文祥譯（1997）。David Goss著。《人力資源管理》。五南圖書。

第五節　績效管理要領

　　中國古代是「工作能力（才）、一般性品德與人格特質（德）、應有的行為規範（常）與見識與氣度等價值觀（識）四類評量因子來鑑識人才。

　　將上述才、德、常、識四項的識人、用人之見解，應用到現今企業界實施的績效考核上，可說不謀而合。蔣中正曾在「考核人才的原理與原則」的講詞中提到：「人才根本在培育，其關鍵在考核，而其成敗則在任用。三者之中，考核一事，實為中心環節。因為有培育而無考核，則必失之於泛；有任用而無考核，則失之於濫。故如何才可使賢者在位，能者在職，任用適宜，捨考核之外，實無他途可循。」可窺知績效考核對組織、主管與員工三者之間的重要性，更何況，俗諺：「請神容易送神難」，因而績效考核乙事，千萬不可等閒視之。

　　企業實施績效管理，在組織面、主管面、考核面、目標面和回饋面有下列幾項要領值得關注，以達到勞資雙贏的和諧境界（**表3-13**）。

表3-13　績效管理的分工權責

類別	分工權責
用人單位	・制度的執行者。 ・評估資料的運用者。 ・績效的輔導、訓練、發展與要求改善者。
人事單位	・制度的設計、規劃與檢討修正者。 ・評估人的訓練者。 ・評估資料的分析、運用與保管者。 ・協助解決績效評估過程中所發生的問題。
員工本人	・我的工作目標是什麼？ ・我的工作績效如何？ ・有什麼方法可使我的工作績效更好？ ・如何使我的專長及潛能更能發揮？ ・如何使公司的生產力更好？

資料來源：高明智主講。「績效管理制度的設計與管理」講義，頁8-9。財團法人自強工業科學基金會編印。

一、組織面

組織結構是組織的全體成員為實現組織目標,在管理工作中進行分工合作,在職務範圍、責任、權利方面所形成的結構體系。

1.到目前為止,沒有一套績效管理制度可以適用於所有的企業與員工,績效考核必須隨著企業所處的產業環境,企業在產業中的地位,以及企業的規模而有所不同的考核標準及項目。

2.由於企業的策略目標會隨著時間而改變,因此,績效管理也必須隨著策略目標而改變,同時績效管理不僅止於追求策略目標,也要扮演溝通、發展、獎懲、督促等角色。

3.績效考核由於目的的不同,其考核的對象、內容、見解也隨之而異。

4.對不同職務的員工,不適宜一律使用同一種類的考核表格與評分標準。員工的責任不同,職務不同,考核的內容以及各項考核的比重亦應有所不同。

5.無論組織使用何種績效評估方法,都必須和工作有關。因此,在選用績效考核方法之前,組織必須從事工作分析,並發展工作說明書與工作規範。

6.完善的績效考核制度,不但可以作為提拔人才、獎懲的功用,而且可以鼓勵員工的工作士氣。考核制度不健全,員工因而受到不公平的獎懲,立即影響員工工作情緒。績效考核辦理不善,其他人事管理功能也很難有成效。故欲健全組織管理制度,則需建立完善的績效考核制度。

7.一年評估幾次,完全看企業產品特性及營業型態而定,最重要的是能將產能作適當的提升。

8.表單及作業程序是執行績效考核制度的工具,需要站在使用者的觀點來設計,簡單、易懂、容易接受是執行績效考核成功的要件,同

時也要兼顧評估過程及評估結果的信度與效度。

9. 績效考核要項，原則上不宜太多，如此，被考核者也較易掌握自己未來該努力的方向。

10. 如果主管不可以將不同的員工之工作比較，只可以就個人的表現作比較的話，這樣做的結果，績效不佳者仍然可以留在公司，對企業或所有在職員工來說是不公平的。

11. 當考核者與被考核者的看法相左時，公司必須有一套申訴管道。

二、主管面

主管真正的在績效考核上的職責，是為部屬的工作加值。

1. 績效考核的要求如要像自然科學似的正確無誤是不可能的，這就是為什麼績效考核不用「測定」而用「評價」的原因。因為事實的把握和評價，都得經由「人」來進行，因而某種程度的誤差應是無法避免的。

2. 在績效考核中，部屬的直線主管與人事人員，分別擔任不同的角色功能，直線主管扮演主角，用公正、客觀的方式來評估員工；人事單位則為績效考核制訂規章及諮商方法，並幫助直線主管選擇最適當的考核工具做績效考核。

3. 績效管理始於計畫。計畫的目的在於使績效評估在一開始便走對了方向，它是一個目標設定的過程，據此使每一位部屬明瞭他們的任務與標準。

4. 大部分主管對於打考績這件事，都感到很困擾，特別是當他們不太肯定自己的判斷時，那就是為什麼他們常常拖延、遲交考核表的原因。

5. 徒法不足以自行，主管一旦缺乏將考績做得正確、公正、公開，再完美的績效考核制度設計也是枉然。

6.績效考核制度所需數量化的資料愈少，被評估的人就愈容易產生抗拒現象。某些主管因害怕「得罪部屬」，儘量將衡量用語抽象化，解決之道則要對考核的主管進行績效考核訓練。

7.環境會隨時改變的，主管千萬別輕易承諾部屬一些事情。徵求他方意見，不表示就要完全採納他們的意見。

8.「自我評鑑表」係由員工本人親自填寫，多少已反映出個人工作中最敏感的問題是什麼？員工也自行鑑定工作能力上的弱點（待改進之處）所在處。因此，負責主持面談之主管，在面談時只需集中於改進的方法而不需要再重複其缺點。

9.有效的員工考核制度應著重在績效，而非印象。主管對部屬之工作應隨時保持敏銳的觀察力，是使考核制度發揮功能的有效關鍵。

10.被考核員工所期待的結果是考核的回饋。因此，考核對部屬的自尊與後續的工作行為有極強烈的衝擊力，不可等閒視之。

11.糾正部屬的目的是「指正」而非「責罵」。主管是在糾正部屬的「行為」而不是指出他有那些「人格特質」。

12.績效考核是主管在幫助部屬解決工作上的問題，而不是在挑剔、批評部屬。

13.負責考評主管如能夠以解決問題為出發點，而不是對被考評者進行審查或判斷其缺點，則績效面談所產生二者之間的尷尬，就相對的減至最低。

14.績效評估最主要的目的，不是去評判員工表現的好壞，而是讓員工找到繼續改善的方向，這也是人力資源部門專業人員要向全體員工推廣的觀念。

15.績效考核過程，主管應該極力強調員工的職涯發展，而不是去強調薪資問題。

16.一位員工一整年的工作績效，主管平日就應將其記錄，以文件檔案方式予以保存，以備不時之需。

17.當主管必須「批評」部屬時，把焦點放在明確的行為案例上，而不是個人人格特質上。

三、考核面

考核是實現工作過程的一種控制。

1.凡是與工作有關的績效與成就，主管都不能忽略；凡是與工作無關的人格特質與行為，主管都不應該與績效混為一談。

2.被考核者的性格不能作為考核的項目，對他人的性格予以批評是侵害他人的人權。

3.工作績效的考核，係在用客觀的方式或工具，找出員工對公司的貢獻。

4.唯有員工均明瞭績效標準時，評估結果才會正確。

5.所評估的品質與數量要並重，僅重視數量，將會危害到公司長遠的生存和發展。數量可從做出來的量化評估，品質即從錯誤的數量來衡量。

6.考核制度不能使員工因其年齡、性別、年資等因素而受到歧視。

7.設計評量表之標準，應簡潔且合理一致。

8.衡量員工的績效必須排除員工本身所不能控制的變項，諸如景氣不好、原料短少、不良生產機具等。

9.不能列為績效考核項目有：性格活潑開朗、性情沉靜、人品、會說不會做、相貌、嗜好。

四、目標面

目標是指根據組織的使命而提出的組織在一定時期內所要達到的預期成果。

1.績效與目標是一體之兩面。計畫執行前必須確定目標，執行時則測量執行的成果，而將績效評量的結果，作為檢討及改善的依據。

2.任何企業的經營都必須朝著設定的目標推行，在訂定目標時，以具體的、可衡量的、可達到的、重要的和可追蹤的為其必要的條件。

3.目標管理不是一種行為的衡量，而是一種員工對組織成功貢獻度的衡量。

4.太重視「結果導向」，容易引起員工的本位主義，為達目標不擇手段，破壞團隊合作，忽略企業的政策，只看眼前不看遠景的短視作為。

5.屬於發明創造性質的工作，不宜將目標設置得太具體，規定得太死，就限制了創意的「點子」。（**表3-14**）

五、回饋面

回饋作用最常發生於雙向溝通、上行溝通和面對面口頭溝通。

1.根據研究發現，組織內成員在工作時如用大約20～30%的能力，即可不被解僱。如經過高度的激勵，則可發揮80～90%的能力。

2.績效考核最主要的目的不是去批判員工表現的好壞，而是找出員工繼續在工作上改善的方向。

3.績效面談是交換彼此意見及構想的機會，而不是互相推諉責任的場所。

4.績效考核應該包括長期職業目標的討論和在組織內其他工作機會的發掘。經過溝通討論後，部屬可以真正地瞭解自己的工作表現，及需要修正的原因。

5.績效考核可激勵員工努力達到所欲考核之目標，而若能再加上獎酬制度予以配合，則將產生相乘之激勵效果。

6.每位員工應該得到績效考核實質上的通知，以及被鼓勵談論任何在

表3-14 目標型系統的效用評估

條件	效用評估
協助組織統合單位的工作,並將個人工作與較大目標做出連結。	是的,因為它不但強調評估,也很重視計畫。
協助找出會阻擾組織生產力的障礙。	是的,當整合為完整績效管理系統的一部分時,這項利益取決於經理人的態度。
提供符合法律要求之績效建檔和傳達績效的方式。	也許是最具法律防禦性的方式。
提供有效資訊,用來做出有關升遷、員工發展,以及訓練的決策。	是的,當目標明確訂定,經理人和員工也具備此技能時。
提供即時資訊給經理人,讓他們能夠預防問題。	是的,只要能整合於整體系統,並謹守「沒有意外」的原則。
提供合作性的論壇,以找出問題、研判問題,並降低個人成功的障礙。	取決於經理人和員工建立此論壇的人際關係能力。因為這個程序從一開始就是一種夥伴關係,因此在評估上較有可能採取合作的方式。
協助經理人統合直隸下屬的工作。	是的,如果能妥當完成即可。
提供定期、持續的回饋,以增強員工的動機。	如果只是一年一次的程序,就沒有辦法。但是就算是如此,這種方式也會讓討論整年度相關目標的進程,變得更為容易。
讓期望明確,並建立共識和權限程度,以預防錯誤。	是的,一定要明確,這是重點。
簡便易行,且相當實用。	不,並不簡便,但是相當實用。
牽涉最少的文書作業與樣板文章。	取決於其執行的方式。容易比其他方式產生更多的文書作業。
滿足經理人、員工與組織的需求。	妥當完成時即可。
進行此事所需的時間並不冗長。	如果能把它解讀為一項投資,就會很實用。預先投資時間,會省去日後處理問題所需的更多時間。

資料來源:邱天欣譯(2002)。羅博特‧貝可(Robert Bacal)著。《績效管理立即上手》,頁144。美商麥格羅‧希爾國際。

工作上關鍵性的事項。

7.由於員工的參與，在解決問題時可以發現許多創意。

8.不正確的績效考核結果，可能導致錯誤的管理決策；沒有意義的績效考核，則徒然浪費金錢、精力和時間。

9.定期的績效回饋，有助於發現問題後做出即時修正；若績效落差的原因是員工的能力問題，則可用培訓方式處理；若是意願問題，則應設法瞭解員工動機，激勵員工；若是經營環境問題，則應檢討目標的可行性，甚至重新訂定目標。

範例3-6

績效管理的實施步驟

　　美商安迅資訊系統公司（NCR）的績效管理方法共分三個階段進行：(1)計畫；(2)管理；(3)評估。

一、計畫

　　在計畫階段，由主管與部屬共同參與。主管配合公司政策，為部屬擬定年度工作計畫，而部屬也可以提出希望加強或力有未逮之處，與主管討論修正計畫，計畫須經雙方同意後才能定案。定案後寫在考核表上。

　　主管必須遵守SMART的原則：明確（Specific）、可衡量（Measurable）、可達成（Achievable）、實際可行（Realistic）、時間限制（Time Bound），為部屬訂定工作事項以及工作技巧。

二、管理

　　主管必須隨時追蹤員工的工作進度，遇有工作表現良好，主管要口頭讚賞，以加強部屬信心；表現不盡理想時，主管也要馬上糾正，免得到年終考績時，部屬埋怨主管不及時教導，以致影響績效。

三、評估

主管利用考核表來評估部屬。考核表上有工作事項（What）、工作技巧（How）與評分等三欄，每一工作事項之後，同時列有該項占績效考核全部分數的比重，比重的多寡視工作重要程度而定。

主管完成考績後，尚須提出員工的訓練需求內容，以改進或加強工作績效。有些人工作無法做好是因為能力不足，也有些人在某些方面深具發展潛力，這兩類員工皆可施以教育訓練，以加強其技術；如員工因為工作意願力不足，導致績效不彰，則以激勵、處分或重新安排職位等來提升績效，如果這些措施皆無效，也只好予以資遣。

資料來源：管理雜誌編輯部譯（1992）。〈良好績效評估範例報導──考績考績考出高效率〉。《管理雜誌》，第222期（1992年12月號），頁118-120。

結　語

不管使用何種考評量表，都必須對考評者進行培訓以減少考評誤差。工作分析能夠揭示一個考評者的何種行為能使其比另外一個考評者更為準確。

選擇適當的績效考核工具是件相當複雜而困難的工作，績效考核可以著重在個人特質、行為面或結果面，但每種評估工具都有其特性與優缺點，人力資源管理部門要確保其所選定的績效考核工具能客觀、明確地協助管理者瞭解其部屬的生產力，才能真正地做到有效的考核目的。

Chapter

4

目標管理制度

我夢想有一天在喬治亞州的紅色山崗上，昔日奴隸的兒子和昔日奴隸主人的兒子能夠坐在一起，親如手足。

──美國人權運動領袖小馬丁・路德・金恩（Martin Luther King, Jr.）

方向比距離更重要

人是不能沒有目標的，因為沒有目標也就沒有了參照物。雪中沒有參照物時你會眩暈，生活中沒有目標時你會感覺迷茫。高爾夫球教練總是教導說，方向比距離更重要。因為打高爾夫球需要頭腦和全身器官的整體協調。每次擊球之前，選手都需要觀察和思考，需要靠手、臂、腰、腿、腳、眼睛等各部位的有效配合進行擊球。而擊球的關鍵則在於兩個「D」，即方向（Direction）和距離（Distance）。因此，在「百忙」之中，抬頭看看方向很重要，只有目標正確了，你的努力才會有成效，才能接近成功的彼岸。有了方向感之後，我們還要注意目標的專注性。

【啟示錄】如果從未打過高爾夫球，就別去設什麼表現目標。比起「下回打高爾夫，我要在100桿內打完」，你最好設個艱難的學習目標：「我會練好上桿，並在每次揮桿時，保持頭部放低，身體擺正。每一桿要練習100次，同時分析和糾正做錯了什麼，這樣就可以掌握高爾夫球的基本動作了」。

資料來源：楊雲鵬（2012）。《影響自己改變世界的一句話》，頁95-98。廣達文化。

創造高績效組織是許多企業致力的目標，也是面對快速激烈的商業競爭、邁向獲利雲端的關鍵之一。建立全方位的績效管理制度，包括目標管理（Management by Objectives, MBO）與關鍵績效指標（KPI）的確定，以及考核部屬績效的方法與績效面談都是創造高績效組織的不二法門，以提升人力資源管理工作的綜效，強化企業的競爭優勢（**圖4-1**）。

圖4-1　績效管理基本架構

資料來源：常昭鳴（2008）。《PSR企業策略再造工程》，頁234。臉譜出版。

　　目標管理（成果管理），現已蔚為普世認同的有效管理體制，為企業提升執行力與競爭力的重要利器。德州儀器（Texas Instruments, TI）的口號是：「寫出兩個以上的目標就等於沒有目標」。公司願景的釐定，乃是期使全體員工對於企業未來的發展有共同的想法，但企業願景（Corporate Vision）因係未來的規劃，是一個藍圖而已，比較含糊，所以必須要訂定目標來逐步達成。透過有效的目標管理與績效考核作業相結合，以提升人力資源管理工作的綜效，並強化企業的競爭優勢。

範例4-1

目標的重要性

哈佛大學有一項跟蹤調查，振聾發聵：

1.27%的人沒有目標。

2.60%的人目標模糊。

3.10%的人有著清晰但比較短期的目標。

4.其餘3%的人有著清晰而長遠的目標。

二十五年後

1.那些3%的人，幾乎都成為社會各界的成功人士。

2.那些10%的人，大都生活在社會的中上層。

3.那些60%的人，都生活在社會的中下層。

4.那些剩下27%的人，在抱怨他人，抱怨社會，也抱怨自己。

可見，缺失目標，只有慘澹，沒有經營。

資料來源：老範行軍文（2009）。〈目標：蘋果樹的眼裡，坐著第二個牛頓
（外一篇）〉。《HR經理人》（2009/07），頁27。

第一節　目標管理概念

人都需要靠目標激勵，靠信心來帶領前進，包括要清楚自己的目標、不要隨便轉換目標，並明確估算在合理的情況下，實現目標需要多久時間等。想在職場成功，需要在很多構面樣樣專精與周到，包括專業能力、態度、企圖心、品德、人際關係、辦公室政治文化等。

古時候射箭人以鵠作為標的物，其目標是鵠鳥，據此引伸，目標乃是企業希望達成之預期結果，亦即各項目標必須從「我們的企業是什

程序

主管／員工　　　主管　　　主管／員工　　　主管　　人力資源單位

負責人員

圖4-2　目標管理與績效評估分工圖

資料來源：丁志達主講（2019）。「前瞻性人事管理實務研習班」講義。國立成功大學人事室編印。

麼？它將會是什麼？它應該是什麼？」引導出來的方向（**圖4-2**）。

一、目標管理的由來

人群關係的組織理論，起源於1930年代前後，至六〇年代左右，將研究的重心由「組織結構」轉向組織中「人」的因素來探討，偏重員工行為與非正式組織的研究，重視員工在組織中的互動與參與。彼得·杜拉克受此一學派的影響，於1954年在《彼得·杜拉克的管理聖經》（*The Practice of Management*，新譯書名）首次提出「目標管理與自我控制」的概念，強調主管與部屬共同合作與協商的重要，這是一種管理的工具，它不是命令而是承諾，也影響日後採用MBO作為員工績效評估的一種方法（**圖4-3**）。

提出「Y理論」的人群關係理論學者道格拉斯·麥克葛里格（Douglas McGregor）在1957年首先提出績效評估可作為員工諮商與員

```
                           ┌──────────┐
                           │  公司目標 │
                           └──────────┘
                                         ↘
                                          ┌──────────┐
                                          │  單位目標 │
                                          └──────────┘
 ┌──────────┐                                   │
 │  公司績效 │                  修正              ↓            ↓
 │   評估    │              ┌─ ─ ─ ─ ─ ─  ┌──────────┐  ┌──────────┐
 └──────────┘                             │ 個人設定  │  │  經理人  │
      ↑                                    │  目標    │  │ 設定目標 │
      │                                    └──────────┘  └──────────┘
 ┌──────────┐                                                  │
 │  單位績效 │←─ ─ ─ ─ ─ ─ ─ ─                                  ↓
 │   評估    │                                           ┌──────────┐
 └──────────┘                                            │ 個人與經理│
      ↑                      修正                         │ 人同意目標│
      │              ┌──────────┐  ← ─ ─ ─ ─ ─ ─         └──────────┘
      └──────────────│ 個人績效 │ ←─ ─ ─ ─ ─ ─ ─ ─ ─ ─       │
                     │   評估    │ ←───────────────────────────┘
                     └──────────┘
```

圖4-3　目標管理圖

資料來源：羅耀宗譯（1992）。Michael Armstrong著。《管理技巧手冊》，頁
338。哈佛企管顧問公司。

工發展之用的工具；到了1965年奧迪爾內（G. S. Odiorne）發展了這一概
念，把參與目標管理的人員擴大到整個企業範圍。

　　MBO的基本思維模式，在於一個組織必須建立其大目標，以為該組
織的方向；為達成其大目標，組織中的經理人必須分別設定其本單位的個
別目標，並應與組織的方向協調一致；個別的目標實為經理人遂行其自我
控制的一項衡量標尺。

　　彼得‧杜拉克指出，管理是一項崇高的使命，也是一種實務，因為
唯有透過實踐的工夫，才能獲得預期的成果，若要使一群平凡的人做出不
平凡的事，也唯有透過MBO與自我控制方可實現（**表4-1**）。

表4-1　傳統的管理與目標管理方法比較

類別	傳統的管理方法	目標管理與自我控制的方法
設置目標的方法	目標一般由上級領導部門制定並做任務下達。下級沒有自主權。	1.目標是由上下級共同制定的。 2.下級在制定中有充分的自主權。
員工參與程度	部門和員工作為執行者，沒有多少發言權。	1.企業各部門和員工充分參與並發表意見。 2.這些意見得到充分的考慮。
個人目標與企業目標間的關係	部門與個人利益容易與企業整體利益發生衝突。	1.強調個人目標。 2.團隊目標和企業目標的統一，個人利益與企業利益的統一。
管理方式	往往採用命令方式，下級只有責任卻沒有完成任務所需的權力。在採用承包的方式時，實行的是放任管理。	1.採用員工自我管理的方式。員工可以自己確定工作方法。 2.上級有責任幫助下級掃清完成目標的障礙。
管理導向	1.注重過程。 2.不要求部門和員工瞭解自己做的工作對整體目標的意義。	1.結果導向。 2.用管理控制工作的結果而不是過程。部門和員工知道自己做的工作和企業整體目標的關係。
績效評估方式	根據上級制定的評價標準，由考核部門評價成果，並提出改進，容易摻雜主觀原因。	根據上下級結合制定的評價標準，由員工自我評價工作成果，並做出相應改進。

資料來源：黃建東（2006）。〈目標管理的精髓〉。《中外管理》（2006年9月號），頁45。

二、目標管理的特徵

MBO是以目標為導向，以人為中心，以成果為標準，而使組織和個人取得最佳業績的現代管理方法，為企業提升執行力與競爭力的重要利器。透過有效的MBO與績效考核作業相結合，以提升人力資源管理工作的綜效，並強化企業的競爭優勢（**表4-2**）。

MBO的最大益處，是部屬能在制定目標的程序中有參與的機會，其特徵有下列幾項：

表4-2　企業總目標的種類

項目	說明
產量目標	以機器設備的全部能量來生產為最終目標。
銷售目標	以生產及庫存數量（除了保留安全存量以外）全部出售為最終目標。
成本目標	以降低生產、銷售及管理方面可控制的成本或費用為目的。
投資目標	以擴充生產規模，增設銷售機構，收購其他事業達到企業成長的目的。
研究發展目標	以開發新產品、新技術或改善製程為目的。
管理改進目標	以提高經營績效或生產力為目的。
利潤目標	以增加盈餘或減少虧損為目的。

資料來源：王宗忠（2004）。《目標管理與績效考核》。日正企管，頁100-101。

1. MBO係以「人性」為中心之管理方法，與傳統之管理方法不同。

2. MBO乃將企業內員工之願望與企業經營的願景相結合之管理技術。

3. MBO係以激勵代替懲罰，以民主領導代替集體領導，採取合乎人性之管理方法。

4. MBO係利用設定目標會談，使員工親自參與計畫與決策工作，以增進其責任心與榮譽感，並使員工獲得「我有一份」參與之滿足感，以發揮其工作潛能。

5. MBO對工作進度之追查及其達成目標之程度，係採取自我控制及自我檢討之方式，俾以建立員工之自尊心。

6. 在目標達成過程中，有些是有其本人無法控制的突發事態，這些事態影響到目標達成時，應該把它們當作外在的原因排除後，再予以客觀地評價（**表4-3**）。

目標設定本身就是一種承諾，目標不是數字，而是一個誓言。一旦你許下承諾，就一定要達成。如果沒有實現承諾，也必須說明原因，並提出改善的行動計畫。

表4-3　訂定目標管理的面談做法

順序	做法
概述這次討論的目的和有關資訊	1.部門和自己的主要任務。 2.對員工本人的期望。
鼓勵員工參與並提出建議	1.傾聽員工不同的意見，鼓勵他說出顧慮。 2.透過提問，摸清問題所在。 3.對於員工的抱怨進行正面引導。 4.從員工的角度思考問題，瞭解對方的感受。
對每項工作目標進行討論並達成一致	1.鼓勵員工參與，以爭取他的承諾。 2.對每一項目標設定考核標準和期限。
就行動計畫和所需的支持和資源達成共識	1.幫助員工克服主觀上的障礙。 2.討論完成任務的計畫。 3.提供必要的支援和資源。
總結這次討論的結果和跟進日期	1.確保員工充分理解要完成的任務。 2.在完成任務中，何時跟進和檢查進度。

資料來源：丁志達主講（2014）。「目標管理與績效面談實務班」講義。中國生產力中心編印。

三、設定目標的原則

MBO是在企業個體員工的積極參與下，自上而下地確定工作目標，並在工作中實行「自我控制」，至下而上地確定目標實現的一種管理辦法。目標管理法有四個要素：特定目標、共同設定、明確時間、績效回饋。應用目標管理法，不僅是評估員工工作績效的方法之一，更是組織用於激勵員工的具體做法。

設定目標的原則，有下列幾項要點：

1.各層級之個體目標須能支持共同之總目標。

2.目標須考慮長期與短期之配合。

3.目標須按其重要性，賦予重要程度的等級。

4.目標項目不要太多，致超過能力限度。

5.目標範圍不宜太大或太小。

6.目標內容應力求具體,最好能以數量表示。

7.目標內容應是重要工作項目。

8.目標訂定標準須具有挑戰作用。

9.目標必須書面化。

10.應有測定目標工作的具體標準。

管理的藝術總歸一句話:就是設定目標後,主管要對員工有信心,給他們足夠的空間,自己找出達到目標的最好方法。如何制定具體的、完成有一定難度但切實可行的目標,是提高員工績效的一門激勵藝術(圖4-4)。

圖4-4 設定目標管理流程

資料來源:丁志達主講(2014)。〈高績效目標管理與績效考核技巧〉講義。中國生產力中心編印。

第二節　目標管理的設計

　　MBO所依據的觀念是相當簡單的，如果你不知何去何從，你就不會到達目的地，正如印度諺語：「如果你不知道何去何從，任何一條路都把你帶到目的地。」但時間、金錢所費不貲（**圖4-5**）。

圖4-5　組織目標擬定程序

資料來源：常昭鳴（2010）。《PMR企業人力再造實戰兵法》，頁136。臉譜出版。

　　MBO設計主要是為了給目前的任務提供回饋，它應該告訴工作進展如何？以便使工作者能夠做必要的調整，不走冤枉路。目標管理制度所設計的目標，應該只是短距離的時間。舉例來說，如果我們擬定的計畫是以年度為基礎，則相應的目標管理制度的時間架構，至少應該以季為單位，甚至以月為單位來檢討，當員工的目標達成時，上司的目標也才能達成。目標設定，由上而下，成效目標的達成，由下而上（**圖4-6**）。

　　目標績效管理通常是以循環方式（環狀循環）進行，在會計年度伊始，由主管與部屬共同擬定績效目標，為避免多頭馬車效應，目標的訂定，應由組織所揭示的目標向下發展衍生出部門目標、接續擬定主管目標，最後再擬定員工目標，環環相扣，加以運作。主管在充分與部屬溝通後，達成目標的協議，每一季（月）再由主管和部屬檢討，到年終才做一次總結，針對達成的協議做一檢討，評定整年的績效表現。

圖4-6　由上而下依序設定目標

資料來源：杜武志譯（1981）。本鄉孝信著。《目標管理實務：主管人員實務手冊》，頁100。清華管理圖書中心。

範例4-2

惠普（HP）的企業目標

目標	內容
利潤 （Profit）	體認利潤是我們對社會貢獻最佳的單一衡量標準，並且是我們企業力量的根本來源。我們應該與其他目標配合一致，致力追求最大可能之利潤。
顧客 （Customers）	對提供顧客的產品與服務，鍥而不捨地改進它們的品質、用途和價值。
專業領域 （Field Interest）	集中力量，在能力所及範圍內，持續不斷為成長找尋新契機，並能對該領域有所貢獻。
成長 （Growth）	強調成長是實力的衡量標準，並為生存需要之要件。
員工 （Employees）	提供員工各種機會，其中包括分享因員工貢獻而達成的成果。依據工作表現，提供員工工作保障，並由工作成就感，提供員工滿足自我的機會。
組織 （Organization）	維持助長員工自勵、自發及創意的組織環境，並在達成既定工作目標上，擴大員工自主性。
社會公民 （Citizenship）	善盡社會優良公民之職責。對執業所在地的民間團體和社會機構有所貢獻，回饋他們塑造的環境。

資料來源：黃明明譯（1995）。David Packard著。《惠普風範》（*The HP Way*），頁89-90。智庫文化。

一、目標管理的執行步驟

　　科學的辦事方法，貴在有系統、有條理，而管理的基本功能，包括計畫、組織、用人、領導、控管等所構成的管理步驟，亦就是所謂的管理循環（Management Cycle）。目標管理推行的步驟亦應循此程序，妥加規劃（**圖4-7**）。

【註】

1.企業資源規劃（Enterprise Resource Planning, ERP）。

2.客戶關係管理（Customer Relationship Management, CRM）。

3.供應鏈管理（Supply Chain Management, SCM）。

4.品管圈（Quality Control Circle, QCC）。

5.全面品質管理（Total Quality Management, TQM）。

6.六標準差（6 Sigma）。

7.管理信息系統（Management Information System, MIS）。

圖4-7　管理金三角

資料來源：張幼恬主講（2005）。「落實企業目標管理與績效考核」講義。哈佛
　　　　企管公司編印。

MBO執行的步驟，有下類幾項重點提示：

1.公司目標與達成方針之明示。

2.部門目標與方針之設定。

3.與主管討論並決定工作內容。

4.依各項工作內容決定工作的目標。

5.決定衡量目標達成狀況的指標。

6.執行過程中的持續修正及檢討。

7.年終總回顧。

布蘭佳專欄（Blanchard Forum）有這麼一段話：「如果你想確保績效管理有所成效，我的建議方法是在一開始就建立明確而實際的目標，之後的工作就是不斷地幫助並輔導你的部屬鎖定目標，並一步一步有效達成它，再下來才是如何依照達成日標的程度設計你的績效辦法，如果前二個步驟的績效管理你都做得很好，我想接下來通常在你做績效評估的同時，也可以開始好好慶祝你和你的部屬共同獲致的美好成果了。」在

範例4-3

目標檢討會的做法

分類	檢討做法
個人目標	每月填寫檢討表，採書面方式向課長報告。
課目標	每月填寫檢討表，採會議綜合報告方式向經理報告，每年七月舉行期中檢討，每年元月舉辦上年度目標檢討。
部目標	第一季及第三季時由經理就推行情形，採會議綜合報告方式向協理報告，協理則於會後五天內以書面向擔當副總經理及總經理面陳。期中與期末檢討，則統由事務局安排檢討會，由總經理主持，各擔當副總經理及協理列席，經理報告的方式進行檢討。

資料來源：和泰汽車公司公關課編製（1998）。《和泰汽車50年史》。

「設定績效目標」這個步驟中,主管理的責任不只是「告知員工」,而是與員工「達成共識」、設定績效目標。

二、個人目標的設定

使用目標管理法也有其限制,例如對於生產線與機械性質工作,評估員工仍以傳統方法為宜;對於監控幅度較大的,或不以員工為中心的工作亦不太適合採用。因目標管理重視人員培訓與發展,不宜作員工相互間的比較;自我設定目標有激勵作用,但個人目標常不能切合組織目標,因此在訂定個人工作目標時,須注意下列各點:

1.個人目標必須以達成單位目標為前提。

2.個人目標要具有挑戰性,但並非不可能達成。

3.個人目標選定項目最多以五項為準,以免目標過多,無法全力以赴。

4.個人目標之訂定,必須明確具體,予以量化,如要用文字敘述,亦應力求簡單扼要。

6.個人目標之訂定,可先由工作人員自選自訂,然後與主管共同商討決定。

古諺云:「滴水穿石」,每個人把自己分內的工作做好,公司整體目標就會水到渠成(**圖4-8**)。

第三節　目標建立原則

MBO是訂定目標,決定方針,安排進度並使其有效達成,同時對其成果需加以嚴格覆核之組織內部的一種管制體制,以啟發員工個人能力,使其發揮最大潛能。目標就是所謂的「關鍵少數」,如果從80/20法

圖4-8　個人工作規劃與分配流程

資料來源：丁志達主講（2014）。〈高績效目標管理與績效考核技巧〉講義。中國生產力中心編印。

則的角度來看，那關鍵的「20」，需求其「重要」、「關鍵」，而不是需求其「多」。因而，目標設定應根據高明目標（SMART）原則來訂定（**表4-4**）。

一、SMART原則

　　績效管理就是透過績效指標設定、績效評估、績效改善等做法，達成提升績效的目標。這是一套管理的過程，整個過程包括設定績效指標和評估標準、決定評估方法、改善員工績效等。企業（組織）在制定關鍵績效指標時，必須遵循一項基本原則，掌握SMART原則。

　　1.明確的（Specific）：它指績效考核要切中特定的工作指標，具體

表4-4　80/20法則（帕雷托法則）

80/20法則（帕雷托法則，Pareto Principle）指的是，在原因和結果、努力和收穫之間，存在著不平衡的關係，而典型的情況是：80%的收穫，來自於20%的付出；80%的結果，歸結於20%的原因。
目標管理符合這個80/20法則。在一個企業的價值創造過程中，存在著「80/20」的規律，即20%的關鍵人員創造企業80%的價值；而且在每一位員工身上「80/20」同樣適用，即80%的工作任務是由20%的關鍵行為完成的。因此，必須抓住20%的關鍵行為，對之進行分析和衡量，這樣就能抓住業績評量的重心。

資料來源：丁志達主講（2019）。「績效考核與目標管理訓練班」講義。台灣科學工業園區科學工業同業公會編印。

（適度細分化）不能籠統（抽象化），明確地說出必須完成什麼事，例如：「提高客戶滿意度」（簡單、不複雜、有意義）。

2.可衡量的（Measurable）：績效指標是數量化或者行為化的，以便驗證這些績效指標的數據或資訊是可以獲得的（被量化）。例如：「滿意度提高到95%」。

3.可達的（Achievable）：績效指標在付出努力的情況下可以實現，避免設立過高或過低的目標，所訂定的目標不要不切實際，免得突然讓部屬覺得沮喪（雖然目標極具挑戰性，但是透過努力還是能夠完成的）。

4.相關的（Relevant）：績效指標是實實在在的，必須能夠支持公司的使命、目標和策略；可以證明和觀察到的，而非想像的（可實現、合理的、恰當的）。

5.有期限的（Time-Bound）：注重完成績效指標的特定期限（如每月或每季）。目標要有時間性才能使員工集中精神與資源提高工作效率。（EMBA世界經理文摘編輯部，1999）

有些任務的範圍和發展，在計畫階段可能還無法全盤掌控，因此在設定目標時，切記要保持彈性，以便隨時回頭檢視與修正（**表4-5**）。

表4-5　目標建立原則（SMART）

原則	說明
特定且明確的 （Specific）	能清楚地說明達成公司或組織目標的行為標準及量化目標，包含人、事、時、地、物，不能籠統。
可以衡量的 （Measurable）	績效指標無論是量化或非量化，驗證這些績效指標的資料或資訊要容易取得、且具可靠性及可以衡量，同時目標設定不宜使用副詞、形容詞等模糊的、無法衡量的描述。（否者無法判定是否完成）
可達的 （Achievable）	績效指標在付出努力的情況下可以實現的「摘果」目標，非不切實際的「摘星」計畫，如此員工才會對目標有認同感、參與感。（否則淪為空口說白話）
具關聯性 （Relevant）	績效指標應與上級交付的目標具明確的關聯性，最後與公司整體目標相連結。（要與主體有相關性）
具時效性的 （Time-bound）	注重完成績效指標的特定期限，訂好適宜的監控週期，且必須具有明確的完成期限。（否則形同白紙）

資料來源：丁志達主講（2019）。「目標管理實務研習班」講義。毅嘉科技公司編印。

二、目標管理推行辦法

一個周延的目標管理推行辦法，應包括下列各項（李南賢，2000：617-625）：

1.總則：說明推行目標管理的宗旨、原則、方法，暨推行小組的成員、組織及其職責權限等。

2.目標的設定：說明中、長期成長計畫的規劃與年度目標層級區分，以及日標體系的建立，並規定目標管理使用表格及目標設定原則。

3.目標執行的追蹤管制：說明應如何隨著達成目標的要求提供支援、協助與授權；工作人員應如何自我控制，如何實施例外管理原則；以及有關追蹤管制表卡的規定等。

4.目標成果的評核：說明上下兩級人員如何共同驗收成果，評核結

範例4-4

目標設定項目撰寫做法

動詞 （工作活動）	受詞 （對象）	不定詞 （如何做及為什麼）	不定詞的受詞 （目的）
分析	財務報表	（以）提出	業務改善建議
編撰	信用資料	（以）決定	信用等級
計算	工時、薪點	（以）計算	工資
訓練	接待禮儀	（以）提升	客戶滿意度
設定	打磨機	（以）打磨	金屬模具
操作	拌料機	（以）混和	原料與補料
統計	經濟及財務相關資料	（以）掌握	預算的達成率
預測	各項投資	（以）提高	公司財產運用之功效

資料來源：常昭鳴（2008）。《策略規劃P-D-C-A：PSR企業策略再造工程》，頁222。臉譜出版。

果，如何與下期工作目標結合，又如何與人事升遷、獎懲相配合等。

5.附則：說明是否需另訂實施細則及修正程序等。

推行MBO，最主要的是分層授權，使每一員工在執行上有主動精神，針對所要達成的目標，職責範圍內，儘量發揮他的思考能力，改善他的工作方法，以達成上級所交付的任務。

三、推行目標管理會失敗的原因

在實務的執行中，許多企業表面上實施了MBO，卻因為上下認知偏差及基礎訓練不足（包括高階主管），使得在實施後發生了諸多問題，甚至導致失敗。主要原因在於（劉家寧，2002）：

範例4-5

聯想集團的目標規劃

到河對岸是我們的目標，這是人人看清的事情。難的是如何搭橋，如何造船，或者學會游泳。在根本不會游泳的情況下奮不顧身地跳入水中，除了泛起一陣泡沫帶來滑稽的悲壯以外，什麼結果也沒有。

聯想還沒過河，只是已經到達河邊，正在測量水深、建造過河工具。我們具備了過河的能力。聯想運作中一直比較注重管理基礎，即建班子、訂戰略、帶隊伍。制定戰略，就是要把目標清晰化，透過科學化的步驟，藝術化的調整，明確做什麼不做什麼，分批運作。

資料來源：聯想集團創始人柳傳志／引自：遲宇宙，〈聯想局：一家領袖企業的中國智慧〉，網址：http://www.exvv.tw/mall/detail.jsp?proID=312294。

1.對目標做過分的強調：不擇手段，只求達成「數字目標」，反而造成管理問題、員工流失。

2.對MBO做職責上的授權：讓次級主管訂定目標，而真正的執行者卻茫然失措。如許多公司品管部門設定公司品質、出貨、客訴目標，但是生產、製造單位根本做不到，而形成各說各話。

3.把MBO作為書面的制度：過分強調書面報告，造成在開會時玩數字遊戲，很少人能真正查證數字的計算方式與來源。

4.主管不聞不問：上級主管不參與、不反對也不表示意見，但卻不積極推動，造成空轉流於形式。

5.大多數人以「例行工作」作為設訂目標的基準：如生產單位列出出貨量、不良率、報廢率、加班工時等，例行的工作太多，造成了MBO失真。MBO是著重於「做些什麼」及「人的靈活運用」。

6. 無法與衡量基準取得平衡，也無法應用在績效考核上：使部分主管疲於奔命努力工作，但有的主管表現平平，甚至摸魚打混依然無事。

7. 公司對內外環境評估不周延：在設定企業整體目標、長程規劃時顯得倉促（有時隨便抓個數字，有的業務單位以本身行業特殊無法預測為由），造成公司年度目標模糊不清，結果經理人又回到從前——邊做、邊趕、隨時改。看起來大家都很忙，但內心卻很恐懼不知道明天在哪裡。

企業推行MBO，主要的是讓員工瞭解本身工作目標及整體的關係，進而從做到分層負責（縱向），聯繫配合相互支援（橫向）。

範例4-6

阿波羅（Project Apollo）登月計畫

1961年，美國第35任總統約翰‧甘迺迪（John F. Kennedy）在一次著名的演講中提出了令全美國人振奮的理想：「美國要在1970年以前將太空人送上月球，然後再把他安全地帶回地球。」但是，當時很少有人知道該如何實現這個理想。為此，科學家們把登月的長期目標分解為若干個階段目標。例如，為了將一個人送上月球，我們必須先達到載人繞月的階段目標；而在那之前，我們必須知道如何讓太空人環繞地球飛行；當然，我們必須擁有大推力的運載火箭，以便將人員和設備送離大氣層……。

按照這樣的思路，美國太空總署（National Aeronautics and Space Administration, NASA）制定了周密的登月計畫，該計畫的主要階段目標包括：

1. 發射火箭到大氣層。

2.環繞地球。

3.發射火箭,環繞月球。

4.月球著陸器從火箭中飛離,在月球表面降落。

5.月球著陸器離開月球,與軌道艙會合。

6.返回地球。

7.進入大氣層。

8.返回艙安全墜入大海。

　　接下來,太空總署將每一個階段目標進一步地分解為更小的目標。例如,為了在月球著陸,必須先對月球表面進行勘察,並從拍攝的照片中找到最佳著陸地點;然後還需要做無人著陸登月實驗;最後才由太空人駕駛登陸器在月球表面著陸。

　　就這樣,在所有參與者的不懈努力下,上述周密而完善的計畫被一步一步地變成現實,美國果然在1970年之前實現甘迺迪總統提出的偉大理想:

- 1961年,太空人進入外太空。
- 1962年至1963年,太空人環繞地球三圈。
- 1964年,拍攝了近距離的月球表面照片。
- 1965年,美國太空人在太空漫步。
- 1966年,無人登陸器在月球表面降落。
- 1966年,兩艘飛船成功實現外太空會合。
- 1968年,成功繞月球飛行一周。
- 1969年,人類首次登陸月球。

資料來源:李開復(2006)。《做最好的自己》,頁246-247。聯經出版。

第四節　實施目標管理的建議

　　創新、顧客忠誠與無私貢獻，這些都能夠提高績效的價值。訂定目標也很重要，訂得太低，員工固然可以超越目標，然而相對於競爭對手和市場，還是差上一截；標準訂得太高，員工或許達不成內部目標，可是依然高於外在對手（顧淑馨、王莉娟譯，2006：193）。

　　管理學者哈樂德·孔慈（Harold Koontz）曾對「實施目標管理遭遇的問題」提出下列的看法（陳照明，1997：38-40）：

1. 灌輸實施MBO之本質及其哲學：如果從事MBO的人員不瞭解目標管理之本職及其哲學，則MBO將只是一種毫無目的、無法產生任何成果之技術。

2. 授與管理者適當的工具：為達成目標，除了需要有人力和物力資源外，尚需有職責明確之組織及適當之授權，瞭解規劃前提、組織之目標、策略和上司的目標等問題。

3. 體認目標之性質及目標之必要性：管理者應該設法使各項目標能密切結合，否則協調工作將很困難。

4. 盡力設定可以驗證的目標：堅持設定可驗證的目標可能有其困難，但應盡力提高目標的可驗證性，訂定有意義且可付諸實行的目標。

5. 設定實際即可達成的目標：如果設定之目標極易達成，則該目標將不易受重視，也無法誘發最佳之績效；如果設定目標極為困難，甚至無法達成，將造成挫折。

6. 瞭解完成目標所需的時限：有些目標達成期限為一星期，有些為一個月，有些為三個月，有些為一年，甚至超過一年。目標之設定及其完成期限不必與會計年度或預算期間相一致，而應與所需之完成期限相一致。

7. 同意變更目標：當環境變遷致使原定目標不切實際時，即應變更目

標以符合實際，利於執行，但變更目標時應審慎從事，同時考慮對他人目標的影響。

8.共同設定目標：上司對部屬之目標雖擁有最終之決定權，但在設定目標之過程中，應使上司與部屬能共同設定，此為獲得部屬承諾感之必要條件。

9.建立並維護正式及健全的目標審核制度：MBO可說是自成一個完整的制度，如果只引進部分，將很難收到實際的效果，而目標達成率的評價，就是要瞭解本身對整體企業的貢獻度。

10.視MBO為一種管理制度和管理風格：無論隱藏於MBO背後的基本功力究竟是為了進行評估、參與管理、協助預算之執行，還是為了其他，我們都應該視MBO為一種制度，或一種具有各種構面及可多方運用之管理風格。

11.瞭解目標管理無法涵蓋所有的管理工作：MBO是有效管理的一個

 範例4-7

英特爾（Intel）目標管理行動案例
英特爾的目標管理行動案例
1.英特爾的經理人選定最高目標，確定所有的廠房擴建案都符合預定的規劃。
2.指派明確的目標給所屬的執行者，例如：在10月前完成有關菲律賓廠房擴建的決定。
3.部屬們設定四點關鍵成果： ・在6月前完成合適設廠地點的研究。 ・完成每一可能方案的財務分析工作。 ・將分析結果呈報指導小組，以供決策之用。 ・10月前提報總裁葛羅夫（Andy Grove）批准。
4.葛羅夫批准，達成所有目標。

資料來源：戴保堂譯（2003）。羅勃特・海勒（Robert Heller）著。《安德魯・葛羅夫》，頁66。龍齡出版。

不可或缺的要素，但它無法涵蓋所有的管理工作，管理者的全部工作並不止此。

一、實施目標管理的成功要則

根據一份調查研究整理後的報告，列出了目標管理制度推行成功的八大要項如下（許是祥譯，1991：96）（圖4-9）：

1. 應由組織的高階管理者為起點，積極參與，持之有恆，俾確立整個組織對MBO的信心。
2. 制度建立伊始，應有周詳的計畫，並應特別重視對各級單位主管有關MBO的基礎教育和訓練。
3. 應准許從容確立目標管理制度的基礎。須知積習難除，過去的觀念絕非一朝一夕所能改變。

圖4-9　實施目標管理成功之關鍵因素

資料來源：丁志達主講（2014）。「目標管理與績效面談實務班」講義。中國生產力中心編印。

4.目標的設定應屬可以衡量；將來執行時的成果，必須為人人皆能具
　體認定。

5.與現行的資訊系統及控制制度相結合。當累積推行經驗之後，或管
　理階層感到有改變的需要時，當可改變原來的資訊控制制度。

6.對於良好績效，應有獎勵。獎勵應與成果關聯。

7.在目標管理制度的推行期間，應鼓勵組織上下各級管理階層都能熱
　心討論。

8.應有定期性的檢討，並建立資訊的回饋制度。

二、績效目標設定注意事項

　　心理學家愛德溫・洛克（Edwin A. Locke）提出目標設定理論，他認
為目標設定必須注意下列幾點要項，才能激勵個人順利達成目標（尤振
富，2009：9）：

1.目標特性：目標需設訂明確且不易達成，才能產生績效。

2.目標機制：引導個人付出努力、注意力及行動到達目標的機制。

3.回饋：提供個人瞭解方向、努力與策略是否正確的訊息。

4.認同與承諾：必須讓個人認同且承認他們有能力也願意達成所設定
　的目標。

5.自我效能：相信自我可以順利執行的　種信念，自我效能高的人較
　重視明確的目標，也願意設定較高的標準。

三、目標管理制度推行戒律

　　彼得・杜拉克強調，為高潛力員工設定目標時，要從員工需要有什
麼貢獻，而不是從員工實際能做什麼來考量。以下各項，是推行目標管理
制度應予以避免的事項（許是祥譯，1991：97-98）：

1. 勿對目標作過分的強調。單位主管所設定的個別目標，雖然是整個目標管理制度的核心，但是那畢竟只是經理人員所負職責中的一部分，而且目標常有需要改變的可能。具有真正的挑戰的目標，則不一定全部可以達成。須知目標能否達成，影響因素甚多，且其中可能有若干因素為當事人所無法控制的。

2. 勿做目標管理職責的授權，例如任由次級主管越俎代庖，為其上級主管設定目標等是。

3. 勿視目標管理為一項書面的「制度」，過分強調其制度的規定，而忽視了成果的重要性。

4. 勿聽任單位主管個人的喜惡作為設定目標的依據；並應注意勿以例行業務或瑣細的業務設定目標。

5. 勿堅持缺乏彈性的方案或程序。須知情勢倘有變動，目標管理亦需隨之而變動。

6. 勿以目標管理制度作為懲戒或非難各級主管的手段。

7. 勿奢望目標管理能夠解決管理上的所有問題。

四、目標管理與績效評估

MBO的優點在於能提供一套績效評估之設定，使經理人對部屬績效得以做客觀、有意義及可行性之評估。此種評估係以績效與目標之比較為基礎，而非以印象作為評估之標準。

為推行目標管理所配合運用的激勵措施，大抵可分為精神及物質（金錢）方面的獎勵。一般企業採用的方式，約有下列的方法（鄭瀛川，2006：96-97）：

1. 由主管與部屬共同對目標執行的成果加以評估檢討，使部屬工作成就獲得肯定之賞識，從而收取激勵之效。

2. 運用成果發表會表揚目標執行優異的團隊或個人。

範例4-8

<h2 style="text-align:center">獨創一格的企業文化傳統</h2>

幾年前，一家公司的老闆開玩笑地跟員工打賭，認為公司無法一年成長20%，達到六億美元的營業額。他自信滿滿地放話說，如果真的達成六億美元的業績，他就跳進公司門前的小池塘裡。

一年後，他可後悔當初的大話。在公司狂賀達成六億美元的業績時，他當著全體員工的面，二話不說，咬牙跳進冰冷的池子裡。

從那天起，落水成了公司的傳統，表現優異的高階經理、業務員及其他的員工跟著老闆一起落水，接受眾人的年度表揚。

資料來源：丁志達主講（2012）。〈人事管理制度規章設計〉。中華民國勞資關係協進會編印。

3.對目標執行績效較差者，採用調整工作或調職之方式處理，即將評核結果作為人事考核之依據。
4.對目標執行之成果確屬優異者，發給象徵性之獎金或獎品等。
5.將業績反映在全公司的員工福利上，例如福利設施之改善、員工福利項目之增多等。
6.將目標執行成果直接與薪金或佣金發生關聯，即將評核的結果作為支薪的依據，一般多用於銷售人員的獎勵與薪資計算等。

績效與目標是一體之兩面。計畫執行前必須確定目標，執行時則測量執行的成果，而將績效評量的結果作為檢討及改善的依據（**圖4-10**）。

結　語

組織運作是否有效率，均仰賴組織是否能成功地執行策略目標。彼

圖4-10　績效管理與目標設定關聯圖

資料來源：丁志達主講（2016）。「目標與績效管理」講義。國立交通大學人事
室編印。

得‧杜拉克說：「我們必須把目標轉化成工作，而工作一定要明確、清
楚、不含糊、可以評量結果，並且要設定工作的完成期限及特定任務的責
任歸屬。目標不是命運，它們是方向；目標不是命令，它們是承諾；目標
不是要決定未來，它是要動員企業的資源與精力以創造未來。」

　　測量告訴員工是什麼，目標告訴員工所期望的是什麼；測量包含資
訊，目標包含評價；目標告訴員工要取得什麼樣或什麼水準的績效，以便
員工能據此指導和評價自己的行為與努力，而測量則讓員工跟蹤自己與目
標相關的績效，以便按照需要對努力程度、方向和策略進行調整。

Chapter 5

KPI與OKR

權，然後知輕重，度，然後知長短，物皆然，心為甚。

——《孟子·梁惠王上》

 量化管理

近代繪畫大師齊白石（1864～1957）賣畫刻印，是有詳盡標價，錙銖必較。客廳裡貼滿了價碼表：

- 4尺12元，5尺18元，6尺24元，8尺30元，冊頁摺扇每件6元。
- 題上款者加10元；花卉加蟲鳥，每只加10元，藤蘿加蜜蜂，每只加20元。
- 工筆貝葉草蟲，每只照原筆單加三倍，大洋紅之畫另加價。
- 常用名印，每字三金，石廣以漢尺為度，石大照加。石小二分，字若黍粒，每字十金。

牆上告白云：送禮物不畫，請客不畫，為外國人翻譯者無報酬；君子有恥，請照潤格出錢；減價者，虧人利己，余不樂見。

【啟示錄】關鍵績效指標（KPI）就是用來衡量企業的競爭策略是否有確實達成，以績效管理的方法，進而促進企業全方位願景的實踐。齊白石用KPI來選擇客戶，買賣公平，不偷工減料，童叟無欺，維護誠信。

資料來源：俞劍明（2014）。〈財迷老人齊白石〉。《航旅雜誌》（2014/05），頁84。

　　一家企業組織如果已經建構「高瞻遠矚」的企業願景，加上擬定「眾所皆知」的競爭策略後，如果沒有一套遊戲規則來衡量成效與具體的行動的話，往往會淪為空談。譬如，我們不應以業務員接到電話的多少（衡量活動），而應該以他接到的訂單和成交率（衡量產出）來衡量他的工作表現。

　　現在績效考核的主流當然是關鍵績效指標（Key Performance Indication, KPI），用來評估團隊或個人是否達到預期目標，其重點在於

以量化的方式做評定的準則，是衡量流程績效的一種目標式量化管理指標，可協助將優化組織呈現，並規劃願景，是企業績效管理系統的基礎。近年來管理學界和業界開始討論，有沒有更好的績效管理方式？其中目標與關鍵結果（Objectives and Key Results, OKR）算是最常被提及的一項。

第一節　關鍵績效指標（KPI）概論

　　目標管理是由各單位主管與部屬針對部門運作或個人職責範圍內所要負責的工作項目訂定績效目標。KPI則是依公司的使命、願景、策略、關鍵成功因素等逐級展開，來檢查公司體質、工作流程、員工貢獻等。

　　鑰匙（Key）是用來開門，而且要開對門。KPI是一種量化指標，可反映出組織的關鍵成功因素。KPI指標的選擇會隨著組織的型態而略有不同，但無論組織選擇何種指標做出KPI，該指標都必須能與組織目標相結合，並且能夠被量化衡量（**表5-1**）。

KPI的原則

　　明確的目標可以一路發展出KPI，最終再經由回饋與檢討，不斷地循環以達到績效評核的目的。哈佛大學教授羅伯·科普朗（Robert S. Kaplan）說：「可以把KPI想像成飛機駕駛艙內的儀表。飛行是很複雜的工作，駕駛需要燃料、空速（航空器相對於空氣的速度）、高度、學習、目的等指標。而管理階層和飛行員一樣，必須隨時隨地掌控環境和績效因素，需要藉助儀表來領導公司飛向光明的前途。」彼得·杜拉克說，關鍵領域的指標KPI，是引導企業發展方向的必要「儀表板」（**表5-2**）。

　　一般來說，設定KPI包括：和企業的目標、策略連結；量化；容易理解；可達到的；和行動相關聯；平衡；定義明確等七大原則。研究顯示，指標越具體、具有相當的挑戰性但可達成，則激勵效果越強，員工績

表5-1　各部門的實際績效指標

分類	營業部KPI
經營層	1.訂單利益達成率。 2.銷售目標達成率。 3.應收帳款回收準時率。 4.顧客滿意度。 5.市場占有率。
管理階層	1.銷貨準時率。 2.銷貨達成率。 3.售價達成率。 4.年度銷售達成率。 5.報價未成功之損失金額。 6.逾期罰款金額。 7.合約廢棄率（訂單取消）。 8.經銷代理開發筆數。
作業層	1.報價筆數。 2.報價金額。 3.報價平均周期（標準機）。 4.報價平均周期（特殊機）。 5.合約成交筆數。 6.急單台數。 7.因客戶需求之交期變更。 8.退回維修筆數。 9.品質改善聯絡書筆數。
分類	研發一部KPI
經營層	1.新產品開發（特殊機）周期。 2.目標成本專案達成率／金額。 3.設計改善、改良成本減低率。 4.研究發展貢獻率。
管理階層	1.製造規劃重大變更成本損失金額。 2.設計改善、改良成本損失金額。 3.設計變更倉（留料用）再利用金額。 4.客訴案件所產生的異狀金額。
作業層	1.設計某產品所增加的金額。 2.工單缺失。 3.設計變更聯絡書之件數。 4.出圖項目件數。

（續）表5-1　各部門的實際績效指標

作業層	5.逾期未回覆承認圖（4天內；未依工時出圖）。 6.工件及五金購入品錯誤不良金額。 7.月別不良點數。 8.新產品開發（特殊機）周期。
分類	**生產部KPI**
經營層	1.人工成本比（生產性附加價值）。 2.生產力。 3.生產效率。
管理階層	1.機器設備稼動率。 2.設備資產週轉率。
分類	**生管部KPI**
經營層	1.產能負荷率。 2.出貨達成率。 3.出貨準時率。 4.90天以下物料在庫率低減。
管理階層	1.周＿＿日排程達成率。 2.周＿＿日排程準時率。 3.已完成未出貨金額。
作業層	1.工單開立達成率。 2.工單結案及時率。 3.工單計畫未達成（逾期兩週）筆數。 4.急件請購件數（台身上線後開始請購）。 5.標準機供應商交期達成率。 6.採購下單及時率。 7.採購下單正確率。 8.供應商請款準時率。
分類	**人事部KPI**
經營層	1.勞動分配率。 2.職能提升率。 3.離職率。
管理階層	1.薪資計算準確率。 2.薪資計算及時率。 3.加班減少率。 4.失能傷害頻率。 5.教育訓練達成率。

（續）表5-1　各部門的實際績效指標

分類	品保部KPI
經營層	1.全公司客訴件數。 2.客訴索賠金額。
管理階層	1.進料檢驗準確率。 2.物料不良率。 3.成品不良率。
作業層	1.測試達成率。 2.進料檢驗（IQC）不良率。 3.製程檢驗（IPQC）不良率。 4.最終產品檢驗（FQC）不良率。
分類	總經理室KPI
經營層	會議成效管理。 經營計畫達成率。
管理階層	文件管理編修及時性。

資料來源：安侯顧問公司／引自：盧懿娟（2005）。〈我的KPI經驗——機械製造／金豐機器：它讓我們落實每週檢討改進〉。《經理人月刊》，第4期（2005/03），頁93。

表5-2　檢視KPI要點

1.KPI反映工作主要價值領域的程度。 2.KPI與組織策略的連結度。 3.領先指標與落後指標之平衡。 4.確保KPI間之緊密連結。 5.適當的KP衡量數值。 6.KPI具挑戰性且兼顧營運之穩健。 7.KPI結果可衡量且可取得。 8.KPI驅動的是正確的行為。

資料來源：PwC Taiwan資誠（2015）。「員工獎酬策略與工具運用探討——從加薪四法談起」講義，頁27。高科技產業薪資協進會編印。

效也越高。在設定過程中，員工參與程度越高，則對績效指標接受度越高，越能產生高績效指標水準（韓志翔，2011）。

　　組織可以針對不同職級員工設定不同指標，例如業務人員，除了看

其業務成效外,還要有團隊合作、客戶對象、工作態度、服務評比等;採訪記者則應針對不同路線設有不同的指標,另外還應包含團隊合作、獨家新聞、錯誤率及工作態度等,藉以均衡看待同仁的表現,同時讓同仁理解不是只達成一項業績就可以頂呱呱(聯工社論,2012)。

範例5-1

各產業有哪些獨特KPI?

1.金融業,除了最重要的財務指標之外,也很重視創新能力與風險管理的評量。

2.服務業,內部流程和顧客構面指標的權重會比較大。

3.製造業,由於需要利用低成本取得競爭優勢,所以比較重視內部流程(品質、良率)的績效指標外,也重視學習與成長構面的指標。例如台積(TSMC)就把每年每人申請二個專利當做研發部門工程師的KPI。

資料來源:丁志達主講(2019)。「目標管理實務研習班」講義。毅嘉科技公司編印。

 ## 第二節　KPI使用的工具

　　企業的績效乃是根據企業文化、願景來加以展開,以創造具體企業的「競爭優勢」為目標。為達成此一目標,企業必須彈性地微調組織架構,讓各企業主要的功能流程發揮最佳效能,接著在大目標確立下,使用績效評估系統,例如目標管理(MBO)、關鍵績效指標(KPI)、目標與關鍵結果法(OKR)、平衡計分卡(BSC)等工具,來衡量企業內外部各部門與個人工作績效的表現。

一、KPI的專有名詞

(一)目標管理

目標管理是成果導向的管理，其基本思想，在於一個組織必須建立其大目標，作為該組織的方向；為達成其大目標，組織中的管理者必須分別設定其本單位的個別目標，而此等個別目標應與組織的目標協調一致，從而促進組織的團隊精神。

(二)關鍵績效指標

關鍵績效指標，是指衡量一個管理工作成效最重要的指標，是一項數據化管理的工具，必須是客觀、可衡量的績效指標。關鍵績效指標的設定有助於企業各層級績效表現的呈現，針對企業經營目標達成與否提供即時的資訊，以利企業做到績效重點管理或績效表現異常時的及時處置，也作為企業成立績效改善專案的重要參考依據。例如麥當勞（McDonald's）堅持了長期的業績考核體系，其內容分為職位責任、KPI設計、業績督導和業績考核等幾大部分，在不同的部分又進行不同的細化，如在KPI設計部分，把KPI視為量化業績的重要指標，建立了績效考核系統（黃寰，2005：213）（**表5-3**）。

(三)關鍵結果領域

關鍵結果領域（Key Result Area, KRA），它是為實現企業整體目標不可或缺的、必須取得滿意結果的領域，是企業關鍵成功要素的聚集地。它也是對組織使命、願景與策略目標的實現起著至關重要的影響和直接貢獻領域，是關鍵要素的集合。彼得‧杜拉克認為，企業應當關注八個關鍵結果領域：市場地位、創新、生產率、實物及金融資產、利潤、管理者的表現和培養、員工的表現和態度、公共責任感。當然，對於企業具體來說，應根據自己的行業特點、發展階段、內部狀況等因素來合理確定自

表5-3　關鍵績效指標（KPI）一覽表

構面 項次	財務（F）	客戶（C）	流程（P）	學習成長（L）
1	總保費收入	銷售量	業務創新件數	員工滿意度
2	單位成本（每種產品、每個交易）	保戶數	資訊提供即時性	招聘有效性（一年留任率）
3	費用率	市場占有率	需求回應時間	不合格員工淘汰率
4	損失率（給付／保費）	顧客滿意度	案件處理時間	合格員工留任率
5	新產品投資報酬率	新顧客數目	流程的節省金額	關鍵職位適任率
6	新產品或服務占營收百分比	新顧客帶來的銷售額	瑕疵（錯誤）率	員工平均獲利
7	顧客和產品線的獲利率	新顧客招來平均成本	新產品占營收的比率	員工平均獲利
8	員工平均收益	新顧客營收／推銷活動次數	產品交叉銷售比率	每千元薪資的保費收入
9	投資收益（占營收的%）	新顧客營收／招攬成本	新契約保費收入	員工建議平均次數
10	資產利用率	特定商品成長率	新契約保費收入／新契約費用	員工建議被採納次數
11	特定資產的資本運用報酬率	既有顧客業務成長率	網路普及率	員工專業論述發表篇數
12	淨保費變動率	平均每張保單收入	電腦設備配置率	員工平均訓練時數
13	淨賠款變動率	保單持續率	電腦化作業需求量	員工核心能力評鑑分數
14	資本淨增數	解約失效率	業務行銷工具使用量	員工平均學歷
15	保單紅利	顧客申訴率	業務行銷工具使用量	員工平均學歷
16	負債／保障	內部客戶（業務相關部門互評）滿意度	發出保單天數	教育訓練投入經費
17	逾放比例	社會評價	保險給付天數	業務員相關專業證照張數

（續）表5-3　關鍵績效指標（KPI）一覽表

構面 項次	財務（F）	客戶（C）	流程（P）	學習成長（L）
18	稅後每股盈餘	企業榮譽	保單質借行政效率	員工申訴件數
19	預算控制率	公益捐贈	專案開發時程	團隊精神指數
20	應收帳款週數日	社區服務次數	專案目標達成率	員工缺勤日數

註：KPI之選定以選取(1)數量；(2)成長；(3)改良率；(4)對時間內之績效等方式表
　　達。請依需要自選。

資料來源：陳明芳著（2017）。《人力資源管理》，頁131。自印。

已企業的關鍵結果領域。

　　新加坡國家圖書館管理局採用關鍵結果領域來評量組織成員的工作
表現，其所訂定的關鍵結果領域包括：個人發展、作業管理、員工發展及
訓練和新計畫（表5-4）。

表5-4　關鍵績效指標的專有名詞

英文詞彙	縮寫	中文
Management **b**y **O**bjective	MBO	目標管理
Key **P**erformance **I**ndicator	KPI	關鍵績效指標
Balanced **S**core **C**ard	BSC	平衡計分卡
Key **R**esult **A**rea	KRA	關鍵結果領域
Critical **S**uccess **F**actor	CSF	關鍵成功因素
Key **B**usiness **A**rea	KBA	關鍵業務板塊
Key **S**trategic **O**bject	KSO	關鍵策略目標
Prime **F**actor	PF	主要因素
Plan-**D**o-**C**heck-**A**ction	PDCA	績效管理循環

資料來源：姜定維、蔡巍（2004）。《KPI，關鍵績效指引成功》，頁190。北京
　　大學出版社。

(四)關鍵成功因素

關鍵成功因素（Critical Success Factor, CSF）反映了「80/20法則」，也就是20%的因素決定了80%的成功，即是要成功達成目標所需之主要因素。在大部分的產業中都具有三至六項的決定成功因素（例如經營者的誠信、經營者人際關係、現金有效控管、專注本業、產品研發、物料管理流程、持續性的員工教育訓練、完整的人力資源制度等）。譬如雄獅釀酒公司（Lion Breweries）認為，在國際酒類產品事業的關鍵成功因素是全球品牌及配銷。

評價關鍵成功因素有四種類型：數量、品質、成本和時效。數量型

範例5-2

關鍵成功因素（KSF）

LV關鍵成功六大因素
- 商品力（高品質、高質感、創新時尚）
- 名人行銷與活動行銷
- 全球市場布局完整（歐洲／美國／亞洲新興市場）
- 品牌力（品牌資產）
- 通路力（大型旗艦店及高級專賣店）
- 服務力（以VIP貴賓級服務對待）

註：路易·威登（Louis Vuitton）是法國歷史上傑出的皮件設計大師之一。他於1854年在巴黎開了以自己名字命名的第一間皮箱店。如今以其品牌名字的兩個字母首字LV當標示，聞名於世。

資料來源：戴國良（2017）。《企業管理：實務個案分析》，頁47。五南圖書。

指標主要有生產量、銷售額、利潤率、客戶保持率、客戶開發率等；品質型指標主要有準確性、創新性、耐用性等；成本型指標主要有成本節約率、投資回報率、折舊率等；時效型指標主要有及時性、推出新產品週期、到貨時間等（謝寶國、夏勉，2004：39）。

(五)績效管理循環系統

績效管理循環系統（Performance Management System）涵蓋了績效管理系統的績效計劃（Plan）、績效溝通與輔導（Do）、績效考核與回饋（Check）、績效診斷與提高（Action）四個環節，以「滾雪球」的方式不斷創新地實現績效管理工作的持續改進。運用PDCA循環的原理的理念於績效管理系統，無疑能幫助人們更好地理解和實踐績效管理，發揮其良好的效果和應有的作用。

(六)目標與關鍵結果法

目標與關鍵結果法（OKR）是一套流程，強調目標與成果拆解後的關聯性以及執行過程與相對應的溝通。其實目標與關鍵結果法是從彼得‧杜拉克的目標管理發展而來的。簡單來說，就是先設立目標，接下來幫這個目標訂定可量化的階段性關鍵結果，以便定期檢驗是否逐步達成。在公司的運作裡，目標與關鍵結果法可以取代年度的績效考績，畢竟一年一次的整體印象回顧，絕對比不上每月或每季針對具體指標是否達成的評比，更能夠實際掌握各部門或同仁的工作績效。

(七)平衡計分卡

平衡計分卡是一種全方位的策略發展工具，透過策略地圖展開後，在財務、顧客、流程、內部學習四大面向去完善企業的策略，可以拿來使用為組織的目標訂定或是部門任務設定，但不是拿來做考核工具的（**表5-5**）。

表5-5　設計平衡計分卡考慮的要項

1.評量的事項以五到七種為限。
2.只評量能夠直接影響績效的事項。
3.清楚明確定義你的標準。
4.設定目標與里程碑的時間表。
5.所有的評量項目都是可以執行的作業。
6.刪除任何過時不適用的標準。
7.有耐心。
8.評量的標準要能與獲利率建立實質的關係。
9.平衡計分卡只是一項工具，不是管理的萬靈丹。
10.繼續學習未來如何更有效地使用計分卡。

資料來源：亞瑟‧施內德曼（Arthur Schneiderman）（2004）。〈無師自通MBA〉。《大師輕鬆讀》，第91期，頁25。

二、KPI之設定與選擇

目標管理（MBO）是由各單位主管與部屬針對部門運作或個人職責範圍內所要負責的工作項目訂定績效目標。KPI則是依公司的使命、願景、策略、關鍵成功因素等逐級展開，來檢查公司體質、工作流程、員工貢獻等。

企業在推動KPI之前，必須先釐清產業大環境的走向，公司的策略目標是什麼？以及競爭優勢在哪裡？在指標選擇方面，要注意KPI的分類，不只是財務指標，在顧客觀點（如滿意度）、內部流程（如專案完成度）以及學習成長（如研發能力）各方面的指標都必須包括在KPI中，最後，要使企業中每一個員工的KPI都能引導到公司的KPI中。例如遠東百貨公司的策略面思考因素有：商圈發展與競爭情勢、商品結構與同業差異性、人力資源政策、附加價值服務與同業差異性和行銷手法與同業差異性等。

每家企業的KPI會因為經營策略的不同，競爭環境與產業趨勢的變化而有所不同。但企業利用KPI的落實，釐清工作目標，凝聚組織成員的認

知，可以形成一股很大的力量。

KPI之設定與選擇方面應注意的事項有：

1. 從關鍵績效領域尋找關鍵績效指標。在不同的策略議題與目標下，可供達成任務之關鍵成果領域（KRA）便會有所不同。
2. 須與策略目標具有關聯性（緊扣先前所設定之策略目標）。
3. 須為成果導向（重要的成果效益）。
4. 須有明確定義（說明計算或呈現方式）。

衡量指標本身不是目的，如果設計不當，員工甚至可能造成為了達成績效就不擇手段。舉例來說，警察的績效指標單純是降低犯罪率一項，那麼他就很可能為了降低犯罪率而吃案；若銷售人員績效指標就只有成交率，那麼他也可能為了急於成交而欺騙顧客（EMBA世界經理文摘編輯部，2012）（表5-6）。

表5-6　經營目標與實際績效指標

經營目標	實際績效指標
行銷	1.各產品別銷售預測的準確性。 2.準時交貨率（客戶服務水準）。 3.客訴案件。
生產計畫	1.接訂單率。 2.準時交貨率。 3.延遲交貨率。
倉儲管理	1.存貨料帳的準確率。 2.定期盤點的準確率。 3.存貨進出異動資料的準確率。 4.挑料或組裝所用的時間。
生產控制	1.供應廠商的前置時間。 2.依照生產計畫準時發出率。 3.生產計畫達成率。 4.製造效率。 5.退貨和報廢率。 6.加班的時數。

（續）表5-6　經營目標與實際績效指標

經營目標	實際績效指標
物料管理	1.缺貨率。 2.存貨週轉。 3.請購單依照需求計畫準時發料率。
採購	1.供應廠商準時交貨率。 2.進貨品質合格率。 3.進貨成本的差異（成本降低或上漲）。
品質	1.核准新採購物料或廠家所需的時間。 2.產品更新的比例。 3.進貨檢驗所需的時間。 4.進貨／退貨的處理效率。
工程	1.工程變更實施的時間。 2.用料清單的準確性。 3.因工程變更而產生的呆料存貨。 4.工程原型完成的時間。
成本會計	1.標準成本資料的更新。 2.各種成本差異分析報告提出的時間。
其他	1.銷售績效。 2.每位員工的生產率（收益額）。 3.存貨週轉。 4.投資／資產報酬率。

資料來源：曾渙釗（1988）。〈為企業做健康檢查——績效評估的方法〉。《現代管理月刊》，第142期（1988年11月號），頁87-90。

 ## 第三節　推行KPI的做法

　　每家企業的KPI會因為經營策略的不同，競爭環境與產業趨勢的變化而有所不同。但企業利用KPI的落實，釐清工作目標，凝聚組織成員的認知，可以形成一股很大的力量（**表5-7**）。

表5-7　KPI指標設計專案作業說明

項目	內容	參與人員
前置作業	1.企業資源評估 2.成立專案小組 3.確認專案時程與細節 4.澄清專案目標	1.顧問 2.專案小組 3.高階主管
KPI績效管理培訓	1.建立專案小組及公司部門主管的KPI觀念 2.建立專案小組及公司部門主管的績效管理觀念	1.顧問 2.專案小組 3.部門主管
建立與策略結合之公司KPI指標	1.確認公司策略目標 2.確認各部門策略計畫 3.公司層級KPI指標項目確認 4.高階主管KPI指標填寫	1.顧問 2.專案小組 3.高階主管 4.部門主管
建立與策略結合之部門KPI指標	1.召開KPI檢討會議 2.建構KPI計算公式 3.部門層級KPI指標項目確認 4.部門主管KPI指標填寫	1.顧問 2.專案小組 3.部門主管
部門行動計畫擬定	1.召開部門KPI指標說明會 2.召開KPI目標達成行動計畫研討會議 3.個人撰寫KPI目標 4.主管審核及達成共識	1.顧問 2.專案小組 3.各權責部門負責人
KPI檢討流程制定	1.KPI達成率檢討流程建立 2.績效獎勵制度與KPI達成率的結合	1.顧問 2.專案小組

資料來源：《理才勝經》，聯經出版，頁112／引自：丁志達主講（2014），〈高績效目標管理與績效考核技巧〉講義，中國生產力中心編印。

一、找到KPI的要訣

　　KPI雖然是績效管理的衡量工具，但是單一指標所展現的，卻往往只是一項事實，而不是造成事實的因素，主管很難透過它判斷採取的行動是否正確。管理大師麥可‧韓默（Michael Hammer）指出，最好衡量指標要包含領先指標（Leading Indicator）能夠預測績效而不只是追蹤績效。

　　對企業內部而言，KPI要有改善的功能，從部門到個人的表現、主管

範例5-3

人力資源管理KPI

類別	選才	用才	育才	留才
成本面	每人招募成本	• 處理薪資作業的成本 • 員工協助方案的成本	每人訓練成本	員工流動成本
時間面	補充人力所需時間	• 回應時間 • 填補人力需求所花費時間	每人訓練時數	員工在職年資
量化面	招募之人數	• 員工抱怨人數 • 更新處理時間	訓練人次	自願離職率
失誤面	新人招募率	錯誤文件處理時間	技術達成率	離職之層級
反應面	部門主管滿意度	員工滿意度	受訓者反應	離職原因

資料來源：丁志達主講（2019）。「績效考核與目標管理訓練班」講義。台灣科學工業園區科學工業同業公會編印。

到員工的表現，都要能衡量，並且找出改善的方法。KPI也是企業願景的「達成度」，以及企業策略目標的「執行力」的衡量標準。

企業在推動KPI之前，必須先釐清產業大環境的走向，公司的策略目標是什麼？以及競爭優勢在哪裡？而且KPI不要太多，根據動態績效管理專家保羅・尼文（Paul N. Niven）的看法，大多數的美國公司和顧問大約會選擇20～25個KPI。

二、訂定KPI的量度

企業在訂定KPI的量度時，應由上而下和由下而上兩方面來進行（圖5-1）。

1.由上而下：係指從企業總體策略出發，一路下達員工的績效指標。例如下一年度公司所有產品的目標總收益，配合計算出總平均毛利

圖5-1　建立提升產品市占率的KPI分解過程

資料來源：企劃處（2017）。〈訂好KPI目標才能落實〉。《台糖通訊》，第2067
期，九月號。

率，即可約略得出各產品需成交多少數量，才能達成收益目標。

2.由下而上：由各部門主管與部屬溝通，找出最合理的績效指標。

KPI的落實是由下而上的，但發展是由上而下的。以微軟
（Microsoft）為例，微軟員工大約有60%的KPI是上承公司的策略，另外
40%的KPI是自己創造的，它是員工自己生涯規劃的承諾，希望職業生涯
的下一步往哪裡走、應該有哪些學習與成長的KPI，主管都會跟員工一起
討論，讓員工更有發展的空間（劉揚銘，2005）（**表5-8**）。

三、KPI的執行

KPI的執行，可分為下列六大階段，周而復始的執行：

1.檢討企業或個人現況，並決定未來方向或目標（策略思考），例如
　成為全公司最佳銷售人員。

表5-8　KPI七大評估原則

1. 和策略連結：關鍵績效指標（KPI）需要和企業的願景與策略緊密連結。只有屬於企業「要在該領域保持策略性績效」的標準門檻者，才應該被列為KPI。
2. 量化：質化的績效指標，在評估時容易牽涉到主觀的意見，難以精確掌握其意義，而量化的指標通常比較具客觀性，是一種「實證」管理，做多少事、回饋多少的貢獻度，量化後一目了然，且在意義的傳達上也不會產生太大的差異，這樣在衡量與評估上會更方便、公平，但是在設定量化時，重點是在「衡量的工具」如何制定，這是需要花一些時間來準備的。
3. 容易理解：KPI的使用者，應該要能夠解釋KPI的操作性，以及其影響策略的重要程度。因為只有在員工能夠理解KPI的目的和重要性的情況下，KPI才能被有效推展與執行。
4. 可達成的：選擇KPI時一定要務實，因為如果KPI的資料來源無法控制，那這樣的KPI將不具意義。
5. 和行動相關聯：KPI應該要能夠正確地描述評估的流程，或是企圖達到的衡量指標。
6. 平衡：企業在訂定KPI時，要注意個指標之間的相互平衡，以避免指標間的矛盾最後妨礙了策略目標的達成。
7. 定義明確：企業必須要清楚地定義出每個KPI所代表的意義。

資料來源：保羅‧尼文（Paul N. Niven）／引自：鄭君仲（2005）。〈輕鬆搞懂KPI：七組條列重點帶你上路〉。《經理人月刊》，第4期（2005/03），頁68。

2. 找出達此方向的關鍵工作或流程，例如年度業績冠軍。

3. 轉化此關鍵工作或流程，成為具體可以管理或檢討的目標數字，例如全年業績總額、全年業績預算、每月增加新客戶數、每日拜訪客戶次數等。

4. 訂定此KPI的執行時間表，例如在2024年與2025年兩年間完成。

5. 逐月檢討改進KPI的執行，例如針對業績不良加以檢討後，擬出增加拜訪次數、調整客戶選擇方向、加強說服技巧等改進措施。

6. 階段目標完成後，重新檢討所處情境，持續或訂定新的KPI。

在KPI的運用上，各產業會著重在不同的方向，例如：金控業除了最重視的財務指標外，也很重視創新能力；以服務業來說，內部流程和顧客

構面指標的權重會比較大；製造業由於需要利用低成本取得競爭優勢，所以比較重視內部流程的績效指標（圖5-2）。

四、推行KPI的效益

在《非常訊息——如何做好企業績效評估》的作者史蒂芬・赫羅內茨（Steven M. Hronce）指出，以KPI作為企業管理的核心，有下列幾項效益：

1.監控進度：透過正確的KPI的定期檢核，主管階層可以有效追蹤工作執行的狀況。

圖5-2　KPI六階段循環圖

資料來源：鄭君仲（2005）。〈輕鬆搞懂KPI：7組條列重點帶你上路〉。《經理人月刊》，第4期（2005/03），頁68。

2.推動變革：透過KPI的制訂和推動，能改變員工的看法，並促使組織變革。KPI能對新的行為加以定義，並給予獎勵。換句話說，透過KPI的評估衡量，即能以最低的成本、最有效地改變組織人員的行為。

3.進行標竿比較：運用KPI使企業達到「事實管理」的境界，因為KPI可以提供必要的資訊，讓企業可與其他優秀公司進行實際上的比較，作為改善的依據。

4.使客戶滿意：組織人員的行為會隨著KPI的訂定與執行而改變。如果在推展KPI時，能夠注意各方面的平衡，員工就不會只把利潤等財務目標作為首要任務，而忽略了對客戶滿意度的關注。

透過KPI的推動與實施，企業可以更清楚地瞭解發展的重點與改進的方向，進而達到績效極大化的目標（鄭君仲，2005）（圖5-3）。

部門管理指標蒐集與整理	各部門管理指標檢討與確認	管理報表安裝相關資料的蒐集評定標準訂定	每週檢討會議	行動對策
行動：各部門進行內部關鍵作業流程檢討。填寫KPI收集數據，表中應詳細說明各項KPI／MI的定義或公式、來源表單、提供資料的部門／單位。	行動：由顧問團協助逐一檢討各部門所提供的資料，並確認各部門KPI／MI符合目前公司目標的整體需求。	行動：對於確認後的KPI／MI（Management Indicator，管理指標）設定評定的標準（Base Line）。各部門管理報表的安裝與各指標資料的蒐集。	行動：定期對KPI & MI進行檢討。對未能達成的KPI & MI進行原因分析並由總經理室進行控管。	行動：對各部門／單位所提出的改善行動與對策持續監控，並確認改善的成果。

圖5-3　金豐機器KPI執行步驟及時程計畫

資料來源：安侯顧問公司／引自：盧懿娟（2005），頁92。

五、關鍵績效指標的考評方法

KPI是一種透過對組織內部某一流程的輸入端、輸出端的關鍵參數進行設置、取樣、計算、分析，衡量流程績效的一種目標式量化管理指標，它是把企業的策略目標分解為可運作的遠景目標的工具，是企業績效管理系統的基礎（**表**5-9）。

表5-9　行銷類KPI指標

序號	指標	考核項目	指標定義	功能	目標要求
1	報價及時性	報價	一定週期內未及時報價的次數	檢測報價及時性	在規定期限＿＿內報價
2	報價準確性	報價	一定週期內報價出錯的次數	檢測報價準確性	一定週期內報價錯誤次數在＿＿次以下
3	產品劃分及時性	產品劃分	一定週期內未及時進行產品劃分的次數	檢測劃分產品的及時情況	在規定期限＿＿內劃分產品
4	產品劃分準確率	產品劃分	（1-產品劃分出錯數／產品劃分總數）×100%	檢測劃分產品的準確情況	產品劃分準確率達到＿＿％
5	促銷計畫完成率	促銷計畫	（已完成的促銷計畫數量／促銷計畫總數量）×100%	檢測促銷計畫完成情況	一定週期內促銷計畫完成率達到＿＿％
6	大客戶開發量	大客戶	一定週期內大客戶的開發數量	檢測開發大客戶的能力	一定週期內大客戶開發數達到＿＿家
7	單據審核正確性	單據審核	一定週期內審核單據出錯的次數	檢測對於單據審核的正確性	一定週期內單據審核出錯次數在＿＿次以下
8	電話溝通成功率	電話溝通	〔電話邀約（銷售）成功次數/總溝通電話數〕×100%	檢測與準客戶電話溝通的成功率	一定週期內電話溝通成功率達到＿＿％

（續）表5-9　行銷類KPI指標

序號	指標	考核項目	指標定義	功能	目標要求
9	電話約見成功率	電話約見	（成功約見面的電話數／總撥打電話數）×100%	檢測電話約見的成效	一定週期內電話約見成功率達到____%
10	電子商務營業利潤增長率	電子商務營業利潤	（當期電子商務營業利潤增長額／上期營業利潤額）×100%	檢測電子商務利潤增長情況	一定週期內營業利潤增長率達到____%

資料來源：沈遠平著（2019）。《人力資源管理》，頁170。財經錢線文化。

(一)建立KPI體系遵循的原則

1.目標導向：即KPI必須依據企業目標、部門目標、職務目標等來進行確定。

2.注重工作質量：因工作質量是企業競爭力的核心，但又難以衡量，因此，對工作質量建立指標進行控制特別重要。

3.可操作性：KPI必須從技術上保證指標的可操作性，對每一指標都必須給予明確的定義，建立完善的資訊蒐集渠道。

4.強調輸入和輸出過程的控制：設立KPI要優先考慮流程的輸入和輸出狀況，將兩者之間的過程視為一個整體，進行端點控制。

(二)確立KPI應把握的要點

1.把個人和部門的目標與公司的整體策略目標聯繫起來。以全局的觀念來思考問題。

2.KPI一般應當比較穩定，即如果業務流程基本未變，則關鍵指標的專案也不應有較大的變動。

3.KPI應該可控制，可以達到。

4.KPI應當簡單明瞭，容易被執行、接受和理解。

5.對KPI要進行規範定義，可以對每一KPI建立「KPI定義指標表」。
（表5-10）

表5-10　組織績效面向及其評估指標

組織績效面向	評估指標
財務績效指標	投資報酬率、投資報酬率成長率、資產報酬率、淨值報酬率、權益報酬率、營收成長率、盈虧成長率、投資的現金流量、獲利率、成長力比率、營業淨額、營業淨額成長率、稅前淨率成長率、公司自有資金比率、存貨週轉率、應收帳款週轉率、銷售金額等
營運績效指標	產品品質、產品設計、產品或服務種類、新產品或服務的開發、產能利用率、存貨管理、效率、成長、企業目標達成度、對資源的掌握能力、企業的安全性、意外發生率、企業對供應商的談判力、達成母公司所要求目標的程度、與競爭者的相對績效、整體公司績效等
人力資源績效指標	員工生產力、員工平均收益、員工平均年資、員工平均每人獲利額、員工平均每人生產額、留職率、員工流動率、重要員工流失率、高階與其他主管的流動率、員工升遷至高階主管與其他主管的比率、人力資源聲望、人力資源價值、參與及權利賦予、訓練與發展、員工士氣、工作滿足感、相關人員認同程度、吸引員工的能力、將員工留在組織內的能力等
市場績效指標	企業聲譽、市場潛力、市場對該企業的評估、公共報導對企業的支援度、股票市場價值、市場占有率、市場占有率的成長率、市場占有率穩定性、行銷、銷售水準、銷售成長率、顧客服務、顧客滿意、及時配送等
適應性績效指標	穩定性、適應力、環境控制、求生存的認知、策略運用能力、創新能力、技術發展能力、整合能力、資訊與溝通、彈性、機動性、資源掌握能力、紓解壓力的能力、面對衝突的凝聚力、組織目標的內化、管理者與員工的關係、成就的強調、創新產品數、獲得專利產品數、新產品上市的成功率、新產品占銷售的比率

資料來源：常紫薇（2002）。《企業組織運作之內在績效指針建立之研究：以一般系統理論為研究觀點》。中原大學企業管理研究所未出版碩士論文。

(三)運用KPI進行績效考核的難點

績效管理最重要的是讓員工明白企業對他的要求是什麼？他將如何開展工作和改進工作？他的工作報酬會是什麼樣的？主管回答這些問題的前提是，他必須清楚地瞭解企業對他的要求是什麼？對所在部門的要求是什麼？也就是主管要瞭解部門的KPI是什麼？同時，主管也要瞭解員工的素質，以便「適才適所」地分配工作與制定目標給部屬（**表5-11**）。

表5-11　檢視KPI考核制度設計之合宜性

1.KPI設定完成後，應定期檢視，時時確認KPI目標、權重與內容的合宜性。
2.確認KPI適切反映該員工作之主要價值領域。
3.確認該KPI對組織整體方向有貢獻度。
4.KPI設定後，應隨時掌握內外部環境之變化，定期檢視KPI，確保KPI能反映企業真實狀況。

資料來源：PwC Taiwan資誠（2015）。「員工獎酬策略與工具運用探討——從加薪四法談起」講義，頁27。高科技產業薪資協進會編印。

 ## 第四節　目標與關鍵結果法（OKR）

目標與關鍵結果法（Objectives and Key Results, OKR）是繼MBO、KPI後，近年廣受討論與被企業引用的績效管理手法。其中，OKR的O代表「Objectives」，也就是透過目標的設定，告訴員工目的地在哪裡（Where）；而KR則代表「Key Results」，在知道要去哪裡之後，下一步則是思考如何到那裡（How），可透過執行哪些任務達到該目標，而這些任務執行後會有什麼樣的具體成果，所以關鍵成果是「如何達成目標」的具體衡量指標。

1970年代由英特爾（Intel）創辦人之一安迪‧葛洛夫（Andy Grove）首創OKR，他自認OKR源自彼得‧杜拉克的目標管理的啟發；而OKR也非

常強調設定時，由下而上的溝通過程。目前最廣泛採用OKR的是科技業。

一、OKR的內涵

谷歌（Google）創業時的績效管理制度始終以目標設定為起點。2000年代前幾年，Google董事約翰·杜爾（John Doerr）有鑑於英特爾使用OKR考核有成，特別建議Google使用。關鍵成果（Key Results）必須明確具體、可以衡量、可供驗證。如果成果都能做到，則表示達到設定的目標。OKR，前者代表你想達成「什麼」，後者則是你該「如何」達成，它是一套設定目標的守則，適用於公司、團隊和個人。舉例來說，一支職業棒球隊，設定的目標是「提高球團營收15%」，其關鍵結果可能有：第一，贏得年度總冠軍；第二，主場觀眾人數提升30%；第三，打造新的形象標識系統。

OKR，就是專注在「目標」（Objective）與「關鍵結果」（Key Result）。「目標」就是我們想達成的事，不多也不少。目標必然是重要、具體和行動導向的，最好還能激勵人心。

二、關鍵結果

關鍵結果之所以稱為關鍵，之所以能夠聚焦，就是代表數量不可以太多。一般來說，一個目標下的關鍵結果以二至四個較適宜，例如：為目標「提升客戶數量，創建更多的客戶基礎」，設定下列三個關鍵成果：

KR1：每月接觸的有效潛在客戶數（互動時間大於兩分鐘）提升10%。

KR2：與每一名有效的潛在客戶交談時間平均提升20%。

KR2：每個月新客戶的占比高於30%。（aEnrich育碁知識寶典，〈HRD小辭典〉）

表5-12　目標管理vs.目標與關鍵成果

目標管理（MBO）	目標與關鍵成果（OKR）
「什麼」	「什麼」和「如何」
每年	每季或每月
不公開、各自為政	公開透明
由上而下	由下而上或橫向（50%）
與薪酬掛勾	多半與薪酬無關
厭惡風險	積極進取

資料來源：許瑞宋譯（2019）。約翰‧杜爾（John Doerr）著。《OKR：做最重要的事》，頁41。天下文化。

　　有效的關鍵結果不僅明確，而且有時限，是進取但又可行的。最重要的是，它們是可測量也可驗證的。到了指定的期限（通常是一季結束時），我們就宣布關鍵結果是否已達成。目標可以是長期的，例如持續一年或更久，關鍵結果則隨著工作進展而演變。關鍵結果全都達成時，目標必然已達成。否則，便是OKR原本就設計得不好（許瑞宋譯，2019）（表5-12）。

三、OKR做法

　　OKR是將企業願景拆解成季度或月度等為期較短的目標，接著由各部門主管與員工共同制訂出二至四個關鍵結果，並協力完成。

(一)制訂期（善用三原則，找出有效的關鍵結果）

　　約翰‧杜爾（John Doerr）在《OKR：做最重要的事》指出，在制訂OKR時，得讓所有階層共同研議出目標，同時必須遵守下列三項原則，才能找出有效的關鍵結果。

　　1.簡潔且可測量。

2.結合產出與投入的任務。

3.完成所有關鍵結果時,必須同時達成目標。

要讓OKR系統有效運作,除了要找到正確的關鍵結果,還得力求組織裡人人奉行。從最資淺的新進員工,到管理頂層的執行長,都需完全公開自身的OKR。所有公司成員要能全權參與目標制訂,並公開提出意見,如此能使OKR變得客觀可驗證。

(二)執行期(員工與主管定期追蹤,由下而上調整)

過去企業制訂目標時,總習慣由高層主管決定各部門目標後,再層層向下傳達到中階主管及基層員工。適時地採用由上而下的目標制訂,確實能使組織運作更為連貫,但如果所有目標都來自上層,缺乏共識,很容易陷入「一個口令一個動作」的窠臼。理想的OKR制度下,應由員工來設立部分個人目標,並與主管協議出多數的關鍵結果。

OKR的本質是進行中的工作任務,而非毫無彈性的教條。為檢視OKR的成效,不管是一對一討論,或在團隊會議中,員工與主管應定時檢視,除了記錄進度,也能在遇到執行障礙時,及時調整關鍵結果,形成由下而上的有機運作。安迪・葛洛夫指出:「前線的人通常較早察覺即將發生的變化」。若忽視來自第一線的觀察,僅由「長」字輩的領導階層設定目標,容易因「見林不見樹」,失去洞察機先的機會。

(三)收尾期(讓評分反省出下一次的目標)

在每次的OKR週期完成後,必須完整執行包括客觀評分、主觀評價以及反省等三項總結工作作為收尾,才能確保所有組織成員都投入正確的事,並找到下一次的OKR目標。

◆ 客觀評分

OKR的優勢在於,關鍵結果都是以具體事項描述為導向訂立,因此替

目標評分最簡易的方法，便是計算出各項關鍵結果完成比例的平均值。以Google做法為例，便是將關鍵結果的達成率轉換成0～1.0來評分，並依評分標識綠、黃、紅等燈號，作為此次設立的目標達成度。在評核結果時，D業務只向60名新用戶進行推銷，達成率僅60%。主管應該和他討論，在過程中是否遇到意外的阻礙，還是一開始就將目標與關鍵結果設定過高。

◆ 主觀評價

　　評估OKR表現時，以關鍵目標達成度作為評斷標準固然客觀，但藉著執行者思考過後的主觀評斷，其實也有重要的參考價值。達成率評分不佳的背後，不見得是執行者的怠惰，亮眼的高分也可能是人為的誇大。

　　OKR的評分雖能指出工作任務的結果，告訴組織執行者的任務完成度，但藉著當責（Accountability）員工的反饋，不僅能優化下一次的關鍵目標，還能避免主管誤判對組織有實質效益的員工。D業務雖然只接觸了60名新用戶，但實際上他成功爭取到50位用戶辦卡，由此看來，這名業務的OKR算是成功，還是失敗呢？

◆ 反省

　　OKR的運作邏輯就是以關鍵結果為依歸，但持續、不間斷地滿足設定的目標，只會重淪KPI任務導向的惡性循環，但當OKR週期來到收尾階段，反倒該藉著評分來回顧工作績效，同時改善下一次的執行。

　　在總結OKR週期時，須反思下列問題：

1.是否達成全部目標？如果是，有哪些因素貢獻良多？
2.如果不是，我遇到了什麼阻礙？
3.如果可以重設一項可以完全達成的目標，該如何修改？
4.我學到了哪些教訓，可以作為借鏡，改變下一個OKR週期的做法？

　　藉著反省，能讓未完成的目標延展到下一季，並搭配一組全新的關鍵結果；又或者發現當初設定的目標已錯失良機，就得適時放棄。

　　無論怎麼做，OKR就是讓員工與主管能夠進入共同設立目標、達成

目標、反省目標、再次設立目標的良性循環中，使組織能上下一心地朝向共同的方向前進（劉呈逸，2000）（圖5-4）。

OKR是一套目標管理方法，通常以季為週期，甚至是月來追蹤，透過計畫、行動、檢查和調整的方式，幫助員工完成關鍵結果。企業要落實OKR制度，真正值得花心思的是：建立一套公平的考核與校準機制，並積極協助員工精進表現。

目標
• 達到第一季財務目標。

關鍵成果
• 第一季營收額7.5億美元。
• 第一季淨收入1.5億美元。

目標
• 對全球各地教師帶來可測量的影響。

關鍵成果
• 第一季結束時，參與活動的教師使用者每月達100萬人。
• 第一季北美以外地區教師使用者增加2萬人。
• 第一季最後一個月，教師推薦分數
  *增加到 50分。

目標
• 有效擴展企業經營規模。

關鍵成果
• 第一季每位員工營收額增加到25萬美元（去年是 21.5 萬美元）
• 第一季受聘員工有 50%是員工推薦。

圖5-4　公司層級OKR目標與關鍵成果

資料來源：姚怡平譯（2019）。保羅‧尼文（Paul R. Niven）、班‧拉莫（Ben Lamorte）著。《執行OKR，帶出強團隊》。采實文化。

範例5-4

目標與關鍵結果

　　每一個人，一定都有一些目標，不管是日常心裡閃過的念頭，還是在歲末年終時認真寫下的年度計畫。這些目標，設得有沒有意義，設了以後，有沒有落實，都是值得思考的事。在連假中拜讀了《OKR：做最重要的事》，書中把設立目標和落實目標兩個面向作了透澈的分析，很值得學習。

　　OKR（Objectives and Key Results）是「目標與關鍵結果」的簡稱，是一套流程，可以用在個人生活，更可以作為管理組織的工具。Intel和Google都靠著這套管理制度，獲致巨大的成就。簡單來說，就是先設立目標，接下來幫這個目標訂定可量化的階段性關鍵結果，以便定期檢驗是否逐步達成。在公司的運作裡，OKR可以取代年度的績效考績，畢竟一年一次的整體印象回顧，絕對比不上每月或每季針對具體指標是否達成的評比，更能夠實際掌握各部門或同仁的工作績效。

　　這套流程說起來很簡單，在公司治理的落實上其實充滿了挑戰。首先，目標的訂定，就是一個凝聚團隊努力方向的重要過程，它不可以完全由上而下，而必須是彼此討論激盪的結果。訂出來的目標也有兩種性質，一種是日常營運面決心需要達成的目標，另一個則是影響長期發展、理想遠大的艱難目標。依照個別狀況，找到兩種目標的最佳比重，並不容易。而目標訂得太困難或是太容易，也都等於沒訂。如何難易適中，更是學問。

　　公司總目標訂定後，各部門再據此訂定部門目標，並提出相關的可檢核關鍵結果。再下一層的部門或個人，依此類推。光是這樣的目標訂定，就是一個複雜的團隊建立過程，讓大家都能瞭解公司的方向和自己的角色。沒有決心和執行力，光是這一步就跨不出去。OKR不

要設多，但都必須是真正重要的。

其次，OKR必須是公開透明的。公司裡的每一個人，都知道自己和他人的OKR，透過彼此的契合與連結，造就團隊合作。執行過程更必須能夠有效追蹤，並且讓個人負起責任。要能夠如此，就需要一套完善的OKR管理工具，讓關鍵結果的管理能夠以最小的成本執行。OKR可視實際情況修正，並從每一次修正中，瞭解到之前的規劃究竟有何思考不夠周全之處。

個人認為，OKR流程的核心意義，不在於更多的紙上作業和評估追蹤框架，而在於建立共識和落實目標。OKR可以隨時視情況調整，不變的是團隊精神的建立和找出最重要的事並澈底執行。

現在的人在工作上，都希望被授權，除了知其然，更希望知其所以然。如果主管和同仁之間，能夠針對彼此的目標坦誠溝通，並且用制度化的方式彼此回饋，一定可以形成良好團隊文化。

對我來說，能夠寫下清楚的目標，就是激勵工作的一個重要因素。小到每天運動手環的步數，大到公司的重要待辦事項，我都喜歡有明確的目標可以瞄準。在每天待辦事項完成，在筆記本上一條一條畫掉時，會產生一種快樂和滿足感。

這套流程，不管運用在工作或是個人生活，都幫我們釐清優先順序，並且做出可追蹤評估指標的有效工具，值得大家參考。

資料來源：盛治仁（2019）。〈目標與關鍵結果〉。《聯合報》，2019/03/09，A13民意論壇。

結　語

　　明確的目標可以一路發展出KPI，最終再經由回饋與檢討，不斷地循環以達到績效評核的目的。KPI就是用來衡量企業的競爭策略是否確實達成，以績效管理的方法，進而促進企業全方位願景的實踐。同時，KPI的衡量結果一定要與獎酬制度連結，才能讓員工集中注意力，並給予員工前進的方向，否則就無法發揮引導和激勵作用。

　　在公司的運作裡，OKR可以取代年度的績效考績，畢竟一年一次的整體印象回顧，絕對比不上每月或每季針對具體指標是否達成的評比，更能夠實際掌握各部門或員工的工作績效。

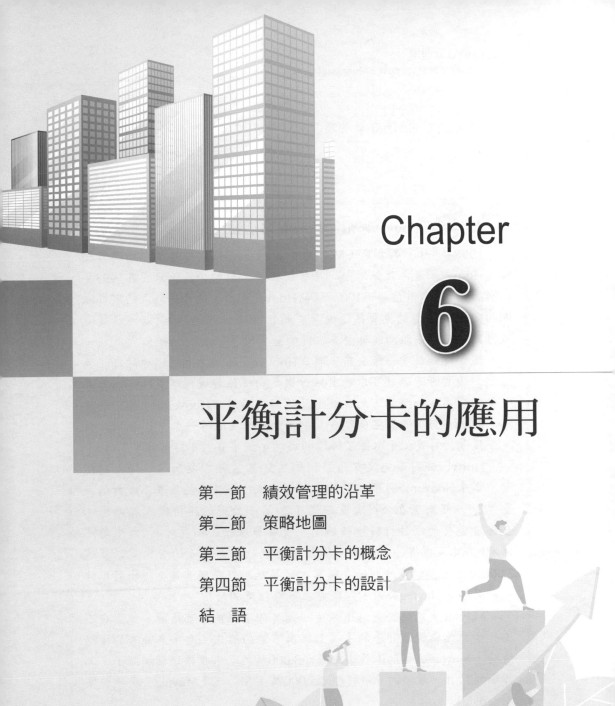

Chapter

6

平衡計分卡的應用

你不能衡量它，就不能管理它。

——管理學之父彼得·杜拉克

Hoover家電產品的促銷活動

1992年8月，美泰克（Maytag）公司在英格蘭發起了一場購買胡佛（Hoover）產品促銷活動，凡居住在英格蘭的公民，只要在1993年1月以前購買了價值超過100英鎊的Hoover產品，便可得到兩張前往歐洲指定地點旅遊的免費往返機票；購物金額若超過250英鎊，購買者可得到兩張前往紐約或奧蘭多旅行的免費機票。

這個促銷計畫一經公布，購買Hoover產品的熱潮就迅速席捲了英格蘭。消費者一眼就可以看出旅行機票的價值超過他購買Hoover產品所付的費用。一時間，約有數十萬英國人購滿了Hoover公司指定的產品。Hoover公司的真空吸塵器，在大賣場內被搶購一空。

促銷活計畫似乎取得了輝煌的成功，但事實並不非如此。

Hoover公司事先沒有預料到總共50萬名顧客參加了這場促銷活動，本來Hoover公司預計完全符合免費旅行條件，並且真正成行的人會很少，可是現在合格者竟超過了20萬。公司的接待處人滿為患。合格者遞交的證件材料堆積如山，實在無法一一回覆。到4月中旬，僅有6,000人獲得旅行機票，其餘都望眼欲穿，每天的查詢電話多達2,000通。不滿的情緒開始在顧客之間蔓延，有時顧客甚至提出將以詐欺罪名控告Maytag公司，同時要求獲得相應的賠償。

Maytag美國總公司迅速派遣一個工作小組前往英格蘭，試圖在不進一步惡化與顧客關係的基礎上謀求事態的解決。為平息顧客的憤怒情緒，Maytag公司的工作小組帶了3,000萬美元來收拾這個爛攤子。工作小組估計，最終的費用將超過5,000萬美元，這是Maytag公司年營業收入的10%。

Maytag公司新任執行長哈利，他把英格蘭地區Hoover的促銷活動比做：「一次倒霉的車禍……你無法猜測當時司機腦子裡想的是什麼？」

【啟示錄】今天的決策，是為了明天的成果。如果決策錯誤，則今日下的決策，變成明日要收拾善後履約的社會責任。企業運用平衡計分卡（BSC）不只是一種績效管理的工具，其實更是一種企業策略管理的工具。

資料來源：張梁編（2000）。《總裁為什麼失敗》，頁336-337。北京當代世界出版社。

　　企業經營的最大挑戰在於績效管控，績效的全面掌控要依據平衡計分卡（Balanced Scorecard, BSC）。BSC是協助組織有效執行策略的一套管理機制，強調財務績效與非財務績效的平衡，將企業策略，透過財務、顧客、內部流程、學習與成長四大構面設計及檢視，定義策略目標、行動計畫及衡量指標。BSC亦是企業和員工溝通策略的工具，將抽象的企業策略，轉化為明確可行的績效指標，有利於組織中長期的績效與發展。

　　如果說，職能（Competency）是為了達成組織目標所需要具備的能力，那麼，BSC就是用來檢驗組織目標與員工職能的標準。用BSC做績效管理的好處是，以往的績效管理比較著重在一些容易衡量、短期的目標，像財務績效、生產力；但一些軟性的指標，比方說態度面、顧客滿意度等，是看不到的，BSC則能同時兼顧兩者。

 第一節　績效管理的沿革

　　正式的績效評核，早在十六世紀時，聖依納爵‧羅耀拉（St. Ignatius de Loyola）成立了耶穌會（Society of Jesus）後不久即已發展出來。羅耀拉使用一種紀錄與評核制度的組合，用以對每一位耶穌會會員（Jesuit）的活動狀況與能力提供範圍廣泛的描述。這項制度包括每一位會員的自我評價，由每位身為上司者對部屬的績效做報告，以及任何一位耶穌會會員

直接呈送給首席神父（Father-General）的「特別報告」（當一位會員認為他獲得有關其同僚的情報，而首席神父無法經由別的方式獲得這些情報的情形下，即可提出如此的一項報告）。

一、績效考核制度的濫觴

績效考核的制度最早出現在蘇格蘭的一家棉花工廠，工廠主人羅伯特‧歐文（Robert Owen）以品格記事簿記錄員工每日的勤務狀況，同時為警惕員工，每人發一塊品格記錄簿，正反面有不同的顏色等級來評估員工的工作產出。

1917年由華特‧史考特（Walter D. Scott）將績效考核的制度導入美國陸軍。到了1919年才開始應用於民間企業，對計時性的工作，應用績效考核制度以核算工人的工資；1913年在美國公務機關開始實施，但一直到1950年代才大為盛行，被列入企業員工管理發展方案之一部分。

美國哈佛大學教授喬治‧梅堯（George E. Mayo）在1930年代發展了人際關係理論，強調員工受關懷程度會影響其工作表現；到了1950年代，最典型的績效評估方法為特質評核，由主管針對部屬與工作有關的工作與人格因素進行評等，目前仍有許多企業採用此方法。

1954年出現重要事例技術法（Critical Incident Technique），該法係主管有系統地記錄部屬特定的工作行為，再根據這些資料來完成觀察行為的查核結果。

二、導入目標管理

1960年代，彼得‧杜拉克倡導的目標管理（MBO）被運用在績效管理上，強調由主管與部屬根據組織設定的目標，共同商訂在特定時間內所需達成的目標。

1970年代初期，由於組織各項因素會相互影響，使得管理制度走向權變理論（Contingent Theory），亦即找出組織最適合的制度，而非最佳的管理方法，此時評鑑中心（Assessment Centre）開始受到歡迎，它包括一系列被評核者與工作有關的行為向度。

到了1970年代中葉，加註行為評等量表的方法與工具也開始被使用，主管針對某項工作職務的部屬，將他工作項目中各種好或不好的行為予以記錄評等，作為評核員工的績效的依據。

1980年代，由於各種績效評核方法都有其優缺點，所以開始結合各種評估方法，將結果導向與行為導向評估法的優點加以整合，在這個時候，人力資源界已逐漸將績效評估一詞改為績效管理，這種趨勢與當時企業流行的組織扁平化、加強員工參與、充分授權等有密切不可分的關係。

1990年代，績效管理已逐漸被設計為改善組織績效，激勵員工的管理制度，大型企業也逐步開始實施全方位績效回饋制度（李誠主編，2000：107-110）。

許多組織現在使用平衡計分卡，當作結合策略與行動的管理系統，並確保組織內稀少的資源能作為最有效的運用。1992年羅伯・柯普蘭與大衛・諾頓發表平衡計分卡（BSC）以來，歷經十四年的發展，被《哈佛商業評論》評定為近七十五年來最具影響力的企業策略管理工具之一。近年來，由谷歌、亞馬遜等美國加州大型企業發起的目標與關鍵結果（OKR），已逐漸變成炙手可熱的話題，越來越多企業開始思考，是否要在公司導入這個新做法，由員工自發性地設定。

 第二節　策略地圖

策略（Strategy）就是一種選擇，資源可能相同（如象棋子），但是

運用資源的能力經常不同（如棋力），企業也就會有不同結局。策略是管理活動中最重要的一環，它界定了企業的方向與定位，並讓企業得以往這個方向移動，創造能滿足顧客需求的價值。

推動策略執行的關鍵，就在於讓組織中的所有人都能理解策略，包括將無形資產轉化為有形成果的過程。這些過程極為重要，但也相當難懂，有了策略地圖（Strategy Map），就可以將這困難的部分畫出來，打造同心向前的力量（**表6-1**）。

為了能將企業願景轉化為行動方案，平衡計分卡（BSC）從四個構面去尋找企業的關鍵成功因素（CSF），利用各項分析工具如競爭力診斷分析、強弱危機分析法（SWOT Analysis）、矩陣法、方格法等作策略分析。將四個構面可運用的策略依其關聯性予以連結，形成彼此溝通、縱橫交錯的策略地圖（**圖6-1**）。

表6-1　有形資產和無形資產的比較

有形資產	無形資產
有形	無形
可準確量化	難以量化
資產負債的一部分	無法用會計學方法記錄
投資帶來確定數額的回報	基於假設評估回報
易於控制	無法購買或模仿
使用時貶值	因有意義的使用而增值
因使用方式而折舊	可以重複使用而不貶值
機械式管理	柔性化管理
透過控制產生最優效果	透過整合產生最佳效應
能夠積累和儲存	不使用時，保存期短且動態變化

資料來源：Hubert Saint-Onge, Conference Presentation, Boston, MA, October 17, 1996. Reprinted with Permission／引自：鄭曉明譯（2003）。Brian E. Becker、Mark A. Huselid、Dave Ulrich合著。《人力資源計分卡》，頁7-8。

圖6-1　人力資源計分卡之策略地圖範例

資料來源：Dave Ulrich（2001）著。HR Scorecard／引自：于泳泓、陳依蘋
　　　　（2004）著。《平衡計分卡完全教戰守策》，頁197。梅霖文化。

策略地圖的二大核心

　　策略地圖扮演演繹與轉化抽象策略之功能，而BSC即是用來衡量與聚
焦，亦即量化目標值（通常指KPI），並且將經營主軸聚焦到特定的企業
議題上。

　　策略地圖即是將策略內涵實體化（具體化，由抽象到具體），而

範例6-1

德律科技的策略地圖

策略議題	策略目標	衡量指標

財務構面

- 股東權益報酬率（ROE）提升 —— ROE提升 —— 稅後淨利
- 營收成長 —— 增加整體產品收入 —— 整體營收總額 / 平均毛利率
  —— 增加服務收入 —— 服務營收總額
- 生產力提升 —— 提升營運效率 —— 存貨週轉天數 / 應收帳款週轉天數

顧客構面

- 功能價格比最佳化產品 —— 快速產品創新與功能提升 —— 新產品營收
  —— 提供最佳的產品與服務組合 —— 全新客戶數
- 完整解決方案（One-Stop Solution） —— 提升客戶製程良率 —— 客戶購買AOI與Board Tester產品的比例
- 感心的服務 —— 取得及維持關鍵客戶 —— 新關鍵客戶家數 / 重複購買率
- 國際性知名品牌 —— 增加非台商客戶與營收 —— 大中國非台商營收比例

內部流程構面

- 創新管理 —— 關鍵技術與新產品專案時程管理 —— 專案準時完成率
- 營運管理 —— 提供穩定的產品品質 —— 平均驗收天數 / 裝機後三個月內損壞率
  —— 建構全球化的管理制度 —— 制度建置完成度
- 顧客管理 —— 進行指標性大廠認證 —— 通過大廠認證數
  —— 建立全球客戶服務的能量 —— 合格代理商或業務代表布建完成率

學習成長構面

- 人力資本（提升策略性能力） —— 提升策略性人才的核心能力 —— 策略性人力就緒度 / 總公司銷售人員與所有應用工程師
  —— 持續投資及培育研發人才 —— 關鍵技術人才到位率
  —— 培育經營管理人才 —— 接班梯隊人才到位率
- 組織資本（塑造TRIIS的組織文化）* —— 內化TRIIS的價值觀 —— TRIIS價值觀滿意度
  —— 最佳實務經驗的知識分享與複製 —— 成功件數

願景
成為全球自動檢測設備的領導品牌

＊TRIIS：德律核心價值，指的是團隊、速度、創新、誠信、服務。

資料來源：德律科技公司／引自：羅玳珊（2011），頁85。

平衡計分卡更進一步將策略議題數量化（數字化、可衡量化）與聚焦化（集中在特定企業經營環節）。經過此兩段的轉化與量化，策略不僅可以看得到，更可進一步衡量其目標值為多少，而後續的企業各部門或是個人的日常執行成果好壞即是由此檢驗。

策略地圖之核心有二，其一為策略，其二為地圖。策略為達成特定目標之行動方針規劃；地圖即是將規劃方針以圖形方式呈現，基於此，策略地圖可以初步理解為「達成特定價值主張之行動方針路徑圖」。在柯普朗與諾頓合著的《策略核心組織：以平衡計分卡有效執行企業策略》指出，策略地圖是以「策略」和「地圖」為兩大核心。

(一)策略

策略是一種假設，和BSC一樣，也有財務、顧客、內部流程、學習與成長四個構面，暗示組織從現在的位置，朝目標前進的發展過程和行動規劃。

(二)地圖

地圖是將規劃方針以圖形具體化的表現方式。策略地圖就是達成特定價值主張的行動方針路徑圖，藉由策略地圖闡明策略的邏輯關係，不但可以清楚檢視策略假設的正確與否，更能夠讓組織各部門、乃至於全體成員都能夠清楚組織的願景為何，以及如何達成願景。

策略地圖可描繪以下的內容（許瑞宋譯，2010：71-72）：

1.營收成長的目標。
2.目標客戶市場（獲利型成長的來源）。
3.價值主張（可帶來更多高利潤的業績量）。
4.在產品、服務與流程上，創新和卓越品質的重要功能。
5.人員與系統上的必要投資（以達到成長目標並延續佳績）。

　　成功的策略地圖要能成為員工每日活動的指引，讓他們以自己的公司為榮，發自內心地接受公司的願景，並且內化為自己的價值觀和目標。它就像天上的北極星，為組織成員指出一條明路，在組織變革的過程中扮演著整合與聚焦的角色，促進執行團隊、事業單位、支援性功能小組、資訊技術及人力資源的全面整合（**圖6-2**）。

圖6-2　策略地圖與平衡計分卡在企業策略規劃之角色

資料來源：Robert S. Kaplan, David P. Norton (2004). *Strategy Maps: Converting Intangible Assets into Tangible Outcomes*. Boston: Harvard Business School Press.

第三節　平衡計分卡的概念

　　工業時代的企業競爭模式與假設，已經無法套用在資訊時代，例如：有形資產逐漸被無形資產（核心能力、企業文化、技術等）取代；大量生產與標準化逐漸被彈性大、回應快、創新、客製化所取代；功能別專業化流程逐漸被客戶導向企業內部流程取代；穩定的技術逐漸被持續快速創新、知識經濟、資訊科技所取代；多角化與垂直整合逐漸被核心專長、策略聯盟所取代。在此情況下，企業急迫需要一套嶄新的衡量績效的方法，並進行企業改造，以免在未來的競爭潮流下，成為被淘汰的企業。

一、傳統績效管理的盲點

　　傳統的績效管理，在過去數十年間，幫助企業在管理員工上，的確得到了很多效益，因為它強調下列四個原則：

1.評估什麼，就得到什麼結果。

2.告知員工，公司重視什麼。

3.讓員工知道公司鼓勵何種行為。

4.不再僅強調員工做哪些事，更強調要做到何種程度。

　　但是，傳統的績效管理雖然立意甚佳，似乎仍有些盲點無法突破，例如：

1.傳統的績效考核制度，似乎與公司的競爭優勢無關。

2.傳統的績效考核制度，似乎無法滿足客戶需求（營收來自客戶）。

3.傳統的績效考核制度，似乎並未鼓勵員工學習與創新。

4.傳統的績效考核制度，似乎都重視短期績效，忽略企業長期需要。

5.傳統的績效考核，似乎只報告上期的事，無法告知經理人下期要如何改善（吳安妮，2003）。

二、平衡計分卡的萌芽

上世紀八〇年代起,由於很多企業認識到僅僅使用財務數字進行管理有其侷限性,故當時企業經營是將品質管理作為宣傳口號和組織原則,各企業競相追逐國家品質獎,如美國的MBNQA獎(Malcolm Baldrige National Quality Award, MBNQA)、日本的戴明獎(Deming Prize)、歐洲的EFQM獎(European Foundation for Quality Management, EFQM),以及我國的「國家品質獎」等;同時,各國企業也紛紛仿效摩托羅拉(Motorola)、奇異(GE)公司而採取六個標準差(6 Sigma)計畫。但是僅靠品質和僅靠財務指標一樣,都不能夠衡量企業的績效,一些獲得國家品質獎的公司很快發現他們在財務上陷入了困難而思圖改進。

為了避免績效管理制度設計上的一些失誤,美國哈佛大學商學院教授羅伯·柯普蘭與再生全球策略集團(Renaissance Worldwide Strategy Group)的創始人大衛·諾頓在1992年針對美國十二家公司做研究,探討組織未來的績效評估制度,發展出平衡計分卡(BSC)的概念,將衡量企業由上世紀八〇年代重視「量化」的指標,逐漸發展為重視「質化」的衡量指標,希望藉由此績效管理制度,使公司的目標、策略、績效評估結合為一體,將企業之「策略」化為具體的行動,以創造企業之競爭優勢。

由於傳統的組織績效衡量往往只追求財務相關的指標,然而這類的指標經常是落後性指標,只能看出短期與過去的成果與進度,對於組織中長期績效、核心競爭力的培養、持續的改善等方面的貢獻有其限制,而透過BSC可以將組織的願景和策略轉換成具體的績效目標,有利於組織中長期的績效與發展。

BSC的實施通常包含以下幾個流程:

1.建立公司願景與策略,並建立績效指標體系。
2.加強內部溝通與訓練。
3.規劃與設定績效指標,並與公司的計畫和預算相結合。

4.透過回饋與學習，完善並提高績效指標體系。

　　一般而言，BSC採用四個面向來評估組織績效，包含：財務構面（Financial Aspect）、顧客構面（Customer Aspect）、企業內部流程構面（Internal Business Process Aspect）、學習成長構面（Learning and Growth Aspect），透過這四個構面反映財務與非財務，外部和內部，結果和過程，長期目標和短期目標，以及管理績效和組織經營績效等的平衡，如此可利於組織中長期的發展（**表6-2**）。

表6-2　電子迴路公司的平衡計分卡

顧客觀點	
目標	**指標**
生存	現金流量
成功	部門的季銷售成長及營運收益
壯大	市場占有率及股東權益報酬率
財務觀點	
目標	**指標**
新產品	新產品銷售比例、專利產品銷售比例
快速供貨	準時送達（依照客戶的定義）
偏好的供應商	占關鍵客戶採購的比率、關鍵客戶的排名
客戶夥伴關係	合作工程數
內部業務觀點	
目標	**指標**
技術能力	製造技術與競爭情形的比較
優越的製造能力	週期時間、單位成本、收益
設計生產力	晶圓效率、工程效率
新產品的推出	實際推出進度與計畫的比較
創新及學習觀點	
目標	**指標**
技術領導地位	開發下個世代產品的時間
製造學習	達到成熟的流程時間
產品焦點	銷售達80%的產品的比例
上市時間	新產品的推出與競爭情形

資料來源：高翠霜譯（2000）。Robert S. Kaplan & David P. Norton著。《績效評估──以平衡計分卡推 績效》（*Measuring Corporate Performance*），頁138。天下文化。

　　BSC近年來備受各企業之推崇，它能告訴我們，一個組織的員工需要哪些知識、技術與系統（員工的學習與成長），才能創新，並建構起合適的策略能力與效率（內部流程），藉此為市場貢獻某些價值（客戶），最終產生更高的股東價值（財務）。許多組織現在使用BSC，當作結合策略與行動的管理系統，並確保組織內稀少的資源能做最有效的運用，成為績效管理的主要工具。一些企業在實施BSC之後，因公司整體之向心力更強，且因資源的運用更集中，使公司轉虧為盈，體質更佳，更具競爭力。

範例6-2

匯豐商業銀行（平衡計分卡）

　　由哈佛大學教授柯普朗（Robert Kaplan）與企管專家諾頓（David Norton）所提出的平衡計分卡，主要是透過四個構面：「財務」、「顧客」、「內部流程」、「學習與成長」，把一個複雜的策略，轉換成一個明確易懂的目標，並落實為具體的行動。匯豐銀行則把它拿來作為績效管理的重要工具。

　　以人資部門的顧客構面為例，「為了達成公司願景，我們對顧客應做的事」，主管跟一般員工各要做什麼事，才能達到這樣的目標？其實人資部門的顧客就是「公司內部的同仁」，因此，人資主管就要訂定各種人事制度、擔任同仁們的顧問，以及要有前瞻性的創新思考；人資部門員工要做的就是：同仁的滿意度調查及流動率。而要降低員工流動率，又會牽涉到系統與流程構面中的「追求作業卓越」。以前匯豐銀行的財務系統是在紙本上作業，每個月光是算員工的薪資就要花上半個月的時間；後來導入、建置了線上系統作業。

　　現在匯豐員工的請假、薪資發放都是透過這套線上系統來作業，解決了大家以往在時間上的浪費，這就在追求作業的卓越。因為這

樣做,員工才可以花時間做更重要的事。當我們追求作業卓越時,員工的流動率就會低,因為他們可以做一些更有意義的事。

但在制訂各部門的策略地圖時,首先要知道組織的策略目標是什麼?而要達到這些目標的主要驅動力又有哪些?以及如何衡量?最後還要將衡量的標準跟我們日常的工作結合在一起。如此一來,當個人目標達成,組織策略就能達成。

匯豐銀行在每年1~3月開始訂目標,這時就會訂定個人四個構面的管理績效指標(Management Performance Indicators, MPIs),然後跟主管共同同意了以後,就會開始全年的循環。

匯豐銀行的主管如果發現員工有什麼地方做得很好,就給他一部「車」(car,主管必須將對部屬的回饋寫在一張車子形狀的紙卡上);如果要給一些改善回饋的話,就用cars〔s意指建議(suggestion)〕。比方說,有位員工在禮拜一開會時遲到了,造成所有的人等了十分鐘;或是上一次在寫報告時,本來應該什麼時候交,結果延遲了幾天才給,造成什麼樣的後果。如果是負面的話,希望主管不要光是批評,而是要給建議、提供解決方法。大家都熟悉這樣的作法之後,就會形成一種良性互動的文化。

資料來源:陶尊芷口述,張鴻採訪,〈用平衡計分卡做績效管理〉。《經理人月刊》,網址:http://www.managertoday.com.tw/?p=1105。

三、平衡計分卡構面

平衡計分卡(BSC)包括兩部分,其一為平衡(Balanced),另一為計分卡(Scorecard)。平衡即是具平衡性的,不偏斜的。平衡財務指標與非財務指標,平衡長期與短期,平衡有形與無形,平衡策略與執行,平衡企業不同營運面向等;計分卡即是某種量化指標系統與載體,用以紀錄

企業各類型經營績效數值，常見的計分卡就如同掛在企業牆壁上的年度目標設定值。換言之，BSC可理解為「企業多面向量化指標系統與載體」（Amber, 2006）。

BSC是一種指標，強調績效的衡量與使命應該與組織的策略與使命做緊密的結合，並且提出四個不同的涵蓋構面，包括：財務構面、顧客構面、內部流程構面和學習成長構面（圖6-3）。

(一)財務構面

從股東角度來看，我們的企業財務營運表現如何（投資者觀點：財務數字）？諸如企業增長、利潤率以及風險策略。擬定策略地圖，通常從提升股東價值的財務策略開始（非營利事業與政府機構，則通常先考慮顧客或利害關係人，而不是財務目標）。企業要執行財務策略，基本上有兩種方法：增加營收（建立經銷商加盟體系；加深與既有客戶的關係）及提升生產力（降低直接與間接費用；降低維持特定業務量所需的營運資金

圖6-3　平衡計分卡四大構面架構圖

資料來源：丁志達主講（2019）。「目標管理實務研習班」講義。毅嘉科技公司編印。

與固定成本）。財務衡量的內容，包括：收入增長、收入結構、降低成本、提高生產力、資產利用和投資策略等。

(二)顧客構面

從顧客角度來看，客戶是如何看待我們企業（顧客觀點：顧客滿意）？企業所要創造的價值和差異化的策略。任何一家企業的經營策略，核心必然是顧客價值主張。它告訴我們產品與服務的獨特屬性、公司的客戶關係，以及企業形象。顧客價值主張闡明企業會如何運用不同於競爭對手的方法，來吸引、留住目標客戶，並加深與這些客戶的關係。顧客構面也稱為客戶滿意度構面，通常包含客戶家數、市場占有率、客訴量等量值（**圖6-4**）

圖6-4 顧客構面五大核心量度表

資料來源：Kaplan, R. S., &Norton, D. P. (1996). Using the balanced scorecard as a strategic management system, *Harvard Business Review*, pp. 75-84.／引自：張承、莫惟編著（2011），頁10-18。

(三)內部流程構面

我們企業必須在哪些領域中有傑出專長（內部觀點：核心流程）？使各種業務流程滿足顧客和股東需求的優先策略。組織一旦釐清客戶面與財務面的目標，即可決定採用哪些方法來實踐客戶價值主張，提升生產力，以達成財務目標，通常包含新產品上市時間、服務錯誤率、品質控制措施等值量。在為企業內部流程設計績效指標之前，應先分析企業的價值鏈，即從創新流程、營運流程及售後服務程序三個方面，思考如何滿足顧客的需求，建立各種可以達成此目標衡量指標。內部流程衡量，包括：營運管理過程、顧客管理過程、法規與社會流程，不但關注短期的現有業務改善，還要顧及長遠的產品和服務革新。

(四)學習成長構面

我們企業未來經營上能夠維持優勢嗎（長期觀點：成長學習與創新）？優先創造一種支援公司變化、革新和成長的氣候。任何一份策略地圖，根基必然是學習成長，這個構面闡明支持組織策略所需的核心能力和技術、科技和企業文化。釐清這些目標，企業就能調整自身的人力資源與資訊科技，以配合本身的策略。學習成長構面也稱為人力資源構面，通常包含員工流動率、新員工人數、僱用資料等值量。學習成長涵蓋的面向，包括：員工的能力、資訊系統的能力，以及企業施行激勵、授權或相互配合的機制（**表**6-3）。

完成了學習成長的構面後，企業就有了一份完整的策略地圖，將這四個主要構面，和企業使命、價值觀、遠景與策略連結起來。各事業單位與服務單位就可以為自身的業務制訂具體的地圖（跨接到企業的目標行動方案，進而成為員工的個人目標）。這個過程能幫助公司偵察，並填補組織較低層級執行的策略中的重大缺口（許瑞宋譯，2010：73-79）。

表6-3　常使用的學習成長構面衡量指標

• 參與職業或貿易社團的員工數	• 內部的溝通平等
• 每位員工的平均訓練投資	• 員工生產力
• 平均服務年資	• 計分卡生產數
• 員工擁有高等學歷的比例	• 健康提升情形
• 交叉訓練的員工數	• 訓練時數
• 離職率	• 職能覆蓋率
• 員工流動率	• 個人目標達成率
• 員工建議	• 績效評估的及時完成
• 員工滿意度	• 領導發展
• 分紅入股計畫	• 溝通計畫
• 意外損失時間	• 可報告的意外數
• 每位員工的附加價值	• 員工擁有電腦的比例
• 動機指數	• 策略性資訊比例
• 傑出的應徵人數	• 跨功能的任務指派
• 多樣率	• 知識管理
• 授權指數（管理者的人數）	• 違反道德行為
• 工作環境品質	

資料來源：于泳泓譯（2002）。Paul R. Niven（1999）著。《平衡計分卡最佳
　　　　　實務：按部就班成功導入》。商周出版／引自：陳澤義、陳啟斌
　　　　　（2006）。《企業診斷與績效評估：平衡計分卡之運用》，頁418。華
　　　　　泰文化。

四、平衡計分卡的功能

　　平衡計分卡是一個由策略衍生出來的績效衡量的架構，其目標和量
度亦是從組織的願景與策略，將使命及策略轉化成目標及衡量指標，並將
之組成四個不同的構面。它透過財務、顧客、內部流程、學習成長等四大
構面，來考核一個組織的績效。將這些圍繞著顧客、企業內部流程、學習
與成長構面的驅動因素，以明確和嚴謹的手法來詮釋組織策略，並形成特
定的目標和量度，讓員工瞭解怎麼做才能配合公司的使命和策略。透過連
結「組織欲達到的結果」及「欲達成結果所必須做的驅策動因」，讓企業
的高階主管能夠整合組織中的人力，使每位員工各司其職、各展所長，一

範例6-3

馬偕醫院護理部平衡計分卡架構

資料來源：馬偕紀念醫院護理部。

同為達到公司長期目標而努力（吳昭德，2001）。

平衡計分卡必須與策略緊密結合，同時貫穿到後續執行，是平衡計分卡的重要功能。關鍵績效指標（KPI）、六標準差（6 Sigma）等，就是導入平衡計分卡後，接著施展到實務面重要的執行工具。

第四節　平衡計分卡的設計

平衡計分卡是「策略管理制度」之一環，並非「績效評估制度」，不能取代組織日常使用的衡量系統。平衡計分卡所選擇的量度是用來指引策略方向，促使管理階層和員工專注那些導致組織競爭勝利的因素。唯有平衡計分卡從一個衡量系統變成一個管理系統時，它的真正力量才會展現。

設計一份平衡計分卡要考慮以下的要點（亞瑟‧施內德曼，2004：29）（**表6-4**）：

1.評量的事項以五到七種為限。
2.只評量能夠直接影響績效的事項。
3.清楚明確定義標準。
4.設定目標與里程碑的時刻表。
5.所有的評量項目都是可以執行的作業。
6.刪除任何過時不適用的標準。
7.有耐心。
8.評量的標準要能與獲利率建立實質的關係。
9.平衡計分卡只是一項工具，不是管理的萬靈丹。
10.繼續學習未來如何更有效地使用計分卡。

藉由平衡計分卡的設計，使管理者澄清願景與策略，溝通連結策略目標與衡量的基準，規劃與設定績效指標，並在目標展開的同時，經由績效面談、雙向溝通並調整行動方案，以及加強策略性的回饋與持續的教育

表6-4　平衡計分卡關鍵衡量指標

構面	關鍵衡量指標項目	
財務構面	・總資產 ・總資產獲利比率 ・淨資產報酬率 ・收入／總資產 ・毛利 ・存貨週轉率 ・存貨天數 ・固定資產週轉率 ・資本報酬率 ・每人平均毛利增加率 ・淨利率（淨收入） ・營業費用與銷貨額比率 ・人事費用比率 ・研發費用比率 ・每一員工生產力 ・營業額成長率	・營收成長率 ・投資報酬率 ・每股盈餘（EPS） ・損益目標達成率 ・資產負債比 ・資本週轉率 ・長期資金占固定資產比率 ・資產投資報酬率 ・現金流量比率 ・信用評等 ・借款 ・應收帳款流動率 ・新產品的收益 ・股票報酬率 ・投資報酬率 ・紅利
顧客構面	・顧客滿意度 ・顧客忠誠度 ・市場占有率 ・市場退貨率 ・品牌認同度 ・顧客投訴率 ・退貨率	・每位顧客要求的回覆時間 ・顧客的流失 ・顧客保留率 ・新顧客收入百分比 ・行銷成本占銷售額百分比 ・廣告數 ・參展的次數
內部流程構面	・訂單處理作業 ・進出貨作業 ・揀貨作業 ・運送配送作業 ・倉儲保管作業 ・服務出錯率 ・平均當機發生頻率 ・創新流程 ・營運流程 ・售貨服務流程 ・客訴抱怨處理 ・維修費用比率 ・準時交貨	・平均前置時間 ・存貨週轉率 ・研發費用 ・專利的平均年限 ・庫存量 ・瑕疵比率 ・重作 ・廢料 ・降低空間利用率 ・停工期 ・新產品的引進 ・媒體正向報導的數量 ・職災發生率

（續）表6-4　平衡計分卡關鍵衡量指標

構面	關鍵衡量指標項目	
學習成長構面	·員工離職率 ·臨時工比率 ·員工對公司目標達成率 ·平均員工加班時數 ·員工滿意度 ·員工創新力 ·員工學習力 ·員工平均訓練成本或時間 ·員工曠職率 ·員工生產力	·危機處理能力 ·資訊系統之使用 ·電腦化程度 ·人員素質的提升 ·平均服務年資 ·意外損失時間 ·員工健康指標 ·績效評估的及時完成 ·證照比率 ·員工提案數

資料來源：丁志達主講（2014）。「績效管理制度設計實務」講義。中華人事主管協會編印。

訓練去達成績效發展的目標。

　　平衡計分卡結合公司策略、遠景、方向與績效評估的新管理會計技術，亦即為達成公司的願景及策略方向，須重視四方面之績效衡量因素，有助於組織從不同的角度（外部面有財務及顧客，內部面有內部流程及學習成長）來思考企業整體的發展方向，使組織能於長期與短期目標之間取得均衡，又可以兼顧過去結果與未來的績效平衡，其特色不是為組織過去的表現打成績，而是協助企業掌握「未來的發展空間」，讓企業能依據企業的策略與產業特性，設計出合理的績效衡量指標，使企業的策略意圖容易傳達至組織中每一個成員，取得策略目標的共識。

結　語

　　一個成功實施平衡計分卡（BSC）之企業皆具備「整合」、「聚焦」及「執行力」的特質。一個企業可透過BSC建立組織之策略結構，整合組織內部各部門，以創造組織之綜效；再者BSC提供一套系統性之衡量

範例6-4

IBM HR計分卡

	HR計分卡架構				
策略	人才管理	領導統御	組織氣候	績效管理	HR能力
指標	組織活力 / 學習型組織	領導力 / 成長率	員工士氣 / 團隊協力	生產力 / 高績效團隊	服務能力 / 變革能力

資料來源：丁志達主講（2020）。「績效考核與績效面談實務班」講義。財團法人中華工商研究院編印。

與管理工具，使組織內部各部門與策略緊密結合，達到聚焦的效果；最終BSC不僅是績效衡量，而是透過變革的推動促使各部門參與改變，及一套有系統的執行力管理方式以貫徹執行。

BSC是「策略管理制度」之一環，並非「績效評估制度」，不能取代組織日常使用的衡量系統；它所選擇的量度是用來指引策略方向，促使管理階層和員工專注那些導致組織競爭勝利的因素。唯有BSC從一個衡量系統變成一個管理系統時，它的真正力量才會展現，最後必能透過營收成長或是生產力，為股東創造長期價值。

Chapter 7

績效衡量指標

企業經營是「乘法」，只要有一個部門是「零」，即使其他的部門再強，企業整體績效表現還是「零」。

——日本花王企業經營語錄

 天道酬勤

大徒弟姓孫，法名悟空，又稱孫行者。因五百年前大鬧天宮，被佛祖困壓在西番兩界山石匣之內，蒙觀音菩薩勸善，情願皈依，是臣到彼救出，甚虧此徒保護。

二徒弟姓豬，法名悟能，又叫豬八戒。因在烏斯藏高老莊上作怪，即蒙菩薩勸善，虧行者收之，一路上挑擔有力，涉水有功。

三徒弟姓沙，法名悟淨，又呼沙和尚。他出身原是流沙河作怪者，也蒙菩薩勸善，秉教沙門。

那匹馬原是西海龍王之子，因有罪，也蒙菩薩救解，幸虧他登山越嶺，跋涉崎嶇，去時騎坐，來時馱經，亦甚賴其力也。

【啟示錄】唐僧（唐三藏）對徒弟的介紹，實則是他對徒弟們功勞的表彰，雖言簡意賅，卻掩飾不住他的感激之情。只要用心付出了，總會得到回報。

資料來源：明朝吳承恩編撰。《西遊記》，第一百回〈徑回東土 五聖成真〉。

績效評估是一個系統，包括績效考核指標的設定、績效資訊的蒐集和績效結果回饋等過程。在這個過程中，績效考核指標的設定，構成了績效評估的基礎和依據，其設定的科學、全面、有效性與否直接關係到績效評估的客觀性和公平性。如何設定整體績效考核指標體系是績效評估工作的重中之重（謝寶國、夏勉，2004：38）（**表7-1**）。

表7-1　關鍵績效指標與崗位績效標準指標的比較

關鍵績效指標	崗位績效標準指標
側重考察經營成果有直接控制力的工作	側重考察對經營成果無直接控制力的工作
主要由客觀計算公式得出	主要由他人以及自己評估得出
側重考察當期業績	可以考察長期性工作
側重考察最終成果	可以考察工作的過程
評價標準側重量化	評價標準側重行為化（職能）

資料來源：謝寶國、夏勉（2004）。〈關鍵績效與崗位績效〉。《企業管理》，
　　　　　第4期，頁39。

 第一節　研發人員績效衡量指標

　　關鍵績效指標（KPI）比較適用於與企業或組織的策略目標有著比較緊密的聯繫，對企業或組織具有直接增值或未來發展潛力有貢獻的職位，例如：主管級、研發人員、銷售人員、生產人員等。

　　研究發展（研發）部門人員，是當今各企業體內最重要的核心人員之一，尤其是科技產業尤甚。研發人員不當的流動率，會造成產品研發時辰的延誤，也會造成無法彌補的商機損失。同時，研發產品還在試產階段時，在產品未大量生產前，每一筆研發成本的投入，都是一筆支出費用，因而對研發人員之績效考核就顯得格外重要。

一、績效衡量設計的必要性

　　由於研發活動的內容包括基礎研究、應用研究與技術發展三種類型。研發人員主要在從事追求有助於未來開發新產品或製程知識的活動，或將研究的結果或新知識商品化，替換成新產品、新製程，或改良現有產品或製程。

　　在從事上述這些工作及扮演這些不同的工作角色中，研發人員需不

範例7-1

創造力評估法

日本花王公司的企業目標十分明確，以「技術延續企業」，也就是活用以化妝品起家所累積的高分子、油脂等相關技術開發出獨特的產品。由於從原料到成品採一貫生產方式，再配合自己銷售的產銷合一體制，使花王能完成吸收開發技術所產生的附加價值，因此，花王公司希望研發人員具備創造技術的能力，也希望業務人員擁有組織獨立銷路的能力，亦即希望所有員工都具有「創造力」。

然而，要如何評估員工的創造力呢？花王的做法非常簡單明瞭，長佐川辛郎說：「我們讓有創造力的上司去評估。因為創造力就像藝術作品一樣很難用科學方式去分析研判，但是若只交給一個人去評估，也可能會失之偏頗，所以我們是請與該員工在工作上有所密切關係的四、五位主管來進行評估。」花王過去也採用人事部製作的考績表格，請上司來評估屬下的「管理能力」、「工作態度」、「執行能力」等項目。但是「若由人事部來主導考績評估的話，很難注意到員工的創造力。人事部門還是只致力於安排各種訓練，設法提高員工的能力就好了。」因此在1970年代初期，佐川會長擔任人事經理的時候，便廢止了舊式做法，亦即人事部門不再參與員工的考績評估。

從此以後，花王陸續開發出「巧麗那」（廚房洗潔劑）、安達克（生化洗劑）等熱門商品，以銷售能力為武器，開始朝一流企業邁進。所以在成功的背後隱藏著是「以技術延續企業」的明確目標，和支持這種目標的創造性人事制度，是我們絕對不能忽略的。

資料來源：日經Business編，陳秋月譯（1991）。《創建優質企業的條件》。台灣英文雜誌社出版。

斷地產生新構想、概念與點子，並與其他人分享，以累積知識或加速知識
商品化的時間。此外，研發部門的投入要素還包括人員、資訊、創意、設
備和所需要的經費，研發部門可被視為一「服務部門」，大多數的工作是
在回應與完成來自市場、製造、工程或其他部門的特殊需求，而其產出則
可能包括專利、新產品、新流程、研發報告，或者一些新發現的事實、原
理或知識。

　　由此可知，研發人員無論從其工作內容、工作行為、投入要素和產
出結果來看，都與同一組織中其他部門的工作有所不同。研發人員需要有
一套符合實際研發流程需要的績效考核表格。如果研發人員與其他部門
人員使用同一套績效考核工具與指標，將無法掌握研發人員不確定、創
新、複雜和抽象等的工作特質（林文政，1998）。

二、績效衡量指標

　　研發部門的績效評估，通常以幾個變項來衡量其績效：生產力、
效率、獲利力、品質、安全、成長、滿意、激勵、創新、適應力、發展
等，但這些量度的變項過於概念化，使本來就不容易評估的研發單位，不
易識別其績效水準。

　　從定量與定性兩方面來評估而言：定量的部分，包括其成本、新專
利或新產品占銷售額的百分比、在一定時間內新產品或新專案的數目、
利潤、產品的市場占有率、成長率、專利數、研究報告等；而定性的部
分，包括組織的名望及形象、研發成果的技術能力及聲譽、組織的內部士
氣、人員的穩定性、以技術的聲譽吸引新人的能力、維持技術能力的升級
等。

　　從以上所提的研發部門的績效指標，可細分為策略性指標、技術性
指標、管理性指標、商品化指標及經濟性指標等五種（李長貴，1997：
244-246）（**表7-2**）。

表7-2　研發人員績效衡量指標

績效指標	內容
策略性指標	1.該部門與公司經營理念的適合度。 2.該部門與公司研發政策的配合度。 3.該部門與公司策略目標的共存度。
技術性指標	1.該部門在某一時間中所獲得的專利件數。 2.該部門在某一時間中所發表的有價值論文。 3.該部門在某一時間中研究成果的報告件數。 4.該部門在技術方面的開發成功率。
管理性指標	1.縮短研發所需工時。 2.節省試作及實驗費用。 3.減少調整及檢查費用。 4.研究發展貢獻率＝研究成果貢獻額÷研發人事費用。
商品化指標	1.開發投資效率＝產品開發獲利額÷研發專案投資額。 2.暢銷商品比率＝暢銷商品種類÷所有開發產品種類。 3.商品市場占有率＝公司商品÷全市場（區域）商品。 4.權利金效率＝權利金收入額÷研發開發費。 5.客訴損失率＝客訴損失金額÷銷售額。
經濟性指標	1.回收指標＝〔（售價－單位成本）×年生產額×銷售年數〕÷（研發開發費＋市場開發費＋設備費＋營運費）。 2.研究報償指標＝五年間該商品化產品之累積稅前淨利÷五年間累積研發開發費用支出。

資料來源：李長貴（1997）。《績效管理與績效評估》，頁244-246。華泰文化。

三、技術與創造能力之衡量

　　要衡量研發部門的技術能力、創造能力等未來有實質貢獻的能力，其所測量的內容包括：技術績效、市場績效及整體績效等三個構面，其操作性的定義與指標如下（林素瑜，1999）：

(一)技術績效

　　技術績效主要是在衡量新產品計畫於技術目標上的達成率與成功率，歸屬此類的指標包括：

1.新產品研究發展計畫超前部署的程度。

2.新產品研究發展計畫達成目標的程度。

3.新產品研究發展計畫相對於主要競爭者的成功程度。

(二)市場績效

市場績效主要是在衡量新產品在市場上的銷售情況與消費者的接受程度。歸屬此類的指標包括：

1.新產品營業額占全公司營業額的比率。

2.新產品上市的成功比率。

3.新產品所獲得的利潤對公司貢獻的比率。

4.新產品投資報酬率的程度。

(三)整體績效

整體績效主要在主觀衡量新產品整體計畫成功的程度。歸屬此類的指標包括：

1.新產品研究發展計畫整體成功的程度。

2.公司對新產品研究發展計畫整體績效的滿意程度。

3.高階主管主觀滿意的程度。（**表**7-3）

四、績效考核制度

無論企業對研發人員用何種績效的效標（特質效標、行為效標、結果效標）作為衡量的基礎，都要考慮到與企業追求的目標相結合。例如衡量研發工程師的績效，不論從行為面（參加團體討論、多方嘗試解決問題的方法等）或結果面（研發新產品的進度、獲得專利數等）衡量，這些效標都應與組織的創新策略（最近三年研發產品占總銷售額的百分比）緊密

表7-3 研發人員考核衡量項目

1.新產品準時上市的程度。
2.新產品預算控制（成本控制）的程度。
3.利潤目標達成的程度。
4.新產品的品質水準。
5.顧客端對新產品整體的滿意程度。
6.新產品開發週期。
7.達到預定之市場占有率。
8.達到預定之利潤目標。
9.專案的整體績效。
10.產品銷售目標達成情形。
11.產品達成策略性目標的情形（如市場占有率、競爭優勢……）。
12.一年新產品業績占整體營業額比例。
13.比較預期的時程、預算、目標與實際成果的狀況。
14.衡量研發部門的技術能力、創造力等未來有實質貢獻的能力。
15.技術報告發表數。

利用以上的衡量指標，可以明確衡量研發的績效及效率，以便未來時參考及改善
的方針。

資料來源：葉忠編著（2012）。《科技與創新管理》，頁141。雙葉書廊出版。

結合。因此，在設計研發人員之績效考核制度時，必須針對下列幾點加以
重視：

1.績效考核制度需針對專業加以設計。

2.績效考核應採用目標管理的方法。

3.管理者需與部屬定義相關工作與目標。

4.管理者需與部屬定義主要績效的屬性。

5.管理者需與部屬溝通和建立目標與任務的優先順序。

6.管理者需考慮員工的基本需求、職涯規劃及發展需求。

7.每位員工有一份完整的績效考核文件。

研發人員負責的每項專案所需時間不同，較短的專案約需一季左
右，較長者則可能超過半年或以上，由於結案時程的不固定，因此固定式

的績效考核，如季考核、半年度考核或年度考核，可能都不恰當，因為考核期間可能正好在某個專案進行當中，所以考核時間點應採彈性方式，大致與專案時程一致，而不採定時考核方式（特別是研發成果考核的部分）較佳。

範例7-2

研究發展委員會組織規程

第一條　台灣肥料股份有限公司（以下簡稱本公司）為配合業務發展需要，推動研究工作，特設研究發展委員會（以下簡稱本會）。

第二條　本會任務如下：
　　　　一、研究發展政策方向之擬定。
　　　　二、研究發展計畫之評審。
　　　　三、新技術引進計畫之評審。
　　　　四、新產品開發計畫之評審。
　　　　五、研究發展成果報告之評審。
　　　　六、研究發展智慧財產權之保護。
　　　　七、其他相關研究發展管理事宜。

第三條　本會置主任委員暨副主任委員各一人，主任委員由總經理兼任，副主任委員由主管研究發展業務副總經理兼任，另置委員若干人，由主任委員遴聘公司內部業務主管人員及外界學者專家擔任，任期兩年，期滿得續聘。

第四條　本會置執行秘書一人，秘書一人，均由總經理就本公司職員中指派兼任。

第五條　本會全體委員會議每三個月召集一次，由主任委員召集之，必要時得另召開臨時會議，開會時得邀請公司內外有關人員

列席。

第六條　本公司各項重要研究計畫均應提由本會審查通過方可進行，執行中之研究計畫每三個月應提出進度報告，研究計畫結束並應提出總結報告，由本會評估績效。

第七條　本會按公司研究發展政策方向之不同領域類型，下設研究諮議小組，分別諮議各類領域之研究發展工作。其主要任務如下：

一、年度研究發展計畫之審議。

二、年度研究發展成果之檢討。

三、研究發展成果之落實。

四、新技術、新產品開發計畫之審議。

五、研究發展之專業諮詢。

第八條　研究諮議小組依業務需要不定期召開諮議會議，由副主任委員召集之，以利研究發展計畫之推動執行及成果之落實。

第九條　研究諮議小組置諮議委員若干名，任期一年，得由本會委員兼任或公司專業領域人員兼任或另聘外界學者專家擔任，除參加諮議會議外，並隨時接受公司相關業務之諮詢，期滿得續聘。

第十條　上述外界學者專家之遴聘，依「台灣肥料股份有限公司顧問人員遴聘要點」辦理。

第十一條　本會所需費用由研究發展預算支應，行政工作由研究發展組負責。

第十二條　本規程提報本公司董事會議通過後實施，修訂時亦同。

資料來源：《台肥月刊》，2001年，3月。

範例7-3

績效評估表

單位：＿＿＿＿＿＿＿＿　　　　　　年度：＿＿＿＿＿＿＿＿

（助理研究員級及以上人員用）

職級：＿＿＿＿＿＿＿＿　　　　　部門：＿＿＿＿＿＿＿＿

處、組

姓名：＿＿＿＿＿＿＿＿　　　　　＿＿＿＿＿＿＿＿＿＿

室、部

人員編號：＿＿＿＿＿＿　　　　　＿＿＿＿＿＿＿＿＿＿

課

到職日期：＿＿＿＿＿＿　　　　　職稱：＿＿＿＿＿＿＿＿

（本年度新進者）　　　　　　　主任、長、主持人

※本欄於會計年度結束前（每年六月份）填列：

依據本表所列各項目標，總評為：‥‥‥‥‥‥‥‥‥‥‥‥ ☐

A、B、M、C、D

考慮合作精神、工作態度、發展潛力及其他因

素，本年度考核建議列入：‥‥‥‥‥‥‥‥‥‥‥‥ ☐

優、甲、乙、丙、丁

在本人所屬同級職＿＿＿人中，排列第＿＿＿名。

直屬主管簽名：＿＿＿＿＿＿＿＿＿＿＿　　年　月　日

考慮團體績效及其他因素，調整其考核等第為：‥‥‥‥‥ ☐

優、甲、乙、丙、丁

在本人所屬同級職＿＿＿人中，排列第＿＿＿名。

上一級主管簽名：＿＿＿＿＿＿＿＿＿＿＿　　年　月　日

※本欄於考核評定後，由人事部門登記：

等第：☐

人事部門主管：＿＿＿＿＿＿＿＿＿＿＿＿＿＿　　　　年　　月　　日

　　本表由直屬主管保管，於年度考核辦理完竣，送人事部門登記、保存，並按密件處理。

茲於＿＿年＿＿月＿＿日晤談共同商定本年度工作

如下表：（並付頁＿＿頁）。

　　　　　　　　　　　　　　直屬主管簽名＿＿＿＿＿＿＿

　　　　　　　　　　　　　　晤談人簽名＿＿＿＿＿＿＿

如年度中有更改時，共同修改本表，並於修改處簽名。

項次	工作內容、目標及預期成果 （列出可查核之具體資料及完成日期）	成果說明 （於年度結束前，由被評估人填寫並由直屬主管核註）

直屬主管對本頁成果說明分項評核（如工作涉及其他單位或部門者，並徵詢其意見後記載或浮貼於成果說明欄）

項次							
評級 （A.B.M.C.D）							

項次	工作內容、目標及預期成果 （列出可查核之具體資料及完成日期）	成果說明 （於年度結束前，由被評估人填寫並由直屬主管核註）	
本年度才能發展計畫		才能發展成效	
直屬主管對本頁成果說明分項評核（如工作涉及其他單位或部門者，並徵詢其意見後記載或浮貼於成果說明欄）			
項次							
評級 （A.B.M.C.D）							

資料來源：工業技術研究院。

第二節　業務人員績效衡量指標

　　培養一位優秀的業務人員，不僅要給予完整的培訓、正確的輔導和適當的激勵，而且要根據他的銷售成果，改進他的作業缺失，讓他能夠不斷地提升和突破。因此，績效考核是業務管理非常重要的一環。

一、績效衡量的指標

　　大體而言，評估業務人員項目的基礎可分為人格特質、行為特質及結果導向。在設計績效考核評估方法時，端視企業的不同目的而決定是否採取上述三種綜合性判斷。如果評估之設定，是以行為方面為基礎，便不免流於評估者的主觀印象，因此在評估時，要特別注意避免偏頗；如果只重數字成果，不重行為，業務人員會很短視；而只重視行為，不重視數字，業務人員會光說不練，沒有成果，因此偏頗哪一方都不好。

　　一般而言，人格特質部分，在求職者應徵面談時，就要慎重的觀察考核，它不容易在錄取後，透過「培訓」、「整容」可改變他的獨特「個性」，但行為與業績成果的達成是可加以「調教」，而成為企業的「棟樑」（明日之星），例如有的業務人員工作很勤奮，但業績卻不高，係推銷技巧需加強；有的業績不錯，但業績達成率不高，可能劃分的市場作業容易，但個人努力仍不夠；有的業績佳，但客戶關係欠佳，只注重眼前的成果，不重視長期關係的培養。由此可見，不同的評估方法，提供不同的角度考核。同時，評估項目和標準也會引導業務人員工作方向的作用，值得在設計業務人員之考核表時加以注意（**表7-4**）。

二、行為特質與成果導向實務面

　　業務人員的行為特質與成果導向考核實務面，茲列舉加以說明之。

表7-4　業務人員績效衡量指標

衡量指標	內容
人格特質	1.個人形象：儀表、談吐、應對、交際。 2.個性方面：主動、積極、熱忱、耐性、穩定、獨立、彈性。
行為特質	1.工作態度：責任感、學習心、目標設定、時間管理、進度控制、協調合作的情形。 2.業務能力：推銷、談判、開發、締約能力。 3.業務知識：商品、市場、顧客、競爭者的瞭解。 4.顧客關係：和顧客的交情、替顧客解決問題的能力、每日拜訪客戶的次數、實際工作的天數、推銷時間的比例、銷售費用的比率、從事開發、促銷、會議、服務的活動比重、顧客抱怨的處理等。
成果導向	銷售額、銷售量、業務達成率、市場占有率、毛利率、利潤貢獻度、訂單數量、成交比率、顧客增加率、顧客流失率等。

資料來源：陳偉航（2000）。《NO.1業務主管備忘錄》。美商麥格羅‧希爾國際出版。

(一)行為特質面

在業務人員的行為特質方面，一般企業常用的評比項目有：工作態度、推銷技巧、商品知識、市場掌握、溝通技巧、客戶關係、協調合作、計畫能力、時間管理、書面報告、儀表談吐、創意能力、判斷能力、應變能力。

(二)成果導向面

業務人員的成果導向方面，一般企業對業務人員常用的評比項目與公式運用有：

年度業績＝工作天數×（總訪客次數÷工作天數）×（總成交筆數÷總訪客次數）×（總業績÷總成交筆數）

平均每天訪客次數＝總訪客次數÷工作天數

成交率＝總成交筆數÷總訪客次數

平均每筆成交金額＝總業績÷總成交筆數

平均每次訪客費用＝總銷售費用÷總訪客次數

平均每筆費用＝總銷售費用÷總成交筆數

 範例7-4

顧客關係的建立

當時的業務員都是以招待喝花酒玩樂來吸收顧客，我（按：張國安）不善於此道。同時也沒有時間，因為我一個月要拜訪客戶一次，而每次都要在一星期內，跑遍全省近八十家客戶，在任何地方都無法停留太久。

於是我以提供情報來服務客戶。由於銷售磨電燈的，多為電器行及腳踏車零件批發商，他們也兼賣進口的腳踏零件及電器產品。進口貨的行情起落很大，每次我去拜訪他們並向他們收款之前，都先將最新的進口行情及趨勢調查清楚，以便提供他們情報。因此他們看到我都非常歡迎，同時知道我停留的時間很短，會把貨款先付給我。

每次我到顧客處，一定把我們的產品放到一般人容易注意的地方，並把架上的灰塵擦掉，以保持產品的乾淨，這是其他競爭者忽略的一點。

除了提供商情外，我的另一項「額外服務」是幫忙辦理各種婚喪喜慶。由於各地風俗不同，各有其特殊的儀式和禮俗，不仔細研究是無法知道的。客戶們認為我是台北人，又讀過書，所以比較需要文字的部分都找我幫忙。我常做的工作之一是書寫嫁妝的名稱，例如枕頭二個，必須寫成「枕頭成對」，衣櫃一個必須寫成「衣櫃成座」，其他如「明鏡成座」、「繡靴成雙」等等。

資料來源：張國安（1987）。《歷練——張國安自傳》，頁64。天下文化出版。

第三節　管理人員績效衡量指標

　　擔任一位管理者面臨的最大問題，是如何領導部屬完成既定的工作目標。「管理」一詞的定義，簡單講就是如何用別人的「手」、「腦」去完成「目標」所需的一系列活動，它包括計畫、組織、用人、指導以及控制等五個管理機能。但是在這五種機能當中，我們不難發覺沒有任何一項機能不需要「人」去推動。因此，我們可以說「人」是管理的核心，而「人」往往又是最難圓滿解決的問題，管理者只要能超越這層障礙，則領導部屬共同向工作目標邁進的道路將更加平坦（馮斯明譯，1985：3）（表7-5）。

一、績效考核的向度

　　一般而言，管理人員績效考核的向度，包含作決策、專業知識的理

表7-5　管理者的職責

1.敏銳解讀環境在經營、部門及職場的環境變化。
2.為使經營目標、方針、戰略正確而蒐集並提供各項資訊。
3.針對經營目標、各部門目標、方針及策略釐定，積極提供建言。
4.積極努力，使經營方針及目標反應於本身的管理活動上。
5.積極主動的要求幕僚部門的建言與協助。
6.根據組織的實況與實際績效，進行工作上的改進與改革。
7.經常與其他部門或管理者，保持溝通、調整與協調。
8.報告工作的進展情況，使上司能正確掌握狀況。
9.培育能力不足的部屬（管理者亦需致力於自我啟發）。
10.建立使部屬能自我提升，並對工作覺得有意義的職場環境。
11.建立使部屬能具有工作意願的人性化環境。
12.提升職場整體的綜合能力，加以結構化並使之落實。
13.管理者本身負責事項的決策，並指揮其執行。

資料來源：野邊二郎（1997）。《Management Training Program（MTP）講義集》，頁1-2-1。中國生產力中心。

解、影響他人、資訊搜尋與給予、關係建立、自我管理等六項。茲分述如
下：

(一)作決策

決策（Decision Making），就是作出決定或選擇。諾貝爾經濟學獎得
主赫伯特・賽門（Herbert A. Simon）說：「決策是管理的心臟」。組織
的績效是一系列決策與實踐（執行）的總和。

◆計畫能力

針對工作目標做有系統的行動計畫，使工作按部就班順利完成。
表現在時間規劃（工作優先順序、進度、方法的安排）、工作重點的把
握、對情況及變化預先的掌握、與其他工作的關聯的瞭解等方面。

◆組織能力

有效地將任務加以整合，並將各種可運用的資源（人員、技術水
準、材料、設備、費用、時間等）做最有效的分配，以期在損失、混
亂、錯誤不發生的情況下，以最短的時間獲致最大的成果。例如根據既定
目標，規劃各種資源運用的能力，適時達成目標。

◆獨立判斷能力

利用經驗、知識、智力，針對事實或意見加以掌握、分析、推論及
區別，並依此選擇適當的行動。

◆問題解決能力

主動發掘問題、分析癥結所在，並找出適當方法來妥善解決或處
理。例如預測問題的能力、適時發現問題的能力、妥善處理問題的能
力。

◆創意與求新

思索、創造、評量新方法或新觀念的能力，不囿於經驗、習慣，

以及主、客觀環境因素，能對特定狀況尋求更獨特及更有效的方案之能力。例如對職責內或職責外的問題持有獨持的看法、能找出更好的工作方法、開發設計新的產品、完成可行的具體方案，以促成公司科技的領先或組織的成長。

(二)專業知識的理解

具備工作上所需瞭解或知道的資訊與知識，以及工作上所需具備的技能與技巧，在執行工作時所表現出的各方面與工作有關的能力。例如專業知識、和工作相關的公司政策（規章制度）、工作流程、工作方法、系統、設備、電腦運用、運用財務（計量）資料等。

(三)影響他人

運用情緒引導或價值的激發等影響他人的技巧，讓部屬對工作更熱誠，達成預定的目標；能運用財務和非財務獎勵、讚賞的技巧來激勵員工。

(四)資訊搜尋與給予

蒐集有關工作進度方案、成敗原因、個體的貢獻程度等相關信息，並且彙整使用者的相關需求，檢視外在市場的威脅與機會，作適當的整理與分析；明確的指派部屬的工作，提供如何完成工作的正確訊息，以溝通的方式讓部屬清楚地知悉自己在工作中應該扮演的角色、工作的目標、期限以及對績效表現的期待。

(五)關係建立

支持團隊工作或團隊合作，建立單位或組織成員的認同感；傾聽部屬的問題或抱怨，能提供建設性的意見，並以具體之做法，協助部屬創造職涯高峰。

(六)自我管理

　　展現領導者的應有原則是要謹守商業道德，以身作則，表裡合一，謹守承諾；能主動掌握著任何自我學習與成長的契機，接受挑戰性的新任務指派（鄭瀛川、王榮春、曾河嶸，1997：38-44）（**表7-6**）。

表7-6　高階經理人之績效衡量表

類別	衡量指標	
客觀績效評估	財務績效	營業收入
		每股盈餘（獲淨利）
		現金流量
		新產品／新市場之營收、獲利率
	非財務指標	市場占有率
		風險
		客戶滿意度
		新申請之專利權
主觀績效評估	領導力	如何激勵員工、活化企業？
	策略	擬訂適當公司策略
		公司運作是否與策略緊密連結？
		策略是否澈底執行？
	人資管理	菁英人才的培育與發展
		優質團隊的培育
	風險管理	完整法律遵循機制
		內部控制與稽核制度制訂與落實
		考量整體或產業之系統性風險
	對外關係	與客戶之關係是否良好？
		與供應商之關係是否良好？
		與利害關係人之關係是否良好？
	公司專屬議題	透過關懷弱勢團體以履行企業社會責任
		減緩氣候暖化問題

資料來源：李伶珠（2011）。〈薪酬委員會實務指南〉。《會計研究月刊》，頁122。

二、領導的特質與資質

　　管理工作的核心是指揮，若要有效地指揮，管理人員也要具備領導統御的能力，在一份「受景仰的領導人特質調查報告」中，列舉了二十項受景仰的領導人特質，其中「誠實」、「有遠見」、「會鼓勵他人」、「有能力勝任」被認同性最高，值得參考；另外，根據日本經營教育學會的一份「各階層管理人員必備的重要資質」中，對初級管理人員、中級管理人員及高級管理人員三個層級，各提出十項各管理階級要具備的資質，其中「統御力」、「談判力」、「企劃力」、「創造力」、「判斷力」是管理階層共通的資質，因此，在設計管理人員的績效考核表時，是可以加以涵蓋在共同的考核項目之中，只是在個別評估時，對各階層的要求實踐程度要有所區別（**表7-7**）。

　　美國國際電話電報公司（International Telephone and Telegraph Corporation, ITT）在其總裁哈洛‧傑寧（Harold Geneen）退休時，當時ITT已成為世界上數一數二的大企業。但是在他退休後二年內，ITT的業

表7-7　各階層管理人員必備的重要資質

順位	初級管理人員必備能力	中級管理人員必備能力	高級管理人員必備能力
1	業務知識、技能	領導統御力	領導統御力
2	統御力	企劃力	先見性
3	積極性（行動力）	業務知識、技能	談判力
4	談判力	談判力	領導魅力
5	企劃力	先見性	企劃力
6	部屬之指導培養能力	判斷力	決斷力
7	創造力	創造力	創造力
8	理解、判斷力	積極性	管理知識、能力
9	管理實踐能力	對外、調整力	組織革新力
10	發掘、解決問題能力	領導魅力	判斷力

資料來源：陳郁然（1993）譯。江幡良平著。《推動企業的人脈》，頁76。台灣英文雜誌社。

績大跌，許多觀察家認為ITT過去的成功，大多歸功與於傑寧個人的領導。一家企業如未能適當的安排領導者的繼任人選，就可能遭遇到與ITT類似的命運。從這個實例可凸顯出，企業對管理人員考核及栽培人才之重要性與關聯性（英國雅特楊資深管理顧問師群，1989：159）（**表7-8**）。

第四節　行政人員績效衡量指標

考核要項之設定是要具有彈性的，主要是以公司之目標為準繩，加上企業經營者所欲塑造企業內部員工之特殊人格特質與企業文化的相互搭配，在選擇績效考核要項之時，需由經營者與高階主管來共同設定。

一、共同的績效衡量項目

由於每個工作的職責不同，例如在組織分工下，有研究發展、業務行銷、生產製造、財務會計等職務，因此在績效評核項目也就要有所區隔，譬如業務人員可以用營業額、收款為考核的參考依據；企管人員則可參考未來工作方針及通路規劃；財務人員則參考每月結帳速度、精確度、管理性報表準時的提供及外界財經資訊匯總；生產線直接人員的績效則採用量化的指標；研發間接人員則應從過程與結果並重、技術標準與同步工程來建立標準。

績效考核內容為求全公司被考核員工在同一標準條件下公平的接受考評，考核項目內容要明確，使主管可循此一定義來考評部屬，例如自主性、工作態度、團隊精神、對公司的忠誠度、對工作的忠誠度、向心力、自動自發能力、專業知識、品德表現等，不論何種職位，可能均會採用的「共同考核項目」有自主性、工作態度、團隊精神、對工作的忠誠度、對公司的向心力、工作的效率、自動自發的能力和品德操守等八項（**表7-9**）。

表7-8　管理人員績效的衡量

人員分類	態度構面	知識構面	技能構面	績效構面
行政管理人員	1.群體觀念 2.紀律性 3.熱情積極 4.服務滿意	5.工作經驗 6.現代科學知識 7.部門專業知識 8.法律規範	9.處事圓融能力 10.溝通協調能力 11.表達能力 12.決策能力 13.資源管理能力 14.組織規劃能力 15.綜合分析能力 16.解決問題能力	17.工作效能 18.目標管理 19.培育部屬
經營管理人員	1.法制觀念 2.事業心 3.市場和客戶滿意 4.誠信責任心 5.抗壓性	6.產業生產技術知識 7.綜合分析能力 8.知識創新 9.組織變革	10.人際關係能力 11.控制能力 12.解決問題能力 13.靈活性 14.溝通協調能力 15.決策能力 16.談判能力 17.資源整合能力 18.創新能力 19.領導力	20.社會經濟效益 21.組織效能 22.願景發展 23.財務成果
技術管理人員	1.熱情學習 2.技術和成本觀念 3.責任性	4.專業知識 5.新技術與產品的敏感性 6.思考力 7.創新管理	8.科學技術鑑別力 9.靈活性 10.資訊溝通能力 11.理解能力 12.創新能力 13.解決問題能力 14.品質管理能力	15.科學技術研發成果 16.社會經濟效益 17.產品競爭力 18.專案管理
生產管理人員	1.紀律性 2.原則性 3.責任性 4.客服滿意	5.管理科學知識 6.專業技術知識 7.新技術學習	8.組織協調能力 9.工作經驗 10.表達能力 11.身心適應能力 12.獨立工作能力 13.解決問題能力 14.品質管理能力	15.工作難易度 16.工作數量 17.工作質量 18.目標管理 19.流程管理

資料來源：卓正欽、葛建培（2013）。《績效管理：理論與實務》，頁212。雙葉書廊出版。

表7-9　員工共同的績效衡量項目

共同項目	定義／例子
自主性	在不需監督與支持的情況之下，能自我驅策，獨立面對目標自行開展來完成任務、主動改善工作方法／習慣、積極尋求更多的挑戰及責任。例如可獨立工作、願意自我充實或接受訓練、主動簡化工作的流程、承擔範圍以外的責任、訂定更高的目標並將之達成。
工作態度	對工作有使命感，對同事、上司的尊重。例如對工作的熱誠與奉獻、對建設性意見的接納、對同事尊重、遵守管理階層所訂的政策、接受主管工作指導的態度良好、是否能虛心接受善意批評、竭誠輔佐上司。
團隊精神	與他人的合作、配合度以及對團體的認同程度。例如願與他人合作完成工作、與他人相處和諧、以團隊的目標而非以個人的目標為先、尊重團隊的決定、對團隊有正面影響、配合組織人力的有效運用及積極參與、對建設性意見的接納，建立關係融洽之工作團隊，主動合作，不因個人而影響到整體運作。
對工作的忠誠度	工作的熱衷與全力投入。例如保持勤勉、敬業的精神，良好的出勤狀況、維持工作的規律性、具責任感、致力於提高工作水準。
對公司的向心力	從公司經營角度著眼，將公司的經營目標當作自己的事業來經營；保持積極敬業的精神，具責任感，致力於提高工作水準；接受公司的經營目標、政策、規定，並適時提出建設性的意見；慎用公司資源（設備、工具、物料、時間、經費等）；對工作的忠誠度，謹守言行一致，誠實不阿；保持勤勉、良好的出勤狀況。
工作的效率	針對所完成的工作質與量加以考評。掌握時間及進度，使工作按部就班順利完成；在過程中並能維持一定的產出效率，達到要求的品質標準，呈現穩定的高產能；能否如期並精確完成所交待之任務；能否在職責內規劃工作重點、制定進度、檢討工作並加以改善；能承受工作的負荷所帶來的壓力。
自動自發的能力	落實5S（整理、整頓、清潔、清掃、紀律）於工作中；瞭解公司各項制度規章並願意遵守；在不需要監督與支援的情況下，能自我驅策，獨力面對目標，自行開展來完成任務，主動改善工作方法或習慣，積極尋求更多的挑戰及責任，瞭解工作及公司規章並貫徹執行。
專業知識	具備工作上所需瞭解或知道的資訊與知識，以及工作上所需具備的技能、技術與技巧，以期任務可以有效地完成。例如專業知識、和工作相關的公司政策／規定、工作流程、工作方法、系統、設備、電腦技能、打字、檔案管理、機器操作；對於工作上所需專業知識及業務的全盤瞭解；能否承受工作的艱難及緊迫所帶來的壓力。
品德操守	包括服務、負責、操守、忠貞等綜合表現；處理工作時，在素質上應達到何種要求。

資料來源：丁志達主講（2014）。〈高績效目標管理與績效考核技巧〉講義。中國生產力中心編印。

二、行政人員的績效考核項目與指標

行政人員之考核表設計，因職種的不同，會有一些特殊性的考核項目，例如醫院之個案管理師，此職位係接受過個案管理訓練的人員，負責與醫師、醫療小組及病人協調、溝通，訂出某種特定疾病之治療計畫與目標，並確保病人在住院期間內達成期望的目標。因此，個案管理師的考核項目，可能就要包括「工作範圍」、「醫療同仁」、「臨床資源」、「每日工作」、「每日病患數」、「護理過程」、「溝通技巧」、「教育」、「研究」等特質的檢核項目，才能真正達到考核的目標（**表 7-10**）。

表7-10 個案管理師績效考核檢核表

特質	項目	表現差	表現稍差	表現尚可	表現佳	表現極佳
工作範圍	1.是否獲得正確的資訊，完成臨床路徑					
	2.明瞭個案管理師的角色扮演					
	3.接受個案管理師的工作目標並付諸行動					
	4.病患的照護進度是依據臨床路徑的藍圖					
醫療同仁	1.協助其他的個案管理師					
	2.提供需要的照護技術性教導					
	3.單位同仁對其接受之程度					
	4.維護病患的照護品質					
臨床資源	1.護理人員主動提供相關資訊					
	2.醫師主動提供相關資訊					
每日工作	工作項目均是屬於職務相關的					
每日病患數	每日服務的病人數在量與質方面					
護理過程	1.依據個案管理步驟執行業務（評估、目標制定、擬定行動之計畫、評值其有效性）					
	2.照護的計畫依據臨床路徑藍圖之標準					
	3.照護的計畫對病患的合適性					

（續）表7-10　個案管理師績效考核檢核表

特質	項目	表現差	表現稍差	表現尚可	表現佳	表現極佳
溝通技巧	1.給予全責護士及其他的醫療工作人員，清楚、詳細的介紹「病患的照護計畫」					
	2.提供病患照護計畫執行之品質監測結果					
	3.運用非正式的溝通管道解決問題					
	4.獲得病患及家屬與照護計畫有關的資訊					
	5.運用溝通管道解決病患及家屬提出的問題（疾病或財務等）					
教育	提供護理人員在職教育的品質方面					
	1.課程內容的品質					
	2.時間安排的品質					
	3.符合需要性的品質					
	4.是否有效評值的品質					
研究	參與研究計畫的進行、收集資料等					

資料來源：李麗傳（1999）。〈個案管理師角色與功能〉。《護理雜誌》，1999年10月，第46卷，第5期，頁55-60。

　　企業常見的一般行政人員考核項目有：計劃與組織能力、獨立判斷與問題解決能力、創新與求新、工作相關的專業知識與技術、溝通協調能力、工作的產能等（**表7-11**）。

三、生產人員的績效考核項目與指標

　　生產人員的考核表設計，應以簡單、明瞭且在日常工作中可加以察覺的「工作品質」、「工作數量」、「團隊合作」、「出勤狀況」、「獎懲記錄」為設計重點，其績效評核內容與一般員工有所不同（**表7-12**）。

　　《論語‧魏靈公》：「工欲善其事，必先利其器」。生產線的從業人員與基層的一般行政人員是企業日常運作的主體，如何使這些為數不

表7-11　行政人員考核項目與指標

考核項目	指標
計劃與組織能力	1.具有安排程序及規劃工作的能力。 2.對於物料及設備能有效使用。 3.針對工作目標做有系統的行動計畫，使工作按部就班順利完成。
獨立判斷與問題解決能力	1.根據經驗、專業性，能對事實或意見加以掌握、分析，主動發掘問題、分析癥結所在，並找出適當方法及時妥善解決問題的能力。 2.是否能衡量事情輕重緩急，對進行之工作依緩急安排優先順序，有條理的加以整理。
創新與求新	具有創造或發展新觀念及主動推展新工作的能力。
工作相關的專業知識與技術	1.具備工作上所需瞭解廣面的知識與資訊，以及技術與技巧，以期任務可以有效地完成。 2.對於工作上所需專業知識及業務的全盤瞭解。
溝通協調能力	是否具有親和力，能否獲得同事的支持與信任，並能與各階層人士和睦相處，相互支援配合。
工作的產能	1.針對所完成的工作質與量加以考評。掌握時間及進度，按部就班順利完成。在過程中並能維持一定的產出效率，達到要求的品質標準，呈現穩定的高產能。 2.能否如期並精確完成所交待之任務。 3.能否在職責內計畫工作重點、制定進度、檢討工作並加以改善。

資料來源：丁志達主講（2014）。「高績效目標管理與績效考核技巧」講義。中國生產力中心編印。

少的工作人員，每日工作有幹勁、每天工作有產出、每人知道工作的方向，唯有靠明確的績效考核項目來引導，以竟其功。

第五節　績效考核的角色分工

　　員工績效考核要成功的達到考核的目的，它牽涉到人力資源部門人員對績效制度的整體、完善的規劃、協調與執行，管理人員能體認績效考核是協助各主管達成經營目標的工具，而員工本人則必須經常接受主管正

表7-12　生產人員考核項目與指標

項目	指標
工作品質	1.嚴格遵守工作規則，確保工作品質。 2.確保生產的進行，達到要求的產出。 3.對工具、儀器及材料能細心使用，維護並妥善保管。 4.對於主管交待的各項任務能如期的完成。 5.對環境，新製程或管理方式的適應力。 6.能提出改善品質或產量之建議。 7.能主動協助主管處理生產線上的問題。 8.正確、完整、有效率完成分內工作。 9.在某一時間內應完成無瑕疵的產量。 10.對於所指派工作均能按照作業標準正確的做到。
工作數量	1.在某一時段應完成的工作數量。 2.確實的工作數量是多少？ 3.達成規定工作職務、責任與目標的勤勉程度。
團隊合作	1.願意協助他人完成工作。 2.能夠以正面積極的態度與他人交往，完成工作。 3.願意接受同事的建議，作為改進自我的依據。 4.能夠在本分內的工作外，學習其他新的技能或知識。
出勤狀況	1.依實際出勤狀況考核。 2.請假紀錄如何。
獎懲記錄	考核該員工在當年度內受到獎勵、處罰的情形。

資料來源：丁志達主講（2014）。「高績效目標管理與績效考核技巧」講義。中
國生產力中心編印。

式與非正式的指導，才能在工作上「百尺竿頭，再進一步」。所謂「萬事
起頭難」，人力資源部門是績效考核方針的「領航者」，在角色的扮演上
就顯得格外重要。

一、人資人員的職責

　　人資人員必須對人類行為和激勵理論有充分的瞭解。何事能激勵員
工獲得更好的績效，使員工樂意接受新角色和責任？何事能刺激員工獲得
新技術和能力，使員工能支援組織達成目標？

有效率的人資人員會考量所有的激勵因素、創新制度、政策等,以支持公司未來的成長。這些新制度、新政策能讓員工接納組織的態度、信仰和價值觀,然後產生公司所需的行為與能力,同時經過人力資源管理的協助,可以將這些特質深植於組織意識內,再反應於個人的工作表現上。因此,人資人員在績效管理的工作領域上之職責有:

1. 人資人員必須創造一些制度,容許員工討論自己的角色,也能讓他們提供建議,改善自己的績效。
2. 人資人員必須瞭解企業文化,知道什麼樣的行為會得到同事的讚賞。如何讓員工有歸屬感,以身為團隊一員為榮?怎麼樣才能獲得員工的忠誠?
3. 人資人員之任務是在影響員工行為和提升組織的競爭優勢,為績效考核制定政策與提供諮詢。
4. 擬妥各項詳細表單和程序(設計正式的績效評估制度並選用合適的評估方法),好讓各主管做成最後的評估決策,並堅持所有的部門均應統一使用。
5. 負責訓練督導人員,以提高他們的評估能力。
6. 負責監督評估制度之運作,特別是確保評估用的表格和評估準則不會過時。
7. 在正式評估時,人資人員的主要責任在於幫助主管有效執行評估工作,包括:
   (1)設計及維持績效評估制度:人資人員負責整個組織評估系統之設計與維持,包括決定評估的方法與時間,並從實際執行評估的部門主管,針對制度缺失所提出之改進建議來修正此制度。
   (2)建立正式報告的系統:正式評估制度應規定評估結果的回饋對象。一般而言,評估結果同時報告給直屬上司與部門主管,以作為該員工的發展、升遷與調薪之依據;但也應回饋給員工本人,使其有機會針對被評估而不滿意的部分做說明,並作為改

進之依據。

(3)確定評估與結果報告的及時性：維持報告制度，以確保能及時
完成評估。評估的結果應及時回饋給員工，一般法則為不能超
過一個月，否則就失去評估的功能。

(4)訓練評估人員：負責評估的人員視所用的評估方法之不同而不
同，一般皆由部門的直屬上司做評估，偶爾也由同儕做評估。
不論誰執行此工作，大都不是專業的評估人員。因此，人資人
員應負責訓練評估人員，包括評估目的的解說、評估工具的使
用與回饋面談的練習等。

二、主管人員的職責

　　評估員工的績效是主管的一項重要職責，有責任依據實情完成評估
員工的績效文件，並要熟悉採用的評估術，也要瞭解會導致評估制度失敗
的問題，以達到在績效考核過程中的公平、客觀的地步，並且與員工審查

範例7-5

IBM塑造高績效文化的做法

做法	說明
傳播媒介	人資人員時時對員工宣傳高績效文化的好處，並說明公司為什麼要採取這樣的政策與塑造這樣的文化？
訓練	人資人員提供各式各樣的訓練，幫助員工更瞭解公司的改變，只怕員工不來學，不怕沒有東西可學。
管制	當宣導與訓練都無法讓員工改變認同公司的文化，當所有可能性都試過後，員工仍不願意融入新文化、新制度，此時，人資人員就必須扮演執法的角色。

資料來源：王碧霞（1999）。〈IBM創造高績效文化的考績制度〉。《能力雜誌》，總號第519期（1999年5月號），頁43。

面談後，將考核資料送回人力資源部門。

　　身為一位主管，有責任去幫助部屬瞭解並改正部屬在工作場合所遭遇的任何問題。主管在辦理績效考核之先，應對部屬的工作性質與工作能力有充分的瞭解，才不致失去績效考核的方向，如對部屬的工作沒有適當的配置（適才適所），而僅在考核工作上挑剔部屬的毛病，這是不盡責任的做法。

(一)瞭解部屬的工作性質

　　主管要瞭解部屬的工作性質，則從下列方向著手：

1.工作知識水準：技術、知識等。

2.工作所需的經驗：技術、感覺度、要領等。

3.完成工作所需的體力：性別、年齡、體質分析等。

(二)瞭解部屬的工作能力

　　主管要瞭解部屬的工作能力，應從下列方向著手：

1.工作所需的知識水準：技術、知識深度與幅度等。

2.工作所需的技術：技術、經驗是否高超等。

3.工作所需的體力水準：從體型、年齡及經歷等加以觀察。

4.工作應付的能力：判斷力、計劃、準確性、速度等。

5.與上級主管及同事間的相處能力：人格、性格特質等。

6.工作熱忱度：工作意願、積極性等。

　　透過績效評估管理，管理者能進一步瞭解部屬，包括部屬的認知、意願、希望與擔憂的事項，增加彼此的互動，並得以全面地衡量部屬的績效表現，以作為考核的依據。此外，由於公司目標、主管期望與員工本身自我認知不盡相同，透過績效考核管理，更能進一步釐清目標與期望，並加強員工的動機，同時也是確認、調整與改變部屬工作的良好時機。

範例7-6

正常下班列為KPI

為讓員工正常作息，台積電各廠正實施「八〇八專案」，管控工程師每週工時以五十小時為上限。為此，各廠傍晚六點多會用音樂和廣播提醒「下班時間到了」，好在晚上八點前讓八成工程師下班，各廠長督導工程師正常下班也被列為工作績效考評（KPI）項目。

台積電竹科廠資深工程師說，為了落實正常下班的政策，台積電已採取多項檢討措施，包括減少會議次數和縮短開會時間。他說，這項措施的確讓很多工程師開始檢討自己的工作效率和方法，但至今還是有許多人無法在下班前做完工作，只好提前上班，「公司只規定下班時間，沒說不能早點上班」。

台積電工時向來採責任制，但當接單暢旺時，多數工程師都自願加班，一天上班十二小時以上是家常便飯。

資料來源：鄭朝陽（2010）。〈正常下班列為KPI 台積電06:30pm播晚安曲〉。《聯合報》，2010/09/27，A2版。

三、員工的角色定位

績效考核的最終對象是員工本人。一位負責任的員工，應該隨時隨地為自己工作的表現付出心力，努力以赴。但是在工作時，有些外在環境因素的改變，員工並不會馬上得知，此時需要主管給予指導，才能掌握正確的工作方向，如期達成目標。

就員工而言，績效評估管理的效益，可以更瞭解企業對員工的期望與認知之間的差距，同時更是員工向上級主管作全面溝通的良好機會。雖然溝通是單一項目的，但員工卻可藉此對組織有全面、通盤的瞭解，更深入企業文化，並從主管處獲得更有建設性的回饋，更是員工獲悉自身

範例7-7

（機構銜）職員績效評估考核辦法

第一條：為增進主管與部屬之溝通與暸解，激勵士氣，增進工作效率，訂定工業技術研究院職員績效評估考核辦法。

第二條：本院職員應於每一會計年度開始前，與其直屬主管設定其年度內工作目標及預期工作成果，記載於績效評估表，作為當年度工作之依據。

年度中如工作目標有更改時，並隨時與主管共同修正其績效評估表。

第三條：每一會計年度結束前，由直屬主管依據績效評估表所列各項工作目標詳予評估，如部屬參與其他計畫或部門工作者，並徵詢有關主管之意見。直屬主管依據各項工作目標評估後，予以總評，按遠超目標（A），超出目標（B），達成目標（M），部分未達目標（C），及表現不適當（D）五級評定。

第四條：本院職員之考核，除依據工作績效之評估外，並應將團體績效、合作精神、工作態度、發展潛力及其他相關因素，同時列入考慮。

第五條：為求職員績效之相互比較、及考核水準之公平劃一，各單位應將所屬職員，按各職級分別作年度考核排名。排名時並區分為優、甲、乙、丙、丁五等。

第六條：排名之方法為每一部門同一職級人數在二十員以上時，由部門主管先作順序排名，每一部門同一職級人員未達二十員時，由各單位主管得在公平與合理之原則下，可指定業務性質相近之部門，合併排名。上一級部門主管會同各部門主管對各部門同一職級人員作檢討，並作再次等第區分之調整及排名。最後由單位主管就同一職級各等第人數比例之分布，

按排名檢討後，予以調整，決定各職員考核等第。

第七條：考核等第人數之分布，訂定為：

優等10%　甲等20%　乙等40%　丙等20%　丁等10%

前項比例，當年度情況特殊之單位，得由單位主管報請院長核定調整之。

第八：考核之等第及排名，為議薪之依據。

第九：本辦法經院長核定公布後施行。

資料來源：工業技術研究院。

優、缺點的機會，得以獲得一套更具體的自我發展計畫，或就自我規劃做進一步修正，契合企業未來發展目標。

綜合所述，為使績效評估有效發揮功能，人資人員、主管及員工三方面對績效評估各有其重要的角色與責任（**表7-13**）。

結　語

沒有一種評量制度是完美的，重點在於必須和公司追求的目標與價值一致。就組織而言，績效評估管理最重要的是可以有效改進組織的整體績效，促進公司內部的溝通，藉此破解組織內部長期隱藏的弊病，有效增進組織目標的一致性，使員工與公司的目標一致，減少偏差，更能夠加強員工的工作動機。因不管是傳統或新興企業，各部門各職位的績效管理都圍著「公司目標」為何？如何訂定「績效標準」？如何推行「績效考核制度」？由誰去「考核與評鑑」？如何「改善績效」？等問題。所以一個好的績效考核制度，如何使上述問題得到答案，其就可稱得上是好的「績效管理」了（葉忠編著，2012：331）。

表7-13　績效評估與回饋相關的角色與責任

主管	人力資源部門	員工
1.與人力資源部門和員工發展有效的績效衡量指標。 2.避免績效評估錯誤。 3.落實並正確記錄績效結果。 4.給予員工建設性的回饋。 5.使用績效資訊決策。 6.診斷個人和團隊績效不佳的原因。 7.與員工合作發展績效改進策略。 8.提供改進所需的資源或移除障礙。	1.與直線主管合作提供工作分析資料，以發展有效的績效衡量指標。 2.訓練負責評估績效的人員，以避免評估錯誤。 3.協調績效評估與回饋的行政層面。 4.監控管理決策以確保績效導向。 5.確保經理人和員工知道所有改善績效不佳的方法。 6.提供主管與員工所需協助。	1.與直線主管和人力資源部門合作發展績效衡量指標。 2.參與自我評估。 3.尋求和接受建設性的回饋。 4.正確瞭解績效期望和標準。 5.學習診斷自我與團隊績效不佳的原因。 6.與經理人合作發展績效改進策略。 7.發展目標設定和自我管理技能。

資料來源：王喻平、趙必孝譯（2007）。R. S. Schuler、S. E. Jackson著。《人力資源管理》。滄海書局／引自：林燦瑩、鄭瀛川、金傳蓬（2013）。《人力資源管理：理論與實務》，頁213。雙葉書廊。

Chapter

8

績效考核制度設計

有作為的經營者都會採用人事考核制度，努力對員工的能力和業績做出客觀而公正的評價。

——日本企業家松下幸之助

美日薪資給付觀念差異

索尼公司（Sony）的共同創辦人盛田昭夫在《實力主義論》一書中提到，在日本家庭給小孩的零用金，係按照他讀的學校年級來逐步增加零用金，例如：小學生每月給100元；國中生給200元；高中生給500元；大學生給1,000元，這種方式演變成「年功序制」，在這種環境下成長的小孩，認為年齡的增長而加薪是理所當然的。

在美國的家庭則稍有不同，當小孩要求零用金時，父母就會給他一些工作去做，再給他酬勞，多做工作就多給零用金，不工作就不給零用金，多用智慧及技術收入就增加，這種家庭教育結果，導致美式管理上重視「成果導向」，工作人員就會認真的考慮如何發揮自己的專長。

【啟示錄】績效管理有多重的目的，除了對員工「加官」（升遷）、「晉祿」（加薪）外，更重要的是「培育塑造」的功能。

資料來源：丁志達整理。

成功的績效管理制度，是確保組織目標達成的重要工具，透過有效績效管理制度的訂定，將能協助員工發揮最大潛力並挑戰更高目標，將每位員工的績效成果與經營策略連結，並啟動高績效的正面循環，進一步打造高績效、高產能團隊。

企業管理顧問肯‧布蘭佳（Ken Blanchard）說：「我經常在演講時，藉機問我的聽眾，他們對年終考核的想法，然後多半的反應只是一陣苦笑，絕少給以正面的評價，反倒覺得績效評估不過是公司內部的政治遊戲，唯一會對該制度感到興奮認同的，大概只剩下公司裡設計考核的那些人了，絕大多數的員工不是感到痛恨，就是根本漠不關心。」布蘭佳認

為，好的績效管理制度應包括三個階段：績效規劃（包括設定績效的方法與目標）、日常訓練與指導（如何幫助屬下達成目標）及績效評估（依達成目標的程度加以考核績效）（布蘭佳專欄，1994）。

 ## 第一節　績效考核制度設計的特性

「打考績」的積極目的，是一種「激勵」，期許部屬在自省驅策下，提升現有的績效，不斷追求任務（目標）的達成。不管是營業性或非營業性的企業組織，都會面臨一個共同的問題，就是如何有效率地評估、運用及發展員工的工作能力與技巧，以達成組織目標。除此之外，還需考量員工對組織貢獻的同時，如何從工作上獲得內在與外在最大的滿足。隨著市場競爭加劇，企業尋求生存的唯一利基在於提升組織效能，也因此使得績效評估與管理工作日受重視（李誠主編，2000：107）。

一、績效考核制度的5W1H原則

考慮到績效考核的重要性，必須確保考核系統從上到下運轉良好，才會使組織獲益。企業在設計績效考核制度之前，可用英文的5W1H開頭的字母來導入績效考核制度的做法：

1.Why？為什麼要進行績效評核？（目的）
2.What？在績效評核中我們應該評核什麼？（考核項目、評估分類、評估要素）
3.How？我們應該怎麼實施績效評核？（作業流程、評估階段、評估方法）
4.Who？應該由誰來評估員工的工作績效？（考核層級、考核者、被考核者）

表8-1　人事考核制度的5W1H原則

評估項目		評估內容
Why	目的	加薪、獎勵、晉級、升職、人事安排、人事調動、能力開發、培養、適合性的掌握
Who	考核者 被考核者	• 第一次考核者、第二次考核者等評估階段分類 • 新進員工、骨幹員工等階層分類 • 營業、技能、事務等職業種類分類、職務分類及職能資格等級分類（地區分類）等
When	對象期間	六個月、一年等
What	評估分類 評估要素	• 能力、業績、熱情、態度考核等考核項目 • 銷售額、利潤等具體成果、目標的完成情況、知識、技能、企劃能力、判斷能力、紀律性、協調性等考核要素
How	評估階段 評估方法	• 七階段、六階段、五階段、四階段、三階段等 • 絕對評估、相對評估、自我評估等
Where	行為場所	只限於完成職務的工作崗位

資料來源：蘇德華、張貴芳譯（2000）。松田憲二著。《發現好員工：正確評估員工績效》。漢湘文化事業公司。

5.When？應該在什麼時候或間隔多長時間進行績效評核？（時效性、對象期間）

6.Where？在什麼場所、時間點進行考核？（行為場所）（**表8-1**）

二、績效考核制度設計之特性

設計績效考核制度，必須注意其相關性（Relevance）、敏感性（Sensitivity）、可靠性（Reliability）、可接受性（Acceptability）、實踐性（Practicality）、客觀性（Objectivity）、公正性（Fairness）、透明性（Transparency）和具附加原則性（Additive Principle）的特性，才不會偏之一隅。

1.相關性：係指某一特定工作的績效標準與組織目標有明確的關聯，經由工作分析即可瞭解其間的明確關聯。

2.敏感性：係指績效考核制度能夠考核出受評者之工作效率。

3.可靠性：係指判斷與評核的一致性。制度執行與落實方面的必要條件。

4.可接受性：係指人力資源管理制度必須深獲員工的支持。

5.實踐性：係指該評核工具對於主管和員工都是容易瞭解與容易使用的。

6.客觀性：係指公平的評核必須具有客觀性，且為員工所瞭解與認同。

7.公正性：係指評核的結果不因人而異，不會產生偏誤。

8.透明性：係指評核之規則、標準以及結果必須對受評者公開，俾利其瞭解制度的內容。

9.具附加原則性：係指鼓勵員工勇於創新，且無懼於失敗。

設計一系列能夠清晰體現公平和全面的績效考核表，應該有簡明、標準的評分方法，並且可以衡量針對每個職位及所有員工所要求的關鍵勝任能力因素，還要給個人留下足夠的空間，可以在每個評分後面寫下相關評述。

 ## 第二節　績效考核制度設計的步驟

績效考核制度要落實在日常的工作行為上，在設計績效考核制度時，其步驟有：分析公司組織、建立績效考核之工作要領、績效考核辦法規劃要項、制定績效考核制度之作業流程等四項（**表8-2**）。

一、分析公司組織

在分析公司組織方面，必須注意的事項有：

表8-2 設計績效考核必備條件

> 1.清楚地與公司策略連接，並能整合相關制度〈如公司營運週期、績效管理、調薪等〉。
> 2.高階主管之參與及充分支持。
> 3.績效考核與方針管理或目標管理要一致。
> 4.主管與部屬要事先訂定的工作規劃，並在事中、事後能加以檢討。
> 5.有多方面的績效評估構面。
> 6.與獎勵、懲罰密切接合。
> 7.澈底的溝通與訓練。

資料來源：丁志達主講（2019）。「績效考核與目標管理訓練班」講義。台灣科學工業園區科學工業同業公會編印。

1.公司在產業別的定位。

2.公司組織功能（製造、銷售、研發、行政、財務）型態。

3.組織成員（博士、碩士、大專、高職）分布比率。

4.職位類別（高階主管、中階主管、專業人員、技術人員、作業人員）。

5.瞭解組織核心職位所需具備的職能。

二、建立績效考核之工作要領

在建立績效考核之工作要領時注意事項：

1.與高階主管溝通觀念。

2.訓練中階、基層主管如何去執行。

3.在新生訓練時，讓新進員工瞭解此制度的運作。

三、績效考核辦法規劃要項

績效考核之實施有賴於完善之績效考核辦法之訂定，其規劃要有：

1.宗旨。

2.目的。

3.適用範圍。

4.評估類別與時段。

5.評估表格與考核項目。

6.考核的標準。

7.評估者審核層次規定。

8.績效考核流程作業。

9.考核等第分類。

10.考核等第人數分配。

11.考核評等的規範（異常管理）。

12.獎懲、考勤加扣分計算標準。

13.緩辦績效考核員工之類別。

14.調薪限制。

15.未達績效標準員工之處理。

16.申訴管道。

17.考核資料保存。

18.實施日期。

四、制定績效考核制度之流程作業

為促使績效考核制度能落實在員工日常的工作行為上，績效考核制度之制定，成了相當重要的一環。茲列舉其作業流程的相關要項以供參考：

1.確定績效考核使用的目的：
   (1)人事決策：績效調薪、升遷、懲罰等。
   (2)員工輔導：職涯規劃、訓練、工作改善等。

(3)混和式的目的：人事決策與員工輔導。

2.工作（職務）說明書的撰寫等。

3.調查各相關同業績效考核項目。

4.確定績效考核方法採用的類別（評定量表法、員工比較法、目標管理法、多元績效回饋法、自我評量法、小組評論法、混合式法）。

5.決定混和式（個人特質、工作行為、工作成果）績效考核標準之分配比率：

(1)個人特質占總分之百分比率。

(2)工作行為占總分之百分比率。

(3)工作成果占總分之百分比率。

6.確定各職別考核項目：

(1)推選各職位主管代表（每類職位約七至九位），徵詢每位代表圈選8～10項考核項目與給分標準（每類職位至少提供12～15項可供選擇的項目）。

(2)承辦單位分析調查樣本中各類職位考核績效項目後，篩選7～10項作為指標。

(3)擬定採用各考核工作項目的定義。

(4)徵詢各代表之意見並修正。

(5)完成考核工作項目定義與給分標準並簽准定案。

7.確定考核等級之分類（三等級至七等級）。

8.確定各考核等級之明確定義。

9.確定考勤、獎懲加扣分的規則。

10.確定績效考核週期，是採取一年一次、一年二次、每季一次，或以專案方式辦理。

11.確定評核者之審核層級及其申訴管道：

(1)成立考核評審委員會：考核評審委員會成員視企業規模而定，委員人數以五至十三人為宜，其任務有：

・選定考核項目及其配分。

　　・各單位員工考核之覆核。

　　・考績申訴案件之受理。

　　・改進考核辦法之建議。

(2)填寫考核表：每一受考評人均須有一張考核表，先自我評量後再送交直屬主管評等（分）及加註評語。

(3)逐級考核：基層主管最瞭解部屬之工作情形，第一層級的考核應由直屬主管擔當，再由第二層級主管覆核。

(4)考核評審委員會之評審：最佳與最差員工之考核資料應提報評審委員會討論，使各單位間之評核基準有其一致性。

(5)首長之核定：首長之核定，如無特殊情形自應尊重評審委員會之決定，如有異議時，可交還考核評審委員會覆議，以昭慎重。

(6)考績結果轉知：考核結果核定後即為定案，由直屬主管擇定日期約談員工，舉行績效面談。

(7)考核之申訴：員工對績效考核之結果，如認為有欠公允而有異議時，可以書面陳述事實與檢附資料，適時向考核委員會申訴裁奪。

(8)考核結果之執行：員工之考核結果核定後，應依考核之目的作為人事決策或員工職涯發展之用。

12.決定績效考核表設計架構：

(1)登錄員工的個人資料（如員工編號、姓名、部門、職稱）、考核期間、到職日期及擔任現職的期間。

(2)考核員工工作計畫的要項、詳細說明及其重要性。

(3)員工考核的結果（評分與等第）。

(4)員工的優點（潛力評估）、缺點（尚待改善），以及員工諮詢、發展計畫。

(5)訓練職涯發展計畫。

(6)績效面談記錄欄。

(7)員工與其主管的簽名處（表示雙方對考核結果已經面談過）與備註欄。

13.確定全公司績效考核作業的起迄時間，以控制時效。

範例8-1

（機關銜）員工績效管理工作實施細則

第一章　總則

第一條　為加強分行員工績效管理，激發員工工作熱情，促進員工個人職業發展與我行戰略目標的和諧統一，建設分行績效管理文化氛圍，根據總行○○人字○○號《中國○○銀行員工績效管理工作指引（暫行）》的文件精神，特制定本實施細則。

第二條　員工績效管理應遵循以下原則：

1.績效目標必須服從和服務於我行戰略目標的實現。

2.績效跟蹤必須注重過程導向，關注員工成長，強化對員工的績效輔導。

3.績效評價必須做到公平、公正、公開，與晉升、獎懲相結合。

4.績效管理必須全員參與，分級執行，保證持續優化和改進。

第三條　本辦法適用於全行正式員工。

第二章　績效管理的體系和職責分工

第四條　員工績效管理指管理者與員工之間設定績效目標與促進目標達到的全過程。主要分為績效目標的設定、績效跟蹤與輔導、績效考評與兌現、績效優化與改進四個環節。

第五條　本行員工績效管理要求全員參與、分級實施，人力資源部負責組織工作。

(一)分管行長職責

1.負責全行員工績效管理工作研究與政策調整。

2.負責指導、監督人力資源部及各部門績效管理執行規範。

3.負責分管中級管理人員（限部門負責人）績效管理。

(二)各部門負責人職責

1.按照逐級管理的原則，負責全面實施本部門員工績效管理流程。

    (1)負責在充分溝通的基礎上，制定員工績效目標。

    (2)負責跟蹤和輔導員工績效，記錄和管理績效檔案。

    (3)負責實施員工績效考核、績效面談和績效結果回饋。

    (4)負責幫助員工尋找差距和不足，制訂員工下一年度績效提升改進
        計畫。

2.負責接受分管行長和人力資源部關於績效管理的監督、指導，並不
斷優化和改進本部門績效管理。

(三)人力資源部職責

1.負責制定分行員工績效管理實施細則，並向總行報備。

2.負責組織分行各部門實施員工績效管理，並監督其實施情況。

3.負責員工績效檔案的建立與管理。

4.負責組織員工年度績效考評，匯總和審核分行各部門員工年度績效
考評情況，提出考核結果運用方案，報分行黨委確定最終結果。

5.負責匯總中級以上管理職務人員考核結果，以書面形式向總行報
備。

6.負責按照績效考評結果完成人事檔案登記、行員等級調整、績效工
資發放、職位調整等工作。

7.負責在許可權範圍內受理員工關於績效考評的異議，並將調查匯總
情況呈報主管行長最終裁決。

第六條　人力資源部必須建立員工績效檔案，根據績效管理流程指定
專人記錄和管理。績效檔案包括但不限於員工績效目標書、績效跟蹤

與輔導記錄、階段性總結和工作述職報告、績效考評記錄、績效改善與提升計畫等。

第三章　績效目標的設定

第七條　員工績效目標設置應明確具體並富有挑戰性，體現「德、能、勤、績」四個方面，包括綜合發展目標和職位績效目標。

第八條　綜合發展目標以「德、能、勤」為核心，體現工作態度和工作能力，按是否擔任管理職務分為不同的績效目標：

1.擔任管理職務人員綜合發展目標內容為：品行作風、政策理解執行力、業務能力、溝通協調能力、團隊培養能力、工作態度、創新能力和進取意識等項。

2.非管理職務人員綜合發展目標內容為：品行作風、工作態度、團結協作、業務能力、創新能力和進取意識等項。

第九條　職位績效目標以「績」為核心，體現工作結果，是指基於本機構戰略目標、年度經營計畫、業務流程等層層對應、關聯分解至職位職責，體現時間、數量、成本、品質等方面的工作要求。

第十條　員工績效目標設置應根據各層次職位要求和職能不同進行差別化設定，並將個人綜合發展目標和職位績效目標轉化為一系列可以量化或能以典型行為概率衡量的關鍵績效指標（KPI）。

第十一條　員工績效目標應由部門負責人或員工直接主管制定（由直接主管制定的須經部門負責人審定），並於績效考核年度初始與員工進行充分溝通，員工可就績效目標提出異議，雙方達成一致後以《員工績效目標書》的形式簽字確認並存檔。

第四章　績效跟蹤與輔導

第十二條　按照逐級管理的原則，由分管行長擔任部門負責人績效輔導員；部門負責人或直接主管擔任員工績效輔導員，也可根據部門情況指派專人擔任，負責跟蹤和輔導員工績效。

第十三條　績效輔導員負責根據《員工績效目標書》，及時跟蹤員工績效實現情況，詳細記錄量化績效資訊或績效行為事件，完成《員工績效跟蹤記錄表》。

第十四條　績效輔導員應就員工績效執行情況，按季度與員工進行績效溝通，預測分析員工績效目標可能實現的偏差：

1.員工績效目標設置合理的，應加強對員工的專業培訓和輔導，與員工共同查找解決方案，鼓勵其改進績效，最終達成目標。

2.員工績效目標設置不合理的，應在確保本機構績效目標完成的前提下對員工績效目標進行適當調整，由本機構負責人和上級主管審批後執行。

第十五條　績效輔導採用績效面談、技能培訓、經驗分享、知識拓展等方式進行，有針對性地幫助員工彌補差距和不足，順利完成績效目標。

第十六條　績效輔導員可就本機構績效執行情況，要求員工進行階段性目標總結，並負責保存員工績效跟蹤與輔導檔案，作為績效考核評價的重要依據。

第五章　績效考評與兌現

第十七條　考核頻率和兌現方式：

員工績效考核分為日常考核、季度考核、年度綜合考核以及聘期考核。

1.日常考核主要針對員工平時事務性工作進行不定期評價，考核結果應用於綜合考核評價。

2.季度考核主要是員工職位績效目標階段性考核，考核在季度結束後次月進行，考核結果應用於業績薪資或其他成效性薪資再分配（按職位績效目標達成率或貢獻度再作分配），並作為年度綜合考核中職位績效考核依據。

3.年度綜合考核是對員工職位績效目標和綜合發展目標的整體評價，

考核在次年度1月進行。考核結果應用於行員等級調整、職位調整、晉升淘汰、評先選優、境內外培訓、貢獻積分等。其中行員等級調整原則為：

(1)年度綜合考核為「優秀」的員工，可晉升2檔；連續兩年綜合考核為「良好」的員工，可晉升1檔。但中級管理人員不得超過5級1檔，市場行銷類職位人員不得超過6級1檔，其他非市場行銷類職位人員不得超過6級5檔。

(2)年度綜合考核為「基本合格」的員工，下調1檔；年度綜合考核為「不合格」的員工，下調1級，經過培訓或者調整工作職位，仍不能勝任工作的，解除勞動合同。

(3)根據行員等級管理許可權，超許可權範圍的行員等級調整須經總行審批後方可調整。

4.聘期考核是對管理或專業技術職務職位聘任期間職位績效目標和綜合發展目標的整體評價，在聘期結束前一個月完成，作為續聘、解聘、職位調整的依據。

第十八條　季度考核以職位績效目標為主要內容，由績效輔導員根據員工工作資料和效果，對員工季度績效目標達成率進行評價打分，完成《員工職位績效目標評價表》。

第十九條　年度綜合考核、聘期考核必須包括職位績效目標和綜合發展目標兩部分評價，完成《員工年度綜合考核／聘期考核評價表》。對不同職位序列類別分別設置不同的職位績效目標和綜合發展目標考核占比。

中級管理人員（特別助理以上，下同）年度綜合考核：職位績效目標分值占比50%，綜合發展目標分值占比50%。

員工（含初級管理人員）年度綜合考核：管理類職位績效目標分值占比50%，綜合發展目標分值占比50%；專業技術類和運營操作類職位

績效目標分值占比60%，綜合發展目標分值占比40%；市場行銷類職位績效目標分值占比70%，綜合發展目標分值占比30%。

第二十條　年度綜合考核評價方式

1. 中級管理人員年度考核評價。職位績效目標評價由績效輔導員（即分管行長）按中級管理人員既定績效目標完成率評價或參照一級部門綜合考核得分情況評價，包括對所分管部門非正職中級管理人員。

綜合發展目標評價採用360度評價方式，由行領導評價、相關部門互評、班子成員互評和員工民主評價組成，考核權重分布：

相關部門互評、班子成員互評和員工民主評價組成，考核權重分布：

評價組成	行領導評價	相關部門互評	班子成員互評	員工民主評價
評價權重	30%	30%	10%	30%

註：1.行領導評價權重＝行長40%＋分管行長40%＋非分管行長20%。
　　2.被考核部門無副職時，班子成員互評權重分配至員工民主評價。
　　3.相關部門互評參加範圍及權重根據業務關聯度確定。

2. 員工（含初級管理人員）年度綜合考核由所在部門評價和業務管理部門評價組成，考核權重分布：

員工職位序列	所在部門	業務管理部門	
公司銀行管理類職位	70%	分管行長30%	
零售銀行管理類職位	70%	分管行長30%	
管控部門管理類職位	70%	分管行長30%	
運營部門管理類職位	70%	分管行長30%	
金融部門銷售類職位	70%	公司銀行管理部30%	
零售支行銷售類職位	70%	市場行銷部20%	財富管理部10%
零售支行理財類職位	70%	財富管理部20%	市場行銷部10%
零售支行服務類職位	70%	運營保障部30%	
零售支行行政類職位	70%	分行辦公室15%	分行保衛處15%
零售支行會計類職位	70%	會計結算部30%	
零售資產業務類職位	60%	個貸管理部40%	

註：1.如對口業務管理部門調整的根據調整後業務管理關聯度確定。
　　2.同類職位中存在可分類的，應再分類。
　　3.職位及所在部門以年度終了時為準，涉及跨部門調動的，原部門負責人應
　　　主動向新部門負責人介紹調動員工的工作情況，提出考核意見。
　　4.資產團隊負責人的考核權重為個貸管理部70%，分管行長30%。
　　5.所在部門評分的標準差異以同條線評分平均值作修正。
　　6.業務管理部門的考核標準根據各職位序列相關考核辦法確定。

所在部門考核可由部門負責人評價、直接主管評價（如有）和員工互評組成，各部門根據實際情況自行確定考評組成及權重占比，對初級管理人員須經民主評價。

所在部門和業務管理部門對員工年度考核應同時兼顧職位績效目標評價和綜合發展目標評價，兩部分評價權重參照第十九條執行。

第二十一條　年度綜合考核流程

1.中級管理年度綜合考核：

(1)年度終了前，各中級管理人員撰寫《中級管理人員年度述職報告》，提交人力資源部，其中副職須經正職審閱。

(2)人力資源部於次年1月組織全行中級管理人員述職報告會，完成中級管理人員綜合發展目標評價之行領導評價和相關部門互評。

(3)人力資源部於次年1月組織各所在部門完成中級管理人員綜合發展目標評價之班子成員互評和員工民主評價。

(4)各中級管理人員績效輔導員（即分管行長）完成中級管理人員年度職位績效目標評價。

(5)人力資源部匯總計算年度綜合考核結果並根據中級管理人員所屬部門類別分線分層排名，結果提交分行黨委。

(6)分行黨委最終審定中級管理人員年度綜合考核結果。

(7)人力資源部向各部門回饋年度綜合考核結果。

2.員工（含初級管理人員）年度綜合考核：

(1)年度終了前，員工撰寫《職位員工年度工作總結報告》，經所在

部門審閱後，交人力資源部。

(2)各分管行長、所在部門、業務管理部門於次年五個工作日內，完成對所在部門、所管理業務條線職位員工年度綜合考核。

(3)人力資源部匯總計算員工年度綜合考核結果並分線分層排名，提交分行黨委。

(4)分行黨委最終審定員工年度綜合考核結果。

(5)人力資源部向各部門回饋年度綜合考核結果。

第二十二條　年度綜合考核結果分級和比例限定

考核「優秀」：人數比例不高於本機構總人數的15%

考核「良好」：人數比例不高於本機構總人數的20%

考核「合格」

考核「基本合格」

考核「不合格」

考核結果為「基本合格」和「不合格」合計人數比例原則上為本部門總人數的5～10%。

年度終了仍處試用期員工年度綜合考核結果視同合格；年度內受過總分行通報（含）以上處分的員工，年度考核結果不得為「優秀」和「良好」。

第二十三條　日常考核與季度考核由績效輔導員負責記錄考核結果，並保存相關績效文檔；年度綜合考核結果由人力資源部匯總和審核，報分行黨委審議通過後記錄員工績效檔案。

第六章　績效優化與改進

第二十四條　季度、年度考核結束後十個工作日內，績效輔導員應將考核結果回饋被考核員工，提出針對性的績效改進意見，指導員工制訂《員工績效提升與改進計畫》，並向人力資源部反映改進績效的培訓需求。人力資源部與各部門及員工充分溝通、掌握需求，制定並實施相應的培訓方案。

第二十五條　員工下一個考核期績效目標的設定，應著重參考績效提升改進計畫，績效輔導員應加強對員工績效改進方面的溝通與輔導。

第二十六條　在保障部門績效目標的前提下，部門負責人可根據員工績效考核與評定，結合員工特點與自我職業規劃，對員工進行職位輪換和調整，或向人力資源部提出輪職或調整建議，對員工進行多方面的職業能力培養。

第二十七條　人力資源部可定期下發調查問卷，鼓勵員工參與對績效管理流程的評價和建議，對績效管理不斷優化和改進。

第七章　附則

第二十八條　在績效管理與考核過程中，任何部門和個人不得弄虛作假或打擊報復，否則一經查實，將給予嚴肅處理。

第二十九條　本實施細則由人力資源部負責解釋和修訂。

第三十條　本實施細則自發文之日起執行，原相關制度與辦法同時廢止。

資料來源：中國○○銀行○○分行員工績效管理工作實施細則（暫行）

第三節　績效考核制度等第的設計

英特爾（Intel）公司的員工績效考核體系，採用排列法，評價週期是一年。員工的評價記錄載入檔案。對員工排序的方式，是主管人員在一起開會，對承擔相同工作的員工，根據他們對部門或組織的貢獻大小進行排序。英特爾的經驗是在一個考核單位中，包括的員工人數最好在十人到三十人。

在過去，英特爾係將員工區分為常見的Ａ、Ｂ、Ｃ、Ｄ、Ｅ五個等級，結果被評價為「Ｃ」的員工人數最多，但是他們並不被視為有成就的員

工，這嚴重影響了員工的心理。現在英特爾已將評價結果的五等級簡化為「傑出」、「成功」和「有待改進」三個層次，有效地克服了這一問題。

在英特爾，員工評價工作由一位「排序經理」（Ranking Manager）負責組織與實施，直到最後產生一份員工名次的「龍虎榜」（張一弛編著，1999：207）。

範例8-2

績效評估會議

主管每年一次要替屬下打考績、排名次。每個員工會收到對其表現所做的評等：分為優（Superior）、甲（Excellent）、乙（Satisfactory）、丙（Unsatisfactory）等四個等級。也會收到一個數字排名，顯示他們在整體組織裡與其他員工的相對位置。我（指：菲奧莉娜）記得初入社會，看過（AT&A）的上司和其他二級主管，一大早就進入一個房間，一日將盡才筋疲力盡地走出來。數週後上司會告訴我考績和排名的結果。我一直不太瞭解這個會是怎麼開的。整個過程好像非常重要，也相當神秘。

如今我當上二級主管，必須在會議上陳述我的部屬的工作表現。我準備得很仔細。寫下每個部屬的成就、長處和需要改進之處，同時請教別的二級主管，這種會議的進行程序。

一位主管陳述的是一個非常理性、周延的過程。主管在會議上報告所屬員工的工作情況，建議應給予什麼考績和排名。然後是集體討論，彼此就考績評等如何分配，以及每個員工在全公司的名次，達成最後協議，偶爾也會討論某個員工是否有潛力更上一層樓。這一切似乎都很合理，我們是專業經理人，聚集在一起討論我們共同負責的每一個部屬。我們一塊兒交換意見並做考量，最後取得共識，這也是會議之所以要開那麼久的原因。

　　另一位主管則陳述：「考績和排名會議就像一場大型討價還價會。每個主管都希望自己愈多部屬拿到最高等第愈好；否則，等輪到主管被打考績和排名時，在老闆面前也不好看。所以那個房間裡彼此都在競爭，如果想要有人幫你忙，你也要幫襯別人一下。」

　　我先行決定每個部屬應該得到什麼等第，再決定他們在那個等第裡屬於上、中、下哪一塊，我可以大概感覺到，他們應該排什麼名次。等到該我報告時，我把結論說得很清楚，並且始終不肯讓步。其他人或是好言爭取、或是哄騙威脅，也有人真的講道理，然後妥協。當大家開始相信我絕不會改變主意時，只有答應我的要求；若是說服不了他們，就要堅持得比他們久。不過開完會後我得到了想要的結果。

資料來源：程建崗文，〈讓員工發展助力企業贏得競爭優勢〉。《人力資源》，總第321期（2010/07），頁30。

一、考核等第定義參考用語

　　強迫分配法（Forced Distribution），係指在進行績效考核之前，已先定義好各等第（或各分數區間）的人員占比，考核者在考核時則要遵循此一占比調整其考核結果；通常在強迫分配中，中間的等第占較多的人數，前後兩端等第的人員則占比較少。

　　組織在績效管理的制度上採用強迫分配，不但可以解決主管在績效考核時標準太過寬鬆（將多數人員的成績打在相對高分的等第）、太過嚴苛（將多數人員的成績打在相對低分的等第）、或趨中（將多數人員的成績打在中間的等第）等偏誤，同時也可解決不同主管標準不一致、主管間評比的分數難以比較的問題（表8-3）。

　　績效考核等第的級數，因企業對其績效考核項目的設計、員工人數

表8-3 強迫排名 輔助績效評比

　　強迫排名的爭論，始於奇異公司2000年股東年報。當時的執行長威爾許解釋並讚揚這套該公司行之有年的制度。他在報告中寫道：「我們將公司員工分成三類，前20%、中間70%的高績效表現員工，以及最末端的10%。」他接著說明公司必須從心靈與薪資兩大層面，留住並培訓前20%的員工，同時解僱最後10%的員工，才能建立真正的菁英團隊。

　　這個流程的評量方式，是比較員工之間的績效，而非員工對於預定標準與目標的達成度。威爾許的公開背書與讚揚引發了全國性的爭論，大家都在問，這個方法對績效管理有何好處。對於強迫排名的反應幾乎是一面倒地看壞，批評者說每年找出並解僱組織內殿後的10%員工，不僅不切實際，而且不甚道德，因為這群人一直被告知自己的表現還可以接受。

　　因此，我希望透過本書讓讀者知道，強迫排名也能成為企業人才管理方法中重要的一環。幾乎每個組織都有績效評估制度，強迫排名只是輔助要件，而不是替代工具。這是相當嚴謹的流程，能區別出組織內的才能高低，並解決評等誇張不實或不一致等經常引起抱怨的問題。強迫排名能作為傳統績效評量結果的查核與平衡機制。

　　當然，要求經理人點出團隊裡特定比例的員工是「廢人」或「不適任」，他們一定會抗拒。其實，公司是要求他們在達成基本的績效滿意度與接受度的員工中，找出表現最佳與最差的人，而不是要求他們挑出表現低於標準的人，畢竟在所有接受評量的員工中，可能找不到任何一個人表現是完全滿意的。

　　一般認為排名掛車尾的員工一定表現不良，但事實並非如此。他們或許是廢人，但也可能是夢幻明星團隊裡的績優隊員。

　　老實說，我不認為強迫排名是萬靈丹，是每家公司都應採用的制度。絕對不是。我會解釋強迫排名適用於哪些狀況，並清楚說明在哪些情況下，採用其他人才管理方法是比較好的選擇。

資料來源：曾沁音譯（2006）。Dick Grot著。《強迫排名》。臉譜出版／生活大師專欄，《經濟日報》（2007/01/02），B4版。

多寡、行業別、產品別等考慮，而有不同的等第區分，一般以七等第至三等第最為常見。

(一)七等第的用語

1.表現傑出：表現出極少人有的優異績效。任務與責任的完成幾乎可說是盡善盡美，無可挑剔。

範例8-3

員工績效考核暨發展表

Badge No.工號＿＿＿＿＿＿＿＿＿＿＿＿＿Name姓名＿＿＿＿＿＿＿＿＿＿＿

Date of Hire到職日＿＿＿＿＿＿＿＿＿＿＿Department部門＿＿＿＿＿＿＿＿＿

Position Title職稱＿＿＿＿＿＿＿＿＿＿＿Period of Appraisal考核期間＿＿＿＿＿

I. PERFORMANCE RESULTES OF MAJOR RESPONSIBILITIES AND ASSIGNMENTS

　　主要責任及任務的執行狀況與完成結果　　　　　　　　　　　　　50%

Emphasize quality, timing, cost and profit contribution in meeting the position objectives.

強調其工作品質、時效、成本、貢獻是否達到該職位的目標。

A. Performance Results Description of major responsibilities and assignments 　主要完成的責任與指定任務　　　　　　　　　　　　　　　　　40%
A-1 Major performance achievements主要的成就： 　　評核其對公司與組織的貢獻成果，以及任務完成的成就。
A-2 Major areas to be improved最需加強或改進之處：
B. Special achievements（beyond normal assignment）特殊成就 （超出正常任務之外）　　　　　　　　　　　　　　　　　　　10%
（Identify the facts of the employee's special achievements beyond normal assignment.請具體說明該員工在正常任務之外的特別成就）

II. PERSONAL CAPABILITY EVALUATION個人能力評量

The evaluation is to examine the employee's job related capability.
依照目前及未來職務上所需要的條件,來測定員工所具有的能力。　　　　32%

Factors評量因素	Rating Score 高←——→低	Describe specific strengths/ weaknesses詳述特殊強處或弱點
Planning & Organizing Capability計畫與組織能力　　　　　　　　8% 針對工作做有系統的計畫與安排,掌握時間、進度、方法,使工作按部就班順利完成。有效地將任務加以整合,並將各種可運用的資源做最有效的分配,以期最短的時間獲致最大的成果。		
Independent Judgment & Problem Solving Capability獨立判斷與問題解決能力　8% 根據經驗、專業性,針對事實或意見加以掌握、分析,主動發掘問題、分析癥結所在,並找出適當方法及時妥善解決問題之能力。		
Job Related Professional Knowledge & Techniques工作相關的專業知識與技術　8% 具備工作上所需瞭解廣面的知識與資訊以及技術與技巧,以期任務可以有效地完成。		

III. INDIVIDUAL TRAIT EVALUATION個人特質評量

The evaluation is to examine the employee's traits affecting performance.
評估對績效有影響的個人特質。　　　　　　　　　　　　　　　　18%

Traits特質	Rating Score 高←——→低	Describe specific strengths/ weaknesses詳述特殊強處或弱點
Initiative自動自發　　　　　　　　　　　　　　　　　　　　　　6% 在不需監督與支持的情況之下,能自我驅策,獨立面對目標,自行開展來完成任務、主動改善工作方法／習慣、積極尋求更多的挑戰及責任。		
Team Work團隊合作　　　　　　　　　　　　　　　　　　　　　6% 對工作的熱忱與奉獻、對建設性意見的接納、對同事尊重、遵守管理階層所訂的政策、接受主管工作指導的態度良好、竭誠輔佐上司,以及在工作上與他人合作的情形及配合度。		
Business Sense & Positive Attitude to the Job & the Company對公司／工作具積極貢獻態度　　　　　　　　　　　　　　　　　　　　　　　6% 從公司經營角度著眼,將公司的事當作自己的事業來經營,保持積極敬業的精神、具責任感、致力於提高工作水準。		

IV. OVERALL PERFORMANCE SUMMARY整體績效評估結果

Total Score of Evaluation Result評量結果			
I. Performance Results 績效結果　50%	II. Personal Capability 個人能力　32%	III. Individual Traits 個人特質　18%	Total 總分
%	%	%	%

Based on total performance, check below that best describes the employee's overall performance.根據以上評量結果，請在下面勾出一項來表示該員工的整體績效。

1. Results very excep- tional 表現傑出	2. Results above standard 表現全超出 標準	3. Results Occasion- ally above standard 表現偶爾超 出標準	4. Results at Standard 表現在平均 標準	5. Results usually at standard 表現未全達 標準	6. Results close to standard 表現差	7. Results unsatisfac- tory 表現不及格
（91%-100%）	（84%-90%）	（77%-83%）	（70%-76%）	（60%-69%）	（50%-59%）	（Below 50%）

1. Noteworthy strong areas and potential個人特殊優點及潛能：
   (a) _____
   (b) _____
   (c) _____

2. Areas requiring more improvement個人需強化之處：
   (a) _____
   (b) _____
   (c) _____

V. COUNSELING RECORD諮商紀錄

1. Action plan to improve current job performance改進目前工作績效的計畫：
   _____
   _____

2. Action plan to aid immediate and future growth幫助員工未來發展的計畫：
   _____
   _____
   _____

Appraiser考核者 _____ _____

                  Immediate Superior/Date   Position Title
                  直屬主管／日期   職稱

Reviewer's Remarks： _____

審核者評語

                       _____

Reviewer審核者 _____ _____

                  Next Level Management/Date   Position Title
                  第二層主管／日期   職稱

Only after all management approvals and HR Division review, the employee's acknowledgement can be signed.在主管人員批准、人力資源處審查之後，再由員工認知與簽名。

Employee's acknowledgement：員工認知
Employee's Signature：
      員工簽名 _____
      Date：
      日期 _____
Employee's Remarks：
      員工註記 _____

資料來源：台灣國際標準電子公司。

2.表現超出標準：不論就工作的量與質來講，表現一向都超過標準。任務與責任均極有效的完成。

3.表現經常超出標準：績效向來皆達工作要求，表現經常超出標準。任務與責任均能在大方向的指引下，有效的完成。

4.表現在平均標準：表現出一般有經驗員工的工作績效。能執行工作說明書上所載的各項工作並達工作要求。任務與責任在些許的監督與指示之下，有效的完成。產量都能符合一般的工作標準。

5.表現未全達標準：大致達到工作要求，但有時候不及。任務與責任都能完成，但有時成效不足。比一般員工需要更多的監督與指示。工作量通常可符合工作標準，但偶爾不及。

6.表現未達標準：符合工作最低標準，但比期望的差。任務與責任雖然達到或超過了最基本的績效標準，但僅算是差強人意。需要極嚴密的監督與經常的指示。雖有產出，但仍需要大幅改善。

7.表現不及格：無法達成工作要求。績效在標準以下，不及格。需要極嚴密的監督與指示。工作量不足，且極需改進。

(二)六等第的用語

1.表現卓越：績效成果明顯且持續的超越預定的目標及工作計畫。展現具體的工作成果，並以個人在工作崗位上的卓著成就提升組織對公司整體的貢獻。

2.表現傑出：預定的目標及工作計畫不論在質與量上都能以優異的績效來達成，並在個人崗位上某些重要的工作領域持續的有超越預期的貢獻。

3.表現優良：預定的目標及工作計畫絕大部分都能圓滿達成，且在某些工作領域表現超越預期的績效成果。

4.表現在平均標準：績效成果一直都能維持在該職務必須達成的標準。預定的目標及工作計畫通常都能圓滿達成。個人在工作崗位上的具體表現符合該職務的要求標準。

5.表現未全達標準：預定的目標及工作計畫大多未能圓滿完成。在某些重要工作領域的績效表現低於預期。然而該員工應該有能力將績效提升至令人滿意的程度，主管也將針對其現況訂定下一期的改善目標。

6.表現不及格：預定的目標及工作計畫一直未能達成。在正式考核之前，已和該員工就其缺乏改善的意願與能力之事實加以溝通。績效

成果不合格（待改進）。

(三)五等第的用語

1.卓越（績效遠超過預期）：達到最高標準。此項評等屬於全公司績效最優異者。

2.超越標準（績效超過預期）：績效持續超過預期。表現出明顯超出預期的貢獻。

3.達到標準（績效達到預期）：工作表現令人滿意，在某些目標上有時超出預期。

4.部分達到標準（偶爾達到標準，通常略低於標準）：為充分達到標準，仍有待努力。

5.未達標準（績效未達預期標準，且不能被接受）：績效離標準尚遠，必須在限期內改進。

(四)四等第的用語

1.優異：表現一直超出預期水準。

2.超過期望：表現偶爾超出預期水準。

3.符合期望：表現達到預期水準。

4.不符期望：表現低於預期水準。

(五)三等第的用語

1卓越：工作績效超過標準量。

2.成功：工作績效達到標準量或偶爾超過標準量。

3.有待改善：工作績效一項或數項未達規定標準量。

不管企業使用何種評分等級，有關績效各等第的定義解釋一定要清楚、明確，以使主管和部屬都有一定的標準依據來評量員工的工作表現，才不致造成全公司各部門主管與被考核者不同認定的績效結果與解

讀。尤其企業在推行強迫分配時，應先行思索採行後可能帶來的問題及因應的對策。例如，如果績效考核中要求管理者給員工的「適應能力」，那麼表格應界定「適應能力」的含義。

二、等第評比之盲點

考核等第評比之區分，始終是企業運作過程中容易產生矛盾的一個層次。員工擔心評比成績不佳，必須捲鋪蓋走人；許多主管則不太願意因

範例8-4

福特汽車之績效管理法律問題

福特汽車公司（Ford Motor Company）是一家生產汽車的跨國企業，二十世紀初，由亨利‧福特（Henry Ford）所創立。

福特曾經把中層管理人員按績效考核結果劃分為A、B、C三個等級。在一個年份內被評為C級的管理人員將不能獲得任何獎金；如果一位中層管理人員連續兩年被評為C級，那麼這就意味著此人很可能被降級或解僱。公司每年都會把10%的中層管理人員評為C等，也因此福特汽車的這種績效評價方法使它成為幾次法律訴訟的被告。

後來，福特汽車不得不改變其原有的績效管理過程中的一些主要內容，其中包括每年必須固定比率的管理人員被劃為C級，而被劃為C級的管理人員不僅得不到任何獎金和績效加薪，而且還可能失去工作。現在，調整為每年必須列入C級的管理人員下降到了5%，原來的A、B、C三級也被換成了「高績效者」、「績效達標者」以及「績效有待改進者」的作法，並且那些被評為「績效有待改進者」的員工還可以得到以幫助他們改善績效為目的的相關指導和諮詢。

資料來源：洪贊凱、王智弘編著（2012）。《人力資源管理》。新頁圖書出版。

為必須拿某些員工開刀而得罪對方。然而不容否認的，許多企業已經開始利用強迫分配評核辦法判定員工工作表現的優劣，以達到持續提升員工素質及工作效率的長遠目標。

不管企業使用何種評分等第，它必須有清楚的定義，以使主管和員工都有標準依據來評價工作表現。在績效考核偏誤缺失上，有所謂「過寬」或「過嚴」謬誤，例如有些主管比其他主管還嚴格，例如「我從來不給『優異』的評價，沒有人會有這樣等級的表現。」或有些主管比其他主管標準還寬鬆，例如「我會把每個人都評為『良好』，因為我不想讓任何人感到挫折。」這二種方式都是不客觀的，員工期望的是對他們工作表現的評價與回饋（莫菲譯，1997：276-277）（**表8-4**）。

表8-4　評估者注意事項

1.績效評估是員工在特定一段期間工作表現的評估。
2.您的評估必須根據該員工的工作任務及其績效表現，並對照其他負責類似職務員工之工作表現。
3.在評估前，請詳閱各個行為態度評估項目之說明，並仔細思考員工在各個項目的表現，再給予最能代表您意見的評等及評等的說明。
4.一次考慮一個項目，切勿讓某一個評估項目影響其他的項目。
5.請思考員工在各個項目的整體表現，切勿基於單一事件而決定評估結果。然而，若該單一事件具有顯著性，請將您的意見註明於空白處。
6.您也需將所評估的結果充分與員工溝通。
7.評估時，您也需與員工討論下一評估期間可能的新目標和期望。同時，請確認員工未來的訓練及發展課程，以增進員工的效率和效能及可能的發展規劃。
9.基本上，行為表現占30%，工作績效表現占70%。

資料來源：國內某大半導體製造公司／引自：丁志達主講（2019）。「績效考核與目標管理訓練班」講義。台灣科學工業園區科學工業同業公會編印。

第四節　績效考核表設計注意事項

績效考核表的設計，亦是績效考核制度的難題之一。從統計學角度來看，考核表必須合乎信度和效度的原則，以確保評核結果的準確性。信度高的評核表，就是員工在不同時間下被審核所得的結果都應該是相同的。效性高的評核表，就是所量度的項目與評核所希望得到的資料相符（何永福、楊國安，1993：117）（**表8-5**）。

一、建立績效考核制度可能遭遇之問題

一些企業在建立績效考核制度時，所遭遇到的問題，約有下列幾個原因：

1.公司及管理階層不認同績效管理制度。
2.缺少工作（職務）說明書。

表8-5　績效考核表設計的重點

1.簡單、清晰及明確，易於瞭解及執行，不需耗時太長。
2.直接與所評估工作之職責相關聯，同時反應評估人的需要。
3.具有讓不同部門主管運作的彈性；依各種不同作業功能建立考核項目，以配合各種不同形勢的需求彈性，可以給予各部門在考核項目上做選擇。
4.表格能夠讓評估人有足夠使用空間，得以充分評述被評核人在所有評估期間的表現，表格勿太籠統，造成評估人只評估近期工作表現的結果。
5.考核表的設計需避免用一些說明方式或「不恰當」語言：
(1)不要給太多主觀意見的空間，例如：全部採取開放式的敘說法以做評估，而不補充特定的事實與佐證。
(2)不可採取太違反人情的籠統批判字眼，例如「劣」、「孤僻」、「不合群」、「懶散」，而必須代之以特定事實。
(3)不可採取用缺點，短處等負面提示，而必須代以「限制」、「須改進」、「須加強」等較中性與正面性語文。

資料來源：羅業勤（1992）。《薪資管理》，頁10-20、10-21。作者自印。

3.缺乏客觀的評估標準。

4..績效管理技巧訓練不足。

5.組織內部溝通不良。

6.獎勵不足，無法反應績效。

7.制定績效考核作業流程及設計表格不切合實際狀況。

二、完善績效考核制度的建議

　　企業設計績效管理制度時，需妥善應用不同型態的績效衡量指標，不能有所偏頗。下列是對企業在設計績效考核制度的建議：

1.能有效的配合策略，將組織目標轉化為行動，促使員工行為集中於正確的策略焦點之上。

2.應能協助企業設定組織及個人成長的方向。

3.必須有效整合企業不同層面的行動方案，例如組織變革、業務流程再造、全面品質管理、顧客滿意度提升等專案。

4.追蹤關鍵績效指標（KPI），於設計績效管理工具時，讓關鍵績效看得見，最好是一眼就能看穿問題所在。

5.各級主管充分支持與配合。

6.來自工作分析評估制度的內容。

7.強調工作行為而不強調個人特性。

8.確保評估結果，並對員工進行溝通。

9.確保員工評核期間，被允許可做回饋。

10.訓練管理者如何適當地評估。

11.確保評估是書面的、由文件顯示且需加以保存的。

12.確保人力資源管理決策與績效評估一致。

13 .利用績效面談，將績效表現回饋給部屬。

14.績效評估制度要與員工的生涯發展制度相結合。

範例8-5

修正考績準則解僱員工　安泰銀敗訴

安泰銀行修正考績準則，把連續兩年考績丙等解僱的規定修正為一年，並在同年度依修正準則開除林○勇等員工。林○勇等七人提起訴訟，最高法院判決七名員工可回公司上班，安泰銀行敗訴確定。

這七名員工都是安泰銀行金融消費商品的行銷專員，因為未達公司訂的業績標準被開除。法院判決認為七人業績不良，並非不能另行訓練；此外，企業的支援教導也很重要，銀行僅以考績標準做出最嚴重的解僱處分，實非可取。

法官認為安泰的解僱違法。安泰突然改變既定的考績準則有違公平誠信原則，七名被解僱員工所受的不利程度過於嚴重，解僱應不生其效力。

資料來源：〈修正考績準則解僱員工　安泰銀敗訴〉。《聯合報》（2005/08/05）。

15.如「有待改善」者必須在30天或60天之內提出「改善行動」方案。如果改善行動失敗，則可能被降級或解僱（革職並非唯一的處置方法）。

《孟子‧離婁上》：「徒善不足以為政，徒法不能以自行。」一套完整的績效考核制度，除了做好績效評估之外，更需要善用績效評估的結果，一則讓公司瞭解人力資源的素質，二則亦讓員工知道什麼地方的表現應該繼續維持，什麼地方的表現需要改進；同時，在推動新的績效管理制度，更要有鍥而不捨的決心，它絕非一蹴可幾，要能下定決心，一次做不好，多做兩、三次，不能因為員工不習慣，就心存作罷，不能因為員工遇到挫折，就心存懷疑，畢竟員工抗拒乃推動組織變革的必經之路（廖志德，1999：33）（**表8-6**）。

範例8-6

績效主義毀滅新力公司

　　日本知名廠商新力（SONY）公司前任常務董事天外伺朗，2007年在日本《文藝春秋》月刊中發表了一篇〈績效主義毀滅新力公司〉，痛心的指出，過去堪稱是資訊、家電產業龍頭的新力，近年來從筆記型電腦鋰電池著火，世界上使用新力產鋰電池的約960萬台筆記本電腦被召回，更換電池的費用高達510億日元。PS3遊戲機曾被視為新力的「救星」，在上市當天就銷售一空，但因為關鍵部件批量生產的速度跟不上，生產成本也很高，造成嚴重虧損，經營績效一路的下滑，一切都要歸咎於近年來新力所奉行的「績效主義」。

一、績效主義vs.激情集團

　　天外伺朗在新力服務近四十年，他將新力過去的成就應歸功於企業文化，他以「激情集團」來形容新力的企業文化，所謂「激情集團」指的是企業中那些不知疲倦、全身心力投入開發的團隊成員。

　　新力創辦人井深大以其領導風格，點燃技術開發人員心中之火，使得他們無怨無悔地為技術獻身，接連不斷地開發出具有獨創性的產品。井深大常掛在嘴邊的一句口頭禪：「工作的報酬就是工作」，意思是說，如果你現在做了一件工作而受到好評，那麼下一次你就有權選擇更好、更有挑戰以及更有趣的工作來做，這也是工作的初衷及意義所在。在這樣的氛圍下，新力的每一位員工均有強大的「內部動機」，這種動機來自於本身對工作的熱情、投入、執著及義無反顧；而與之相反則是升官、發財、加薪等來自於世俗回報的「外部動機」，他認為這也是扼殺員工對工作原始的激情與創意的關鍵，也是這幾年新力走下坡的主因。

二、績效指標掛帥的迷思

　　自1995年開始，新力開始實行績效主義，制定詳細的評價標準，

根據每個人的評價制定報酬。以各種關鍵績效指標（KPI）詳細制定了各項評核標準，更成立了專責部門對個人進行績效考核，以確定各部門、個人在公司中的價值。為了準確衡量工作績效，開始耗費大量的時間與精力在將工作項目量化、數字化，使得簡單的工作變得複雜。

同時，在結果導向的評核制度下，為了美化績效評估的結果，員工不再挑戰高難度的目標，一些細緻及紮實的工作開始被有意無意地忽略，而短期內無法展現績效的工作變得沒人想做。每個人都盡可能地提出容易實現的工作目標，「因實行績效主義，使得追求眼前利益的風氣在公司蔓延開來。」天外伺朗如此寫道。

三、消失的「挑戰精神」

另一方面，因為要應付業績考核，大家都不想要訂出高遠的目標，而是提出容易實現的低目標，使得新力精神的核心──「挑戰精神」因而消失。而績效考核不僅對個人進行考核，同時也對每個業務部門進行考核，由此決定整個業務部門的報酬。於是部門與部門之間也為了績效相互鉤心鬥角，以設法從公司的整體利益中為自己的部門多撈取更多的利益。

天外伺朗認為，績效主義讓業務成果和金錢報酬直接掛鉤，員工為了得到更多報酬而努力工作。但外在的動機增強，相對減弱了內在自發性的動機，使得以工作為樂趣這種內在的意識受到抑制。由於績效主義的實施，讓員工逐漸失去對工作發自內心的熱情。而更大的弊病是破壞了公司的氣氛與員工內部團結，讓「激情集團」消失成為歷史，隨之而來的是一連串重大的失誤及鉅額賠償事件。

資料來源：張嘉耀（2008）。〈績效主義殺了激情集團　績效管理的兩面刃〉。《能力雜誌》，第625期（2008年3月號）。

表8-6　績效評核失敗的原因

1.管理者缺乏員工實際績效的資料。
2.評核員工的績效標準不清楚。
3.管理者對評核工作不認真執行
4.管理者不準備或不推行評核檢討。
5.管理者不認真或未能誠懇地做評核工作。
6.管理者欠缺評核的技巧 。
7.員工沒有接受績效評核的回饋。
8.對績效報酬的發給，沒有足夠的資料佐證。
9.沒有一套員工發展的討論或諮商做法。
10.經理人使用含糊不清的評估回饋的語言。

資料來源：李長貴（2000）。《人力資管理——組織的生產力與競爭力》，頁
　　　　　334。華泰文化。

結　語

　　績效考核制度是人力資源管理與開發的關鍵基礎。員工的培訓與配置（適才適所）要以績效考核為依據；員工的績效考核與報酬要以績效考評掛勾；員工的晉升、輪調要以績效考核為準則。科學的績效考核，在人力資源管理中具有導向、激勵、培訓、回饋控制與溝通作用。績效考核考評什麼，管理者就重視什麼，員工就注意什麼。

　　績效考核制度要公平、公開，要避免流於主觀印象的評估，因此定期檢視員工表現與績效指標之間的落差，並提供適當協助（輔導），方能創造良好育才的工作環境。

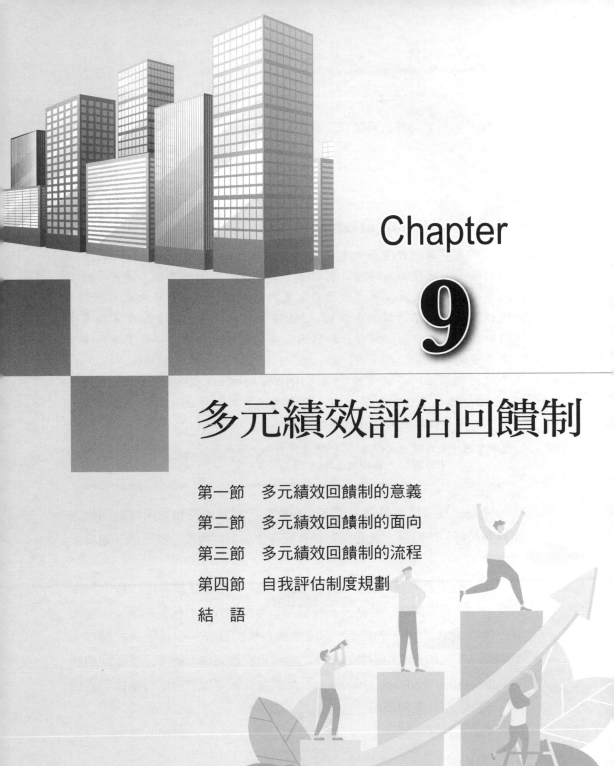

Chapter 9

多元績效評估回饋制

眼界不同對問題的認識以及得出的結論也會不同。

——中國大陸航天之父錢學森

360度績效回饋制

　　中美矽晶是台灣第一家自製矽晶圓廠。該公司建立的「360度考核制度」，讓每個人的績效表現除了來自主管打的考績外，還有平行同事的考核；而員工也可透過滿意度調查，表達對主管的意見，整個過程正好構成了所謂面面俱到、360度的績效評量。這套制度不但有助於強化中美矽晶內部合作和溝通，具體成果也反應在研發突破和生產品質的提升。

【啟示錄】必治妥施貴寶公司（Bristol-Myers Squibb）員工必須接受「360度」考績制度的考核，除了頂頭上司，每位員工還要接受同僚、部屬及顧客就其年度表現打分數。

資料來源：吳升皓（2008）。〈360度考核制，讓團隊合作更緊密〉。《經理人月刊》，第49期（2008/12），頁159。

　　一旦一種考核工具在可信度、有效性、減少偏見和實用性這四個方面得到較好的的開發，就必須對誰有資格使用這個考核工具這個問題給予注意。

　　傳統的績效考核，都是由員工的直屬主管來做評核，是一種「單向評估」、「定點評估」的結果，相對的也產生績效考核偏誤的現象，使部屬不能心悅誠服地接受指導，更遑論進一步的改善。根據學者的調查，美國前一千大的企業中有將近90%之組織已採取某種型態多元績效回饋制（multi-source feedback systems）。此制度強調績效管理的公平性與客觀性，以作為提升管理職能之重要工具（**圖9-1**）。

圖9-1　多元績效回饋圖

資料來源：丁志達主講（2012）。「績效管理與績效面談」講義。重慶共好企管
　　顧問公司編印。

第一節　多元績效回饋制的意義

　　多元績效回饋制，又稱全方位（360°）績效回饋制，即綜合主管（管
理者）、部屬、同儕、顧客、供應商與員工本人等多元的回饋結果後，再
對員工的工作成績結果做出最終的評價，這種回饋方式在提供部屬未來職
涯發展規劃時最為有用。

　　一般而言，參與評估人員則必須對受評人員的工作表現有相當程度
的觀察機會，以及充分的瞭解，此外，他們的意見與感受也必須是受評者
或組織所重視。例如客戶服務部門有甲君、乙君二位，其績效評估者是
甲君、乙君的直屬主管。甲君、乙君的工作需求面是需要面對十到二十位
顧客，甲君在主管面前常常力求表現，也深得主管喜愛，但顧客關係是普

通而已，偶爾其直屬主管可從其他顧客或同事中聽到甲君傳言，但總是被甲君的一些理由所帶過；相較之下，乙君較為木訥寡言，但他比較深入客層，也因此許多快要失去客源的訂單也都被他留了下來，然而，乙君這些工作表現不容易從直接的數字顯現出來，此時全方位績效回饋制可能發揮其功能，除了直屬主管做績效考核外，也讓顧客、同事、其他相關部門做評估，讓主管與員工共同真實的面對多元的績效回饋，進而知道工作上需要補強的地方（張錦富，1999）。

範例9-1

多元績效回饋制引領人才成長

自2007年起開始，中國生產力中心結合五項「核心職能」（創新、專業、盡責、精實、學習）與六項「管理職能」（願景與策略、溝通技巧、分析能力、領導能力、團隊發展、績效管理），建構出「管理職能評鑑」、「核心價值評核」和「工作績效評核」的多面向動態式績效發展與管理模式。

以「管理職能評鑑」為例，針對所有擔任管理職的主管進行360度評鑑，目的在於評估擔任主管職務者，是否具備有效達成管理目標所需的人格特質、領導管理觀念與技能。透過多維評鑑與分析，以瞭解其現有管理職能的優缺點，輔以訓練，改善缺點，促使領導行為配合組織成長正向改變。舉例來說，在主管行為獲得上司、同儕、部屬較低評鑑分數的構面，針對此較弱的管理職能優先辦理主管訓練，將組織資源用在刀口上。

「核心價值評核」是針對全體同仁進行評核，其目的在於評估同仁是否擁有符合組織價值觀及達成使命、願景必須具備的能力（行為準則）。評核者包括直屬上司、自己、同儕及內部顧客，除評核者選定機制外，另擬訂隨機抽樣原則，雙軌並行，以提高評核結果的信度

與效度。

　　「工作績效評核」亦是針對全體同仁進行評核，其目的在於評核每位人員當年度應達成的工作（產出）目標。為兼顧任務達成及能力發展，採取動態式指標設定的方式，由主管及部屬針對年度目標與策略，選擇適當的績效指標及分配權重，透過雙方溝通及確認，經主管核定後作為年度績效評量的依據。透過指標選用及權重規劃，使部屬能夠更清楚地掌握達成目標的要求與重點；另一方面，主管可根據每位部屬的個性、專長、能力等差異性，讓每個人理解自己應有的表現，可避免淪入齊頭式平等的管理盲點。

資料來源：張寶誠（2010）。〈360度評估引領人才成長〉。《能力雜誌》，
　　　　　2010年6月號。

一、多元績效回饋制的演變史

　　多元績效回饋制模式起源於1940年代的評鑑中心（Assessment Centre, AC），此乃英國陸軍智囊團運用多元的評估，從事不同的評量工具來評估受評者，其方法是用遊戲、考試、誘導等來評量參與者的能力，而測量的工具包括面試、筆試或實作等來測量參與者的工作能力，其為多元績效回饋制最早的雛型。

　　1950年代出現領導能力評鑑與選擇（Leadership Assessment & Selection）的活動，乃同樣採取多元評估者的評估方法，只不過另外加入領導效能面向的評估，對於主管領導能力的評鑑卓有貢獻（**表9-1**）。

　　1960年代，出現了員工工作滿意的評量，利用聘請內部選擇的焦點團體（Focus Groups）及委員會，以進行評估是否具有工作的滿足感。

　　1980年代起，企業界出現了才能評鑑與績效評量兩種評估方式，主要運用到績效評估的發展性目的。

表9-1　360度領導力評估

特性	表現準則	經理	同僚	部屬	其他
願景	• 為組織發展並傳達出了明確、簡單且以客為尊的願景／方向 • 前瞻性思考、伸展視覺、挑戰想像力 • 啟發並激勵他人為願景努力、籠絡人心，並以身作則 • 在適當的時機，隨時更新願景以因應那些對企業造成影響的持續性快速改變				
顧客／高品質重點	• 傾聽顧客意見，並將顧客（包括內部顧客）的滿意度，視為最高優先 • 在工作的每一個面向上啟發並展現出追求完美的熱情 • 在你提供的所有產品／服務上，致力達成最高品質的承諾 • 在整個組織內創造出以客為尊的服務心態				
操守	• 在所有的行為上都保持著對誠實的明確承諾 • 遵守承諾，並對自己的錯誤負責 • 完全服膺公司的政策與GE&PS的道德規範 • 言行一致，並絕對值得他人信任				
可靠／承諾	• 設定事業目標並積極達成承諾 • 展現出堅持信念、理想與支持工作夥伴的勇氣／自信 • 公正、富同情心，但同時仍勇於做出困難的決策 • 為了保護環境，展現出絕不妥協的責任感				
溝通／影響	• 以開放、坦白、明確、完整以及持續的態度溝通——願意接受別人的批評與指教 • 有效地傾聽，並挖掘出新點子 • 以事實與合理的辯證來影響、說服他人 • 拆除藩籬，並在不同的基礎、功能與層級間發展出具影響力的關係				
共享所有／無界限	• 有自信願意超越傳統藩籬和他人分享資訊，並對新觀念保持開放的態度 • 鼓勵並提倡共享的團隊願景與目標 • 信任他人；鼓勵冒險與無界限行為 • 擁護「合力促進」計畫，讓每個人都能發聲，並願意接受來自各方的想法				

（續）表9-1　360度領導力評估

特性	表現準則	經理	同僚	部屬	其他
團隊建立者／授權	• 選擇有才能的人，並提供訓練與回饋以開發出團隊成員的最大潛能 • 將整個任務授權給領導者，並授權給團隊以發揮出最大的效能，且領導者本身就是團隊型球員 • 表揚並獎勵團隊的成就；創造出積極／有趣的工作環境 • 充分運用團隊（文化、種族、性別上）的多元 以達成事業目標				
知識／專業／智慧	• 擁有並願意與他人分享功能性／技術性的知識與專業，且持續地保有學習的熱情 • 展現出廣泛的商業知識與看法，並有跨功能／多文化的認知 • 充分運用智慧，以有限的資料做出正確決策 • 能快速地從不相關的資料中歸納出共通點；能在關鍵的問題和第 次行動中抓到重點				
創新／速度	• 創造出實際、積極的改變，將改變視為契機 • 能夠預見問題，並設計出更新、更好的行事方法 • 痛恨／避免／鏟除「官僚作風」，並致力於簡潔、簡單與明確 • 瞭解，並以速度為競爭優勢				
全球化視野	•展現全球性的認知／感受，並樂於建立多元化／全球化的團隊 • 重視，並促使全球化達極限，並讓工作團隊多元化 • 每個決策都考量到全球性的影響，鼓勵追求全球性的知識 • 尊重、信任與尊敬所有人				
評分標準：有極大進步空間 ｜｜｜｜｜表現優異 　　　　　　　　　1 2 3 4 5					

資料來源：袁世珮譯（2000）。Robert Slater著。《複製奇異：傑克‧威爾許打造企業強權實戰全紀錄》（*The GE Way Fieldbook*），頁50-51。麥格羅‧希爾國際出版公司。

範例9-2

經營管理發展考核表

單位名稱：＿＿＿＿＿＿＿＿＿＿＿　單位代號：＿＿＿＿＿＿＿＿＿＿＿

考核時間：＿＿＿＿年＿＿＿月＿＿＿日起至＿＿＿＿年＿＿＿月＿＿＿日止

受考評人姓名：＿＿＿＿＿＿＿＿＿＿　姓名代號：＿＿＿＿＿＿＿＿＿＿＿

一、考評項目：

　　註：1.考評項目被評為「特優」或「欠佳」者，須說明具體理由。

　　　　2.計評方式：採基點制；「欠佳」者1點，「尚可」者2點，「良好」者3點，「甚佳」者4點，「特優」者5點。總基點未達39點以上者，暫不派受培訓，得點未達45點以上者，不得列為基、中階層主管遴派之人選。

　　　　3.考評由直接主管初評，間接主管複評，單位主管作總評。遇初、複、總評不同時，請以不同顏色筆更改，並蓋更正者之職章，最後以單位主管總評為準。

	1 欠佳	2 尚可	3 良好	4 甚佳	5 特優
1.工作績效——工作量：（達成規定工作、職務、責任與目標的勤勉程度） ※本項表現特優或欠佳之理由說明：	☐	☐	☐	☐	☐
2.工作績效——工作質：（正確、完整、有效率完成份內工作） ※本項表現特優或欠佳之理由說明：	☐	☐	☐	☐	☐
3.人群關係：（與主管、部屬、同僚及大眾相處共事的表現） ※本項表現特優或欠佳之理由說明：	☐	☐	☐	☐	☐
4.工作知識：（對其工作及有關事務各方面的瞭解） ※本項表現特優或欠佳之理由說明：	☐	☐	☐	☐	☐
5.計畫與組織能力：（計畫將來、安排程序及布置工作之能力。對於人事、物料及設備的經濟有效使用） ※本項表現特優或欠佳之理由說明：	☐	☐	☐	☐	☐
6.分析能力：（考量問題、收集及衡量事實，達成成熟結論及有效地予以陳述之能力） ※本項表現特優或欠佳之理由說明：	☐	☐	☐	☐	☐

7.決斷能力：（作決定的意願，及其所
做決定成熟的程度）
　※本項表現特優或欠佳之理由說明：
□　□　□　□　□

8.適應能力：（對上級指示、新情況、
新方法，及新程序之瞭解、解釋及調
節適應的快慢）
　※本項表現特優或欠佳之理由說明：
□　□　□　□　□

9.創造能力：（創造或發展新觀念及主
動推展新工作的能力）
　※本項表現特優或欠佳之理由說明：
□　□　□　□　□

10.表達能力：（用口述及文字表達思想
與意見的能力）
　※本項表現特優或欠佳之理由說明：
□　□　□　□　□

11.識才能力：（對於他人之天賦、才華
、能力的辨識發展與運用的能力）
　※本項表現特優或欠佳之理由說明：
□　□　□　□　□

12.領導能力：（建立目標、激發士氣、
溝通意見使部屬產生完成目標意願的
能力）
　※本項表現特優或欠佳之理由說明：
□　□　□　□　□

13.品德表現：（包括服務、負責、操守
、忠貞等綜合表現）
　※本項表現特優或欠佳之理由說明：
□　□　□　□　□

二、性格特徵：（根據上述十三項能力及表現，綜合判斷受考評人之性格特質，本
　　項依受考評人實際情況，得予複選）
　　　□1.B型：適合擔任單位主管之類型。
　　　□2.D型：適合擔任現場指揮性主管之類型。
　　　□3.S型：適合擔任內部幕僚性主管之類型。
　　　□4.PL型：適合擔任計畫性工作之類型。
　　　□5.PR型：適合擔任專業性研究工作之類型。

三、培訓建議：（請以阿拉伯數字由小至大，列出優先派訓班別之順序）
　　　□班別名稱＿＿＿＿＿＿＿＿　　班別代號＿＿＿＿＿＿＿＿
　　　□班別名稱＿＿＿＿＿＿＿＿　　班別代號＿＿＿＿＿＿＿＿
　　　□班別名稱＿＿＿＿＿＿＿＿　　班別代號＿＿＿＿＿＿＿＿
　　　□班別名稱＿＿＿＿＿＿＿＿　　班別代號＿＿＿＿＿＿＿＿

□班別名稱＿＿＿＿＿＿＿＿＿　　班別代號＿＿＿＿＿＿＿＿
□班別名稱＿＿＿＿＿＿＿＿＿　　班別代號＿＿＿＿＿＿＿＿
四、派職建議：（本項得複選；如複選，請以阿拉伯數字由小至大，列出優先順序）
　　□仍留原職位
　　□可調遷：輪調：□原部門輪調　□部門間輪調　□單位間輪調
　　　　　　　派升：□專業性（或計畫性）職位　□主管職位

考評人（簽名或蓋章）：

單位主管：　　　　　　　　間接主管：　　　　　　　　直接主管：

資料來源：台灣電力公司。

學者大衛‧傑米森（David Jamieson）、茱莉‧奧瑪拉（Julie O'mara）所著的《管理2000年的工作力》（*Managing Workforce 2000: Gaining the Diversity Advantage*）書中提及的論點：

今天的工作隊伍，無論從外表、思想或行為都已經不似從前了，而且擁有不同的價值觀、不同的工作經驗及追求不同的需求與慾望，工作隊伍已從年齡、性別、文化、教育價值、身心障礙等層面急速的變遷。

因為工作團隊的變遷，績效評估的方式也就不能只是單純的站在主管或組織的立場來獎懲員工，反而必須以員工本身的發展為目的，並且以多元的方式來評估員工的績效，才能真正的評估員工的績效表現，避免不公的評估事情發生，因此，多元的績效評估模式，就因應時代的需要而產生（孫本初，2000）。

二、多元績效回饋制的功能

多元績效回饋即在於透過回饋機制幫助當事人有所知覺、成長與發展，可達到下列幾項功能性的目標（蔡璧如譯，1998：61）：

1.揭露能力，顯示策略性計畫和實施計畫績效之間的關係。

2.加強對客戶服務的注意。

3.強化全面品質管理和持續改善計畫。

4.支持促進團隊精神。

5.創造高度參與的工作團隊。

6.減少階級制度，鼓勵精簡。

7.揭露邁向成功的障礙。

8.協助規劃、評估、發展與訓練的方法。

9.避免歧視和偏見，減少法律訴訟的潛在可能。

10.找出員工的優缺點。（**表9-2**）

表9-2　使用多元績效回饋制的目的

1.使主管能透過回饋制加強對自己優缺點的察覺，並藉以擬定生涯發展方向與發展計畫，以加強自我省思與自我察覺，期待能取得績效的極大化。
2.由多方的評核來源，反映工作績效的實際成果，使員工能有更多參與評核的機會。
3.績效管理系統化，配合組織發展的職能模式，可作為接班人遴選的工具。
4.由多方評核來源協助組織進行變革，不僅看管理者對組織的貢獻，更可以辨識行為與組織的政策、核心價值和客戶期望是否一致。

資料來源：彭懷真（2012）。《多元人力資源管理》，頁165。巨流圖書。

 第二節　多元績效回饋制的面向

　　多元績效回饋制的過程，乃是因為其結合了組織成員在職場生涯中相關的集體智慧，包括內部系統（上司、同儕、部屬、員工本人）和外部系統（顧客、供應商）等的智慧結晶，期使組織之成員能透過這些集體的智識，提供員工具有競爭力的技能，並且能讓員工瞭解個人的優缺點和如何有效的發展自我，這也是與傳統績效評估模式最大的不同點（**表9-3**）。

表9-3 360度回饋評估方式與傳統評估方式的比較

比較項目	360度回饋評估方式	傳統評估方式
資料的來源	全方位	由上而下
資料的正確性	能夠清楚將員工不同水準的工作表現做明確的區分與辨識	不同員工之間的評鑑結果區辨小
資料的有效性	各效標之間的區辨大 效度較高	各效標之間的區辨小 會受各種偏誤的影響而降低效度
資料的完整性	可以兼顧全方位的觀察角度與觀察機會,所得到的結果完整性較高	僅限於直屬主管一人之判斷,觀察機會與角度有限
考評焦點	未來取向,重視工作過程,著重於行為、技術與能力;可評鑑員工私下的工作表現	為過去取向,重視工作結果,著重於結果或期望,可評鑑員工公開的工作表現
對無表現者的評鑑	可實際反應受評者的真實表現	缺乏對表現不佳部屬的其他評鑑工具,為避免不必要之麻煩,有時會給予超出其表現所應有的評鑑結果
評鑑的公正性	員工有完整被認知的機會,不會因故被忽略或產生誤會;由受評者提供評鑑者名單,結果來自所有評鑑的總和,不會因少數一兩位有意操控而左右全局,影響公平性	評鑑結果會受到政治因素、個人偏好以及友誼介入的影響
評鑑系統的設定	由員工參與,與管理者及專家共同完成	只由管理者或專家單獨完成
評鑑結果的用途	兼顧行政與發展性	只能單做行政性用途
樣本的大小	4～9人	50人以上
法律問題	因有來自於多元的評估資料,兼顧公平、正確性與有效性,較無法律問題上的爭議	容易因評鑑的不公平或主管的個人偏誤而有法律上的爭議
與員工的關係	支持、鼓勵,合作關係	監督、鬥爭,易陷入監督者與被監督者對立的關係之中
受評者的感受	包括受評者的自我評鑑,接受度高,希望多瞭解,接受來自多方面的回饋。回饋參與的過程對整個系統以及其結果,產生承諾感,進一步提高對採用該評鑑之組織與工作者本身的滿足感	讓部屬覺得只是例行公事,為了行政上的調薪與升遷而做的評鑑,且易出現因對主管個人有意見而不接受評鑑的結果

（續）表9-3　360度回饋評估方式與傳統評估方式的比較

比較項目	360度回饋評估方式	傳統評估方式
使用者感受	有人分擔評鑑結果的正確性或部屬反彈的責任	有時因工作專業化，對部分部屬的工作，主管的相關知識不足，心有餘而力不足
評分者的訓練程度	要求對評分者完整的訓練	無特別要求
對使用者的幫助	可以藉回饋資料的整理，讓評分者瞭解各個不同面向評鑑結果的差異，提升評分者的評鑑能力。再評者也可以藉以瞭解自評與他評的差異，促成員工行為改變的動機	只限於行政方面的功能，例如升遷、敘薪與獎勵，無法提供員工發展上的指導

資料來源：劉岡憬（1998）。〈以360度回饋探討主管人員自他一致與領導效能關係之實證研究〉。政治大學心理研究所。

　　多元績效回饋制的面向，沒有一定的成規，下列摘錄與企業員工最有關係的直屬主管評估（傳統做法）、直屬部屬評估主管、同儕互評、自我評估及顧客評估方法加以闡述（**表9-4**）。

一、直屬主管評估

　　傳統上，直屬主管必須負責部屬的績效，而且主管較能真實、客觀、公平地觀察與評估部屬的績效。主管評估部屬主要觀點是，主管要負起員工獎懲、訓練、激勵和紀律的作業，以維持部門內有效的管理。它適合觀察受評者被交辦工作的執行情形，以及其對於公司以及部門目標的達成狀況。

　　由於個人的主觀、偏見、個人之間的衝突和友情關係，將可能損害評價的結果的客觀公正性，為了克服這一缺陷，許多實行直接上司評價的企業，多要求直接上司的上司檢查和補充評價者的考核結果（二層級考評），這樣對保證評價結果的準確性有很大作用。

表9-4 全方位（360度）績效考核面向

面向	說明
主管評估（傳統做法）	1.主要觀點是主管要負起員工獎懲、訓練、激勵和紀律的作業，以維持有效的管理。 2.適合觀察受評者的被交辦工作的執行情形，以及其對於公司以及部門目標的達成情形。
部屬評估主管	1.適合觀察受評者的授權程度、溝通技巧、領導風格及規劃組織能力，但其限制面有下列幾項： ・部屬評估上司僅能從兩者間的互動，會集中在與上司的人際面，無法評估上司所表現的組織績效面。 ・為使部屬心情愉快，上司所做的決定必須會取悅員工，而使上司不敢做良好的決定。 ・部屬對上司的評估會破壞上司所授予的法定權威，從而降低組織的績效。 2.一般而言，實施部屬評核主管，以不具名方式評量，才能獲得正確客觀的資訊。
同儕互評	1.適合觀察受評者是否在工作中與同事合作無間。同儕互評的前提有： ・在部屬中有相當高度的人際關係。 ・在組織中是推行沒有同事競爭的報償制度。 ・同事間有機會觀察其他同事的作業情況。 2.一般來說，有專業或技術的員工，以同事評估的正確性很高，同事評估會促進同事間的互動和協調。
自我評估	自我評估是自己評估自己，有利於員工的參與。自我評估的優點有： 1.幫助主管順利推行評估諮商。 2.員工對自我評估會採取比較低防禦態度。 3.能改進或提高員工對公司目標的承諾。 4.自我評估對員工本身的成長有很大的幫忙，同時也瞭解訓練的需要。
顧客（供應商）評估	適合觀察受評者無法從公司內部評核者得到的不同訊息。顧客評估的重點有： 1.貢獻評估：透過顧客評估可改進未來行為。 2.個人發展評估：可作為支持性的領導目的，旨在改進未來的績效作業，並透過自我學習和生長的輔導或諮商。

資料來源：丁志達主講（2019）。「績效考核與目標管理訓練班」講義。台灣科學工業園區科學工業同業公會編印。

二、直屬部屬評估主管

　　直屬部屬評估上司，在於幫助主管改善本身及幫助組織評估主管人員的管理領導能力，有助於主管人員的個人發展，因為部屬是最直接接觸、瞭解主管的實際工作情況、信息交流能力、領導風格、平息個人矛盾的能力和計畫、組織能力。在克萊斯勒（Chrysler）汽車公司，管理人員的工作績效是由其下屬匿名地來評估，評估的內容，包括工作團隊的組織、溝通、產品質量、領導風格、計畫和員工的發展情形，被評價的上司在匯總這些匿名的報告以後，再與部屬來討論如何進行改進。因而直屬部屬評估主管，其理論上的基礎有：

1.部屬評估主管，會協助主管本身的成長，幫助主管更瞭解自己，使主管能努力來改善與部屬之間的人際關係與領導技巧，建立更和諧的組織文化。
2.部屬評估主管，會使得工作場所溝通更能民主化，且主管對部屬的需求也會更加敏感，進而促使主管改善協調與計畫的進度。
3.部屬評估主管，適合觀察主管的授權程度、溝通技巧、領導風格及規劃組織能力。

至於部屬評估主管也有下列的一些限制面要注意：

1.部屬評估主管，僅能從兩者的互動來取得，這通常會集中在與主管的人際面，無法評估主管所表現的組織績效面。
2.為使部屬心情愉快，主管所做的決定必須取悅員工，而使主管做決策時較會優柔寡斷，瞻前顧後，無法提出最佳方案。
3.部屬對主管的評估會破壞主管所授予的職場法定權威，從而降低組織的績效。

　　一般而言，實施部屬評核主管以不具名方式評量才能獲得正確客觀的資訊。

三、同儕互評

美國雀巢公司寵物食品工廠，員工的績效評估完全由同儕評量來決定。該公司使用工作團隊方式已經有三十多年的歷史，所有的晉升和薪酬都是由工作團隊來決定。

同儕之間的評估是根據員工平日相處，因相互間瞭解工作狀況而互評。當評估是從數名同事處取得的資訊時，這些評估結果的信度與效度都非常高。

1984年學者偉克斯利（K. N. Wexley）與克里姆斯基（R. Klimoski）的一項研究報告指出，同儕評價可能是對員工業績最精確的評價，同時同儕評價對於員工發展計畫的制訂非常適合，但對人力資源管理的決策似乎不適合。

由於同儕互評適合觀察受評者是否在工作中與同事合作無間，因此，同儕互評的前提有：

1.在部屬中有高度的人際關係。
2.在組織中是推行沒有同事競爭的報償制度。
3.同事之間有機會觀察其他同事的作業情況。

一般來說，有專業或技術的員工，以同儕評估的正確性較高，同儕評估會促進同事間的互動和協調。

四、自我評估

要使績效考核制度更具合理性、接受性，並且減少部屬對績效考核不平、不滿的方法，就是採用自我評估法（Self-Appraisal Method），一則基於員工是最瞭解自身工作情形的人；一則也是給員工一個在自己績效評估過程中表達意見的機會。在績效面談中，員工會問更多的問題，並自願提出更多的意見和建議。

自我評估，顧名思義，員工為自己的行為（成績、能力、態度等）自我評量，然後主管再據此評定。自我評量的項目有目標達成率、專業知識程度、專業知識的進修、行銷技巧等。

　　一般而言，對自己給分是比較寬鬆，會高於直屬主管或同事的評價，但其優點是員工比主管或同事更能區別本身的優、劣點，較不會產生月暈效應。自我評量的方式似乎較適合用於員工發展方面，而不適用於人事決策。

五、顧客評估

　　由顧客來觀察員工績效行為的概況，可觀察受評者無法從公司內部評核者得到的不同訊息。顧客評價目的與組織的目標可能不完全一致，但顧客評價結果也有助於員工的晉升、獎金發放、工作輪調和培訓等人事決策提供有用的依據。顧客評估的重點有：

(一)貢獻評估

　　透過顧客評估可改進未來行為。貢獻評估必須集中在被評估者對公司的貢獻，也是員工目標和責任的衡量。

(二)個人發展評估

　　旨在改進未來的績效作業，並透過自我學習和成長的輔導或諮商（李長貴，1997：256）。

　　要設計一套能提升服務品質的員工獎勵制度，需具備以下的條件及步驟：

　　1.瞭解顧客真正的需求。

　　2.在所有的服務項目中，針對顧客認為重要的項目設定標準。

　　3.在有標準可為依據的狀況下，實施員工績效考核。

4.根據考核的結果，設計一套即時回饋的獎勵制度。（**表9-5**）

例如雷尼克（Renex Corp.）是一家從事電腦周邊設備的製造商，該公司請每位顧客對為他服務過的業務代表評分，然後將分數平均作為發放每一季獎金的依據，最高可達薪資的25%，使得該公司業務代表的薪資平均比同業高出10%左右（劉厚鈺譯，1990）。

表9-5　客戶評價表

姓名：　　　　　　　　　　　　　日期：　年　月　日（上、下午）	
地址：　　　　　　　　　　　　　電話：	

你的事業成功和滿意對我們非常重要，為了確保安裝和服務質量，我們非常感謝你填寫這張評價表，並將它寄回我們的商店。下列每一個陳述是用來描述合格安裝的事項，你填寫這張表格可以得到我們免費清潔兩個房間地毯的服務，該項服務在本次安裝一年之內有效。

如果安裝工人符合陳述，請你選「是」；如果安裝工人不符合陳述，請選「否」。

1. □是 □否　　安裝者有與顧客商量接縫的位置，並將它們安排在最理想的位置。

2. □是 □否　　所有的接縫都安排在行走少的地方，而不是門廳裡。

3. □是 □否　　看不見接縫。

4. □是 □否　　接縫很牢固。

5. □是 □否　　安裝時沒有損壞物品。

6. □是 □否　　安裝者將地毯拉得足夠緊，沒有出現褶皺和波紋。

7. □是 □否　　安裝者將地毯的邊緣剪修得與牆壁很整齊、貼切。

8. □是 □否　　安裝者清理了整個區域，沒有留下碎片。

9. □是 □否　　安裝者與顧客一起檢查並確保顧客滿意。

其他評論（如果需要請用本表的背面填寫）

※分數（是＝3分；否＝0分）

資料來源：Randall S. Schuler & Vandra L. Huber (1993). *Personal and Human Resourse Management*, West, p.295.；張一弛編著（1999）。《人力資源管理教程》，頁194。北京大學出版社。

　　實施多元績效回饋制對象不同，則評核的觀察層面亦有不同。針對主管，適合作為觀察授權程度、溝通技巧、領導風格與規劃能力；針對員工，可以觀察在工作中與同事的合作狀況，最適合評量有專業與技術的員工，能夠促進彼此之間的協調與互動；針對客戶與供應商所提出的評核，則可以獲得由組織無法獲得的資訊，以供組織未來改善（彭懷真，2012：165-166）（**表9-6**）。

表9-6　使用多元績效回饋制的目的

1.使主管能透過回饋制加強對自己優缺點的察覺，並藉以擬定生涯發展方向與發展計畫，以加強自我省思與自我察覺，期待能取得績效的極大化。 2.由多方的評核來源，反映工作績效的實際成果，使員工能有更多參與評核的機會。 3.績效管理系統化，配合組織發展的職能模式，可作為接班人遴選的工具。 4.由多方評核來源協助組織進行變革，不僅看管理者對組織的貢獻，更可以辨識行為與組織的政策、核心價值和客戶期望是否一致。

資料來源：彭懷真（2012）。《多元人力資源管理》，頁165。巨流圖書。

 ## 第三節　多元績效回饋制的流程

　　多元績效回饋制是能夠運用在多種目的的工具，不過要根據重點所在的位置，去變更其展開的方式與運用。

一、多元績效回饋制的步驟

　　多元績效回饋制的流程會影響著評量結果的成敗，其主要的九個步驟為：界定目標、發展職能標準及主要行為、根據職能標準發展問卷、選定被評估人及評估人、宣導與教育、測試、執行評量、計分及報告發展、提供回饋並發展行動計畫。茲說明如下：

(一)界定目標

每個評量首先要先知道評量的目的為何？例如是為了瞭解整個公司培訓體系發展需求，還是中高階主管的領導力表現等。因不同的目的，設計不同的問卷，所評量的內容及對象才會不一樣。

(二)發展職能標準及主要行為

根據評量的目的來決定出評量的職能標準及主要行為為何，假若評量的目的是為了瞭解領導人員的訓練需求，就必須先訂定出公司要求一位優秀的領導人所必須具備的職能為何？有可能是分析能力、溝通、發展部屬才能，或是個人影響力、創新。每家公司所要求的領導能力不同，因此此一步驟是根據公司個別狀況量身定做。確定職能後，再根據每項職能訂出主要行為，例如就分析能力此項職能來說，其主要行為可能是能辨識事件的因果關係、蒐集不同的資料來解決問題，歸納不同的資料做出邏輯的結論等。

(三)根據職能標準發展問卷

問卷的題目可從職能的主要行為來挑選，由於其正是公司期望被評估者所應展現的行為，用此作為評量的標準深具意義。題目的多寡則需考量職能的數目及回答問卷所需的時間，如果需評量十個職能，每個職能用四個題目來決定，問卷的題目就有四十題回答，這樣一份問卷的時間可能需要二十分鐘，而有些評估人可能必須回答許多份問卷，如此一來所需花費的時間就很可觀。

(四)選定被評估人及評估人

選擇評估人的考量是必須與被評估人有充分的互動，有機會觀察其行為。有些公司是由主管來決定評估者，有些公司則是由被評估人挑

選，然後由主管同意。

(五)宣導與教育

宣導與教育是整個流程的核心步驟，溝通及教育深深影響評分的心態及正確性。溝通的主要原則是必須清楚告知評量的目的，及對公司及個人的利益，讓參與者知道此一新的評量法對他們的好處是什麼，再則是讓其瞭解運作的細節及作答的標準，讓他們對評量的公平、公正、保密深具信心。

(六)測試

測試的重點在防範問題是否語意不清，問題中所描述的行為是否無法觀察等。根據測試人員的反應來做最後調整。

(七)執行評量

問卷的形式有很多種，例如紙張問卷、網路直接作答等方式，可考量公司的設備、預算及人力來完成。此時，必須給評估人充分的時間來完成所有的問卷，並將問卷傳送及回收的時間算進去。

(八)計分及報告發展

問卷都回收後，即可進行資料輸入及分析，此時的保密性非常重要。

(九)提供回饋並發展行動計畫

回饋重點是要讓什麼人知道評量的結果，與當事人討論結果時如何處理其情緒、如何達成共識、擬定行動計畫等，這些都需要經過專門訓練，如果最後這個環節沒有處理好，將會「功虧一簣」（梁金桂，「如何做好360度評量回饋」講義）。

範例9-3

台灣美國運通公司（360度績效考核制度）

創始於1850年的美國運通公司（American Express），是一間總部位於美國紐約市的金融服務公司，最著名的業務是信用卡、簽帳卡以及旅行支票。在績效管理上，一直有獨步全球的創新觀念。1971年在台灣成立的美國運通公司，當國內各企業仍秉持傳統觀念，視整年度企業表現再論功行賞之際，該公司即大力倡行「銀貨兩訖」的績效管理，讓員工在公司既定的考評制度下，清楚知道表現到什麼程度，可以拿到多少績效，進而自己管理自己，從中定位自己的潛能。

一、員工滿意度調查

美國運通在新年度開始之前的三個月，對員工做全面性的滿意度調查，調查問卷共有九十九個題目，分為八大類，除了其中一大類是雙向溝通公司經營理念外，其他的問題，包括環境意見、管理執行意見等，希望能透過問卷調查，讓員工瞭解年度考績評定的標準，並依此訂定下一個年度薪資制度及績效考核的規則和部門業務的目標產值，讓每個員工有明確的方向可以依循。

在徵詢全體員工對考績制度及規範的意見之後，公司即採取每月、每季密切的追蹤，務使員工所得的酬勞與績效緊密結合。

二、360度績效考核制度做法

為防杜中間幹部以個人好惡評斷員工績效弊端，美國運通公司採用360度績效考核制度。所謂360度績效制度即是針對管理者（中間幹部）全面地考核，要公平的考核出管理者的IQ（Intelligence Quotient，智力商數）、CQ（Creative Quotient，創意商數）、EQ（Emotional Quotient，情緒智商）全方位表現外，也讓基層員工定期為直屬長官打考績，以瞭解主管幹部是否認真指引基層員工做對工作。而基於公司產值的表現，必須靠所有團隊共同合作完成，因此，

美國運通也要求同事之間相互打考核，以瞭解部門主管除了自己部門業務外，有無積極參與公司整體業務的運作。此外，美國運通也會定期寄發問卷給客戶，以適度反應顧客滿意度，作為績效表現的重要參考依據之一。

三、考核層級

美國運通的員工考核成績單，必須經過三道關卡確定。主管在打好員工考評時，先呈給其老闆簽字，再由老闆和員工個別溝通，瞭解部門主管所評定的考績之公平性，爾後在三方溝通無慮，員工也簽署之下，一份「員工成績單」才正式出爐。

四、建立申訴專員制度

由於沒有一種考核制度是全然正確的，因此，美國運通在周延的360度考績制度之外，還設立了獨立於公司組織之外的「申訴專員制度」。總公司設置有獨立專責的申訴專員，除了保護申訴人之外，還會透過管理系統要求各地分公司針對指控做適度改善。申訴專員制度有助於各階層檢視制度執行的公平性，讓考績能夠真正的透明化。

美國運通實施這一套360度績效制度強調的重點，在於輔導與激勵員工朝薪資優渥的方向努力，並養成員工積極進取、挑戰目標的潛力與企圖心。

資料來源：楊青青（1999）。〈美國運通：推行銀貨兩訖的績效管理〉。《能力雜誌》，1999年5月號，頁50-53。

二、多元績效回饋制的盲點

根據美國威斯康辛大學管理學教授大衛・安東里尼（David Antonioni）對多元績效回饋制的報告中，列出下列幾項忠告：

1.評估者希望他們的意見只是用來作為被評估者改進的回應，而不是

　　希望用來決定被評估者加薪或升遷的依據。

2.被評估者認為，用講評式的評估，比記分式（以10分為滿分，5分為中點）或分等式（極優、優、中、劣、極劣）更為有用。

3.經理人希望評估者具名，但評估者希望不具名。

4.如評估者要具名，下級對上級的評估則常發生故意給高分的事。

5.在經理人收到的回應資料中，25%屬並不意外的肯定；30%屬意料之外的肯定；20～30%屬可預見的否定；15～20%屬意料外的否定回應。

6.19%的經理人意外發現，他們的評比比自己想像的要低。

7.只有50%的經理人將下級評估上級的結果與人分享。

8.被評估者如果對此制度不信任，和評估者的溝通一定會出現鴻溝。

9.被評估者對評估者的回應往往當耳邊風。

10.被評估者往往要自己去發掘改進之道。

11.72%的評估者認為，他們的上司不重視評估回應的結果。

12.87％的評估者認為，評估者忽略他們的努力。（安東里尼，1997）

 ## 第四節　自我評估制度規劃

　　績效評估在實務運作上容易因主管的決策而有誤差。所以，應以員工自我評估與主管的評估兩相比較，以減低員工與主管的認知落差。

一、自我評估的程序

　　要使績效考核制度更具合理性、接受性，並且減少部屬對績效考核不平、不滿的方法，就是採用「自我評估法」，其作業程序如下（董定遠譯，1989：40）：

範例9-4

英特爾（Intel）的全視角績效考核系統做法

做法	說明
匿名考核	確保員工不知道任何一位考核小組成員是如何進行考核的（但主管人員的考核除外）。
加強考核者的責任意識	主管人員必須檢查每一個考核小組成員的考核工作，讓他們明白自己運用考核尺度是否恰當，結果是否可靠，以及其他人員又是如何進行考核的。
防止舞弊行為	有些考核人員出於幫助或傷害某一位員工的私人目的，會做出不恰當的過高或過低的評價；團隊成員可能會串通起來彼此給對方做出較高的評價。主管人員就必須檢查那些明顯不恰當的評價。
採用統計程式	用加權平均或其他定量分析方法，綜合處理所有評價。
識別和量化偏見	查出與年齡、性別、民族等有關的歧視或偏愛。

資料來源：〈全視角績效考核法概述〉，中人網社區網址：http://community.
chinahrd.net/forum.php?mod=viewthread&tid=175660。

1.決定公司要求的自我評估項目（職種類別）。

2.分發自我評估表給每一員工。

3.員工自行填寫自我評估表。

4.根據自我評估表舉行主管和部屬的面談。

5.決定今後開發個人能力的方向並予以實行。

二、自我評估的優缺點

　　員工的自我評估的真正用意，是要員工寫下自己的目標、成功的地方以及自己的發現，這個記錄並不是為了接受主管的評估或是批判所設計的表格。相反地，它是目的是協助每一位員工為自己的績效負責。每位員工可將它視為一面鏡子，這是一種跳出自我的方法，利用這個記錄，員工

表9-7　自我評估的優缺點

類別	說明
優點	1.多元的訊息來源，可以避免單一考核方式的不足。 2.幫助主管順利推行評估諮商。 3.能增進評估者與員工之間的溝通，降低被評估者採取比較低防禦的態度。 4.能改進或提高對公司目標的承諾。 5.自我評估對員工本身的成長有很大的幫助；同時，主管也會瞭解員工訓練與管理發展的需求。 6.員工比主管或同事更能區別本身的優、缺點，較不會產生月暈效應。
缺點	1.員工對自己給分是比較寬鬆的現象。 2.與直屬主管或同事的評定有不一致的現象。

資料來源：吳四明譯（2000）。馬庫斯‧巴金漢（Marcus Buckingham）、克特‧高夫曼（Curt Coffman）著。《首先打破成規：八萬名傑出經理人的共通特質》，頁312-313。先覺出版社。

可以瞭解自己是如何規劃他的工作，可以衡量這些計畫的效果，以及可以對自己負責（吳四明譯，2000：312-313）（**表9-7**）。

員工自我評估制度，如能把焦距擺放在鼓勵員工密切注意自己的績效及學習，把重點放在於自我發現工作上的長短處，則上述負面的顧慮就能克服一大半。

三、員工自我評估四個步驟

部屬學習和主管相處的第一步，就是學習如何管理自己。曾子說：「吾日三省吾身：為人謀而不忠乎？與朋友交而不信乎？傳不習乎？」其道理與自我評估是一脈相通的。員工要能清楚評估自己做事態度、自己的技術、自己的情緒特質，這樣才能為個人與工作上的成長設定目標。

能擁有客觀的自我瞭解，將讓員工本人接受自己所喜歡的部分，然後著手改變那些不喜歡的部分，這也讓部屬更容易在與主管績效面談當中分辨出有建設性的意見而加以採納。

範例9-5

員工工作表現自我考量與評估表

員工編號		姓名		評估期間	

說明：本表係員工本人與主管雙向在工作上溝通的工具，作為績效管理討論的依據

一、請說明你本期的主要職責與工作內容

　　1.員工教育訓練：(1)新生訓練；(2)OJT&OFFJT；(3)協助ISO 9002認證

　　2.資料中心：(1)協助ISO 9002文件管制作業；(2)剪報；(3)報章雜誌；(4)表單；(5)工作簿
　　　發放管理

　　3.資產：(1)公司辦公家具之清點；(2)固定資產管理辦法；(3)各部門固定資產之清點

　　4.staff meeting會議記錄

　　5.員工國外出差行政事務

　　6.人員招募、面試安排、新人報到手續、員工人事檔案建檔、人事異動、績效考核、福
　　　利、離職資料跟催

　　7.經辦團保業務事宜

　　8.承辦福委會業務

　　9.文書／合同、印鑑管理業務

　　10.協助總經理處理一般行政事務

　　11.代理總機／總務工作

二、請評估本期你所具體完成工作任務之成就（儘量以數量化來表示）（以5分為完成計算）

　　1.協助完成公司ISO 9002認證：　　　　　　　　　　　　　　　　　　　　　5
　　　(1)教育訓練；(2)文件管制作業

　　2.資產：
　　　(1)公司辦公傢俱清點完成　　　　　　　　　　　　　　　　　　　　　　　5
　　　(2)固定資產管理辦法　　　　　　　　　　　　　　　　　　　　　　　　　4
　　　(3)各部門固定資產清點　　　　　　　　　　　　　　　　　　　　　　　　3

　　3.staff meeting會議記錄　　　　　　　　　　　　　　　　　　　　　　　　5

　　4.員工國外出差行政事務　　　　　　　　　　　　　　　　　　　　　　　　4

　　5.資料中心剪報、報章雜誌、表單、工作簿清查　　　　　　　　　　　　　　5

　　6.人員招募、面試安排、報到、建檔、異動、考核、團保　　　　　　　　　　4

　　7.承辦福委會業務　　　　　　　　　　　　　　　　　　　　　　　　　　　4

　　8.協助總經理處理一般行政事務　　　　　　　　　　　　　　　　　　　　　4

三、請具體說明你在本期的工作效率與品質

　　由第一項之主要職責與工作內容及第二項所具體完成工作任務之成就可知工作效率與品質
　　算良好

四、請具體說明你對自己在擔負的職責上應如何加強，以提高績效及生產力

　　1.加強與各部門間之溝通協調能力

　　2.加強後面第八項所列舉之專業知識能力

　　3.管理電腦化、工作更簡化、具制度化及流暢性

五、請列舉你對部門／公司整體績效提升的具體建議與期望
　　1.能朝向策略性人力資源管理與規劃面方向學習
　　2.加強各部門之間的銜接性與溝通協調
　　3.管理電腦化

六、請列舉個人在工作上的長處
　　1.能簡化工作流程
　　2.講求制度化
　　3.重檔案管理與分類
　　4.具創新思考能力
　　5.重品質概念
　　6.具規劃能力

七、請列舉個人在工作上仍需改進之處
　　1.與各部門之溝通協調
　　2.於下面第八項所列舉之專業知識能力的提升與加強
　　3.管理電腦化
　　4.工作更簡化、具流暢性、制度化

八、請列舉對你目前及未來工作會有助益之訓練／教育
　　1.任用招募　　　　　　　　　　　2.勞動法規
　　3.勞健保、團保與福利　　　　　　4.職工福利金條例與福委會運作
　　5.策略性人力資源管理與規劃　　　6.人力資源管理電腦化
　　　（人力資源管理規章制度設計）
　　7.ISO 2000年版實務課程　　　　　8.獎金制度規劃與設計
　　9.基礎面談技巧　　　　　　　　　10.薪資暨福利管理
　　11.心理學

九、請列舉下期主要工作計畫並經主管同意確認（工作目標儘量以數量化來表示）
　　1.執行招募，人事制度（面試安排、報到手續、員工人事檔案建
　　　檔、人事異動、績效考核、福利、團保、離職資料跟催）　　　20%
　　2.教育訓練（新生訓練、OJT&OFFJT、協助ISO 9001認證）　　15%
　　3.資料中心（協助ISO 9001文件管制認證、剪報、報章雜誌、　　15%
　　　表單、工作簿發放）
　　4.固定資產循環　　　　　　　　　　　　　　　　　　　　　15%
　　5.管理電腦化　　　　　　　　　　　　　　　　　　　　　　10%
　　6.staff meeting會議記錄　　　　　　　　　　　　　　　　　5%
　　7.承辦福委會業務　　　　　　　　　　　　　　　　　　　　5%
　　8.經辦團保業務事宜　　　　　　　　　　　　　　　　　　　5%
　　9.文書／合同、印鑑管理業務　　　　　　　　　　　　　　　5%
　　10.主管指派之其他任務　　　　　　　　　　　　　　　　　　5%
　　　　　　　　　　　　　　　　　　　　本人簽名：
※填妥本表後請交予直屬主管以便共同討論　　直屬主管簽名：

資料來源：丁志達主講（2019）。「績效考核與目標管理訓練班」講義。台灣
　　　　　科學工業園區科學工業同業公會編印。

(一)步驟一：瞭解自己的生活習性

1.準時工作，有時候會提早到公司，會自己加點班，在截止期限前，準時交出報告，以及遵守自己在應徵面談時的工作承諾；自己的行為舉止，會為你的同事樹立典範。

2.按照「企劃」來工作，而不是依「時鐘」來工作。

3.找尋新的方式、新的方法來工作。

4.詢問對於新技術的訓練課程。

5.觀察同職級的同事，他們是如何改進自己的工作方式，見賢思齊。

6.能分擔他人的工作。

7.磨練自己的知識與經驗，以為將來的新工作預作準備。

(二)步驟二：瞭解自己的優缺點

1.去年在工作上的主要成就是什麼？它與訂定的目標有何關聯？

2.我對去年的表現，哪裡最不滿意？

3.目前從事的工作，什麼是我最重要的資產？我的主管認同嗎？

4.評估一下，若我再次爭取現在的工作，並與他人一起公開競爭的話，中選的機率有多大？

5.我最需要加強的個人發展領域有哪些？

6.我在去年學到了哪些能對我未來的工作有幫助的技術？我的主管認為呢？

7.除了我目前負責的工作外，在公司之中哪些職位是我能勝任的？我知道自己必須做到哪些才符合該職位的資格嗎？

(三)步驟三：設定目標以求改進

1.我的職業目標是什麼？

2.我的行為是否阻礙了這些目標的實現？

3.短期目標是幫助我達成長期目標的踏腳石？

(四)步驟四：監督自我進展

1.我的整體目標進行得如何？

2.我的目標是否有價值？

3.我的目標對公司來說有價值嗎？

4.哪些新目標可為我和我的公司帶來利益嗎？

四、撰寫自我評估表

評估自己在工作場所的表現，可以幫助自己瞭解自己的優點，以及需要克服的缺點，並能瞭解自己的能力，加上設立明確的目標，將協助自己專注在與主管的關係上，例如自己能帶給企業的貢獻是什麼？自己又能從工作中獲得什麼的經驗累積？

在自我評估表內，花點時間寫下自己在去年的成就，那些最讓自己感到自豪？自己的成就如何讓公司獲利？盡可能將自己的結果數量化；客觀、誠實的回顧自己的優缺點，坦白承認哪些做錯的事，以及決定你的未來方向，藉此提醒自己的主管，注意到自己可能具有的特殊成就，而對評核的結果產生一些正面影響，同時也向自己的主管保證會如何加強能力，這對於主管與個人雙方都比較有建設性的回饋。

公司推行自我評估之制度，一定要澈底執行，如果員工認真的填寫自我評量表，但主管卻毫無反應的話，員工就會開始懷疑，到底有沒有這種制度存在的必要？於是，員工就不想再那麼認真地填寫自我評量表，他心想，寫跟不寫，不都是一樣嗎？這還不要緊，更嚴重的是，可能會變成對於公司人事政策的不信任。因此，既然希望員工能真實坦誠地填寫自我評量表，就應該充分利用此一表格。

範例9-6

員工自我評估做法

日本辦公室自動化（OA）製造商「松下電送株式會社」，在每年的2月份發「自我評估表」給每位職員，在表內把過去一年中擔任的主要工作，依照時間長短的順序填入，分別把各項工作照「尚有餘力」、「十分勝任」、「達成任務」、「尚須努力」、「能力不足」等五個階段，給自己評估。不只是工作，也要對自己所具備的能力（實務知識、理解力或判斷力、說服力等）、態度、意願（規律性、責任性、協調性、積極性等）作自我評估。

填妥的「自我評估表」，提交直屬主管並進行績效面談後，直屬主管就照表上所填的各項資料和平時的觀察比照，將建言、評語記註表內，經由第二人、第三人的覆核後，就送交人事部門。

資料來源：董定遠譯（1989）。荻原勝著。《新人事管理——二十一世紀的人事管理藍圖》，頁42。尖端出版。

結　語

對員工的績效持不同觀點的考評人數的增加，可以提高考核的準確性，但是，如果考核受到與工作不相關的員工特徵的影響，那麼考評者的任何組合都不會帶來準確的決策。

多元績效回饋制的成功之處，在於能夠有效地結合訓練員工生涯發展、組織變革等目標，並且能藉由成員之間共同的學習，達成組織高績效的目標。同時員工也會明瞭，他要討好的不是他的上司，而是顧客、一起工作的同事及其部屬等。但是，多元績效回饋也像一把雙刃劍，實行成功將使組織脫胎換骨，但是如果做法不當，將跌入組織成員之間不信任的惡

性循環之中。因而一套完整的評估回饋系統,應該是與企業本身的策略相互的結合,而績效評估的結果亦不只是作為調薪、升遷、工作獎金等人事功能的決定,而必須真正的改變組織文化,而且以策略性的角度進行變革,才能克竟其功。

Chapter

10

績效考核行政作業

最完美的說話藝術不僅是一味的說，還要善於傾聽他人的內在聲音。

——英國文豪威廉‧莎士比亞（William Shakespeare）

 考績丁等

唐太宗時，桂陽縣令阮嵩娶妻閻氏，十分悍妒。一次阮嵩在外廳宴客，席間招女奴歌唱助興。閻氏竟披頭散髮，赤足露臂，瘋狂般持刀來到外廳，賓客見狀，大驚，紛紛走避，女奴倉皇逃奔，阮嵩更是情急躲到床下，渾身顫抖，不敢出聲。

刺史崔邈獲悉此事，遂做如下考評：「婦強夫弱，內剛外柔，一妻不能禁止，百姓如何整治！妻既禮教不修，夫又精神萎弱，考下下，解除現職。」

【啟示錄】中國古代是以「工作能力（才）」、「一般性品德與人格特質（德）」、「應有的行為規範（常）」與「見識與氣度等價值觀（識）」四類評量因子來鑑識人才。

資料來源：唐人張鷟撰。《朝野僉載》。引自：《講義雜誌》，2003年四月號，頁35。

心理學上的歸因理論（Attribution Theory）是關於判斷和解釋他人或自己的行為結果之原因的一種動機理論。有賴於下列假設：人們因為想要瞭解行為，所以指派其原因。人們通常將原因歸於性格特質或情境因素。

性格特質，包括個人或團體特質，例如動機水準、心情與先天能力；情境因素，包括個人無法控制的力量，像是環境條件或運氣不佳。人們在評估自己的行為時，傾向於偏好情境因素，相反地，人們在評估他人行為時，傾向於偏向性格特質。

歸因於性格特質而非情境特徵的著名例子，出現在英國人類學家科林‧滕布爾（Colin M. Turnbull）的著作森林人《*The Forest People*》乙書

中，滕布爾描述一位歐洲農場主人，如何對待沒有穿襯衫但是打領帶的非洲農場工人：「我實際上有一個打領帶的農場……但是這個愚蠢的混蛋不知道打領帶時也要穿襯衫。」主人將此行為歸於性格因素……這位農場工人就是很愚蠢。如果農場主人以情境因素來解釋此行為，他可能會發現：「農場工人之所以打領帶，是因為它有鮮明的顏色，可以用來綑綁束西。他之所以拒絕穿襯衫，是因為它會堆積灰塵和汗水，讓歐洲人聞起來覺得很臭。」無論對錯，人們的歸因都會塑造社會互動的內容，換言之，人們建構現實的方式，會影響他們如何對待和處理不同的個人和團體。因此，奧地利心理學家費里茲·海德（Fritz Heider）認為，人們傾向於將原因歸於個人特質而忽略了情境的因素（李茂興、徐偉傑譯，1998：301-302）。

第一節　有效的溝通技巧

美國聖地牙哥大學娜達莎·約塞華茲在《做個成功主管》一書中，指出了溝通對管理工作的重要性：「身為主管的職責最重要的技巧，就是你和別人維持良好關係的能力。」簡單來說，你希望透過別人來幫助你達成組織的目標，就必須知道如何和人「溝通」，和善加運用「溝通」的技巧。

溝通是績效管埋的靈魂。溝通（Communication）起源於拉丁文communis，意即「分享」或「建立共同的看法」，是一種雙向交流、互動的過程。在企業內，溝通的基本目的，是主管提供部屬個人工作所需的資訊，同時針對部屬個別的工作表現來做回饋。一旦達成這些基本的要求後，部屬就可以瞭解其工作單位的目標和成果、在單位內所扮演的功能性角色和對組織整體的影響，以及找出對企業產生貢獻的有效方法。

人類社會是由「溝通」所形成，且溝通的方式絕大部分是靠「說」

和「聽」兩者所形成。雖然溝通的方式還有使用眼睛「看」的方式,利用皮膚「接觸」的感覺,以及「嗅」的方式,但是仍然以「說」與「聽」為主軸。

一、溝通的方式

最完美的說話藝術不是只會說,而是善於去傾聽他人內在聲音。在職場上,溝通有四大面向:向上溝通(上司)、向下溝通(部屬)、平行溝通(參與會議)和對外溝通(顧客)。績效考核要做到公平、公正,主管一定要對部屬很瞭解,除了平時的觀察、留意、記錄之外,還需要採取有效溝通的評估方法。

(一)告知與推銷

這種溝通方法的目的是讓員工知道(告知)他們的工作做得怎麼樣,並給員工制定提高績效的具體目標(推銷)(**表10-1**)。

表10-1　有效溝通十誡

1.溝通前應先將概念澄清。
2.檢討溝通之真正目的。
3.考慮溝通時之一切環境情況,包括實質之環境及人性之環境。
4.計畫溝通內容應盡可能取得他人之意見。
5.溝通時要注意內容,同時也應注意語氣。
6.盡可能傳送有效之資訊。
7.要具備必要之追蹤,獲取有用之回饋。
8.溝通時不僅應著眼於現在,也應著眼於未來。
9.應言行一致。
10.成為一位好聽眾。

資料來源:美國管理協會(American Management Association, AMA)。

(二)告知和傾聽

這種溝通方法是主管讓員工瞭解他對其優缺點的看法，並瞭解員工對此的回應，讓員工對考評程序的滿意度最大化。主管要積極傾聽與瞭解員工的態度、情感，使用有效的停頓來鼓勵員工訴說，複述的陳述以確認自己的理解員工訴說的情事，在面談結束時對員工所訴說予以總結。這樣，員工瞭解自己的述說已經被人「傾聽」了（**表10-2**）。

表10-2　說話的藝術

批評性	描述性
該死！你下次再也不能幹這種蠢事了！	不合格的廢品仍然太多，我們必須設法解決這個問題。
你真是笨手笨腳，不懂人情世故。	有些同事誤認你的坦率、正直為敵對的，不友善的行為。
你真是好鬥分子，大大好勇鬥狠，不知合作。	有許多人認為你的態度太強硬了一點。
這件意外完全是你的責任，你疏忽了安全規則。	這件意外的發生，可能是因為我們對安全規則的看法有點出入。
威脅性	**問題取向**
我的意思已經很明白了，為什麼你還不回去工作？	這些意見都值得考慮。回去後，你好好想一想，下星期我們再討論。
我已經決定這麼做，以提高績效。	你有沒有想過，我們該怎麼做才能提高績效。
冷淡型	**關懷型**
我真不知該怎麼辦？	對於此事我也無計可施，但我知道該向誰求助。
此事我一無所悉。	我沒有注意這件事。讓我好好想想，看看有沒有辦法可以解決。
好吧！你就試試這個方法。	我覺得你好像對我們的計畫沒什麼信心。
優越感	**平等式**
算了吧，老王！這種事我已經幹了十幾年，難道還要你多說。	這個辦法以前用過，而且頗為有效，你要不要試試看。
聽好！決策是我的權力，還輪不到你來過問這件事。	雖然最後的決定操之在我，但你仍然可以提出意見。

（續）表10-2　說話的藝術

僵硬型	彈性型
這個問題我已經有相當的瞭解，所以不需要其他的意見。	關於這個問題，我已經有了腹案，不過我仍然很想知道你的看法。
這些建議我都仔細考慮過了，不必多費脣舌再爭辯了。	我仔細研究了這些建議，儘量設想它們的優點，你能不能指出我疏忽了哪些地方？

資料來源：劉宏基譯（1987）。〈考核不是批評〉。《現代管理月刊》，1997年9月號，頁28-31。

(三)問題解決

這種溝通方法最大限度運用了員工參與考評、共同討論和解決員工的問題、制定具體目標等原理（**表10-3**）。

二、管理人員與部屬對話時應注意事項

管理人員在與部屬進行績效考核面談溝通時先向員工強調，你的

表10-3　問題解決的溝通重點

1. 總結員工做得好的方面和討論員工遇到的問題。
2. 請員工具體描述他值得認可的方面和認可的原因，儘量具體一些，以便使雙方都明白要維持績效水準需要做什麼。
3. 請員工分別說明應該已開始做的、已停止做的或正在做的事情。討論的重點應著眼於未來而不是過去，應該強調的是員工的學習和開發，而不是給予批評。
4. 請員工提出那些需要你給予幫助的問題。
5. 把重點放在你想看到的結果。
6. 在請員工開誠布公地說出他對你的意見的想法的同時，你要特別注意傾聽。很有可能，你最初關心的問題沒有根據，因為你沒有掌握全部的事實。
7. 雙方應就各自採取的問題解決步驟達成一致意見。
8. 訂定下一次面談（會議）的日期。

資料來源：蕭鳴政等譯（2002）。加里・萊瑟姆（Gary P. Latham）、肯尼斯・韋克斯利（Kenneth N. Wexley）著。《績效考評：智力於提升企高事業組織的綜合實力》（第2版），頁106-108。中國人民大學出版社。

重點是「績效」，而不是「個人」。例如：「上個月你的店面盤點表有七次沒有提交」，這種說法具體又直接，而且聚焦在「績效」（言之有物），而不是「個人」身上（指責、批評），比較能真正獲得你要的結果。下列是管理人員與部屬對話溝通時應該留意的事項：

1. 溝通光有技巧是無法達成的。為了使溝通能夠成功，主管必須具有誠懇的態度。

2. 在溝通之前，應事先對溝通的方式和內容加以檢討，並把重點儘量集中在工作的目標與部屬自我啟發的目標上。

3. 在溝通時，必須指導部屬自己設定工作與自我啟發的目標，並努力提高部屬的幹勁。

4. 儘量讓部屬自由地表達出其意見，並對部屬說明公司以及自己對他本人所期待的事項，以努力達到共同的結論。

5. 在部屬所提出的事項中，如果在實行上有困難，應該實際加以說明，以免部屬抱著希望。

6. 管理人員本身應該抱著坦率的態度，不要讓對方有拘束的感覺，努力塑造一個平等地位的對話氣氛。

7. 意見有分岐的時候，也絕不爭論，必須以冷靜的立場，聽聽對方的意見，彼此協力引導出一個適當的結論。

8. 在對話結束之後，應該把討論的重點整理出來，並互相確認。

9. 在進行溝通時，盡可能選一處比較安靜、不會受到干擾的地方。

為了確保溝通的有效性，如果每個主管在每一季度都進行季度考核，那麼將這些結果進行最後的統籌，並形成年度考評總結，就是一項簡單的工作了。如果主管平日一直在做指導，並不斷給予回饋，那麼無論最後出現任何結果，主管都不會感到奇怪。而且在溝通中。涉及過去事情的對話內容最好控制在25%以內，其餘的部分都應集中關注未來的工作改進（HR MANAGER雜誌編輯部，2006）。

第二節　傾聽藝術

在人際關係中，「懂得聽」與「會聽」是一門學問。最會讓對方說出心裡話的人，就是最會傾聽的人；最會傾聽的人，就是最會問話的人，而問話並非質問、挑釁對方，是關心的問話，引導對方願意自我坦白。當對方說出來時，最重要的是傾聽，並讓他有安全感。傾聽是聽出他的困難和問題點，並不是要羞辱他，而是以同理心（Empathy）去關心他，協助他，讓對方從對話中找到答案，對話是建立在彼此信任的基礎上，願意深度彼此互相成全。

範例10-1

傾聽的重要性

　　美國有一位汽車銷售大王，在他的銷售生涯中總共賣出一萬多輛汽車。雖然他銷售成績十分亮眼，卻是曾經經過多少次的失敗才得到的成績。有次，一位客戶介紹他的朋友來買車，銷售大王非常認真用心的介紹，客戶也表示滿意，可是到最後客戶突然不買了。銷售大王經過一整天的反覆思考，終究是不明白問題出在哪裡？終於忍不住打電話去詢問客戶，到底為什麼原因不買他的車？當客戶聽到銷售大王電話的來意，猶豫一會，終於開口說：「你對汽車的解說我很滿意，可是我不欣賞你下午的態度。我本來想買，但最後在談到我兒子的事情時，你表現出一副蠻不在乎的態度，而且你一邊和我談話，又一邊聽別桌銷售員在講笑話，這讓我覺得很不受尊重，我就是因為你的態度才決定不買了。」

資料來源：溫玲玉（2010）。《商業溝通：專業與效率的表達》，頁157。前程文化事業。

一、傾聽的舉止行動

　　美國賓州大學華頓學院彼得・卡派禮教授提出傳統與新興的兩種人力資源管理概念，「維護一座水壩」或「管理一條河流」。前者猶如鯀治水，後者猶如禹治水的想法。圍堵員工抱怨，不如鋪設多元溝通的管道，讓員工的「怨氣」有「正規」的宣洩出處，懂得傾聽員工的「哀怨」聲，就能及早發現潛藏組織內部人事風險。如果你希望得到他人真誠的回饋意見，就要學會悉心傾聽的藝術。

　　直銷企業玫琳凱公司（Mary Kay Inc.）創辦人玫琳凱・愛施（Mary Kay Ash）說：「優秀的領導者必須是很好的聽眾。上天賜給我們兩隻耳朵、一張嘴，就是要我們多聽少說。傾聽有雙重的好處，不但能得到有用的消息，還使別人感覺自己的重要。」

　　「聽」這個字，就是由耳朵、眼睛、心和腦組成。傾聽不只是閉嘴聆聽而已，同時還要讓部屬知道你在聽他說話，這代表了你對他的接納、尊重與關懷。所以，在傾聽部屬說話時，還應加上微笑、點頭，以眼睛關懷的看著他等等之「行為語言」，讓對方知道主管瞭解他說話的內容（**表10-4**）。

　　彼得・杜拉克說：「溝通最重要的地方是去傾聽沒有說出口的部分。」謙卑，就是儘量多提出問題，不要預先設定答案。

二、傾聽十誡

　　績效管理首重溝通。企業環境中，只聽不說常常被視為是弱點。事實上，積極傾聽的人是透過不同的方法獲得場面主控權，注意說話對象的種種細節，包括手勢、停頓、言外之意等。擁有傾聽的能力是一個重要的特質，代表了耐心與禮貌。

　　美國著名的心理諮商專家，柏歐拉大學（Biola University）婚姻、家庭與兒童輔導研究院前院長賴諾曼（H. Norman Wright）在《夫妻相處

表10-4　傾聽的要領

1.主談者訪談的時間不能少於總談話時間的10%，也不能多餘25%。

2.坐姿要端正，眼神要直視被訪談者，以表示對這件事的興趣及注意力。

3.表情要自然，不能因為對方錯誤的陳述而有不悅的表情。

4.注意對方非語言的姿勢或肢體動作所表達出的訊息，例如對方坐的姿勢（放鬆或僵硬）、眼神的接觸、手的放置、臉部的表情、腳是否抖動、音調的變化、觸及敏感話題的反應等。

5.是否能適應幽默的語氣？

6.必須瞭解對方的立場，聆聽對方的發言，用不著拘泥於言詞的細微之處，最重要的是掌握對方想要訴說的內容。

7.同意對方的主張之後，再說出自己的意見，務必尊重對方的意見。這樣，對方也能尊重自己的意見。

8.不可打斷對方的話頭，應該把對方的話聽完之後，再陳述自己的意見。

9.對方說話到一半時，不可憑主觀遽下判斷，應該靜待對方將話說完，才客觀地加以判斷。

10.自己的思考必須配合對方說話的速度，要是對方說話的速度非常快，自己的腦筋也要動得快才行。

11.對方說話的內容，如果有不瞭解的地方，應該詢問對方，弄清楚話中含意。要是有不瞭解的地方，卻不加以深究的話，以後對方的意見有誤，就不能不表示贊同了。

12.不只是耳朵聆聽，眼睛也要注視對方。在聆聽對方說話時，必須認真地注視著對方的表情。在聆聽別人說話的技巧當中，注視著對方的表情，算是重點之一，切莫忘記。

13.如果能正確地掌握對方心中的想法，我們說話時就可以抓到重點，這比自己亂猜一通，更能提高人際溝通的效率。

資料來源：丁志達主講（2018）。「面談技巧研習班」講義。行政院人事行政總處公務人力發展學院（台北本部）編印。

之道》（*More Communication Keys for Your Marriage*）書上提到「傾聽十誡」為：

1.不可審判論斷：除非你全盤瞭解，否則就不該隨意批評或論斷。

2.不可穿鑿附會：不在對方的話語上任意作邏輯推演，或附加自己的主觀意見。

3.不可自以為是：不以自己選擇性的聽，當作對方的原意。

4. 不可心猿意馬：不讓注意力或思想到處亂跑。

5.不可故步自封：不封閉心靈拒絕不喜歡的觀點、對立的意見或不同
　角度的看法。

6. 不可過度期盼：不容許情緒控制理性，或理性控制心靈。

7. 不可胡亂猜測：除非發言者自己解釋，傾聽者不可替人註解。

8. 不可預做定論：不在傾聽中途，預先立下自己的定論。

9.不可畏懼挑戰：不害怕他人的指正，也不該懼怕改變或改進。

10.不要求或逃避：不過度要求別人給你說話的時間，或過度被動不
　　開口說話。

　　主管改善傾聽技巧，最重要的一步是在不斷的溝通過程中調整自己
的基本態度，消除偏見、尊重對方。如果每個人的傾聽層次都能往上提
升，績效面談時，主管的「畏戰」、「懼戰」心理就能迎刃而解（**表10-
5**）。

表10-5　傾聽的技巧

1.傾聽時最好不要打斷對方的談話，除了對不懂的地方發問之外。
2.確認你真的聽懂了對方的意思，尤其是對方講話的重點，聽完後，不妨用簡單的
　話複述一下你聽到的重點資訊。
3.你的肢體語言和你的內心應當是協調一致的，要專注，有誠意。
4.使用表情、形體語言或簡短的回答向對方傳遞回饋資訊。在傾聽中要竭力避免以
　下現象的出現：
　• 敷衍了事。
　• 急迫地想打斷對方。
　• 機械式的回答。
　• 只考慮自己的立場。
　• 始終不給對方任何回饋資訊。

資料來源：李開復（2006）。《做最好的自己》，頁339。聯經出版。

第三節　影響績效考核偏誤的因素

　　每家企業要做好績效考核（評估），除了事前周密的前置作業規劃外，在進行考核的過程更是重要。因此，必須避免一般在考核時所發生常見的偏誤（Bias）。

一、績效考核偏誤的類型

　　考核偏誤，是指一個人在觀察和評價另一個人時，在判斷過程中產生的系統誤差。考核偏誤的類型可分為六大類型：基礎理論因素型、功能性因素型、考核者因素型、受考者因素型、第三者因素型及考核運作因素型，而其中考核者因素是考核謬誤的重心，牽動了受考者因素與第三者的因素，連帶影響而產生考核運作的偏差。因此，縱然績效評核制度之設計已力求完善，但徒法不足以自行，往往因評核者的執行能力不足而產生各種不同的偏誤缺失。在實際運作上，如果偏誤發生而不及時修正，除了獎懲不公外，也會破壞績效管理的可信度（**表10-6**）。

二、績效考核的盲點

　　由於沒有一種績效考核方法是完美的，不同的主管對考核的認定標準也有差異性。下列提到的幾項因素，只要管理者稍為疏忽，就會導致績效評估產生偏差，造成考核結果欠缺客觀與公平（**表10-7**）。

　　一般而言，評核者績效考核時易犯的偏誤有下列幾項：

(一)月暈效應

　　月暈效應（Hallo Effect）又稱光環效應，係指上司在評核員工時，只根據某些工作表現（好的或壞的）來類推，作為全面評核的依據，正如古

表10-6　考核謬誤的類型

考核謬誤的類型	考核謬誤的項目	例示
基礎理論因素	1.假設的操控性 2.理性的有限性 3.正義的假象性	
功能性因素	1.獎勵性的扭曲 2.汰劣性的爭議 3.回饋性的缺失	
考核者因素	1.好同惡異 2.好強、嫉才性 3.認知差異	• 近因誤差 • 類己謬誤 • 考核者具有競爭好強特性 • 偏見誤差 • 內隱人格 • 投射作用 • 歸因作用 • 接近效果
受考者因素	1.年資因素 2.年齡因素 3.性別因素 4.職務因素	• 年資與職位取向 • 單一評估原則 • 迫使資訊符合非績效性準則 • 年齡誤差
第三者因素	1.外力干預 2.派系傾軋 3.考績委員會因素	• 社會原則
考核運作因素	1.程序性的誤差 2.比較差異 3.分數侷限	• 寬大或嚴苛的謬誤 • 趨中謬誤 • 比較謬誤 • 主管間的謬誤 • 輪流主義 • 邏輯謬誤

資料來源：李茂興、徐偉傑譯（1998）。Joan Ferrante著。《社會學：全球性的觀點》。弘智文化事業出版。

謠：「恨和尚連袈裟也恨」，使部分的印象影響到全體。

　　在月暈效應下，主管常會陷入對自己寵愛的部屬給予較高的績效（工作）評鑑，對不喜歡的部屬則給予較差的績效等第，特別是在團隊

表10-7　績效考核的盲點

類別	說明	範例
月暈效應	它是指針對一個人的某項優點而影響其他評估的項目。	對於外表姣好的被評估者，會被認為有責任感或強於協調性而受到高評價。
趨中傾向	部屬表現優劣不分，都集中於中線。	主管將員工評為中間等級，其實員工績效之差別相當明顯。
個人偏差	評估者在評估員工績效時，會受到特定的偏差觀念影響。	評估者因個人背景關係，對某些人存有偏見。最常見的是性別、種族、年齡及出身的偏見。
對比誤差	對同一人的評價，會因組織內其他人的表現水準而有所不同。	一位表現中等的員工，被評為績效差，因為他的同事個個表現不凡。
寬容傾向	考核者的評價結果，大部分成績落在中心點的上方。	主管對於屬下有人情、感情、信賴感，對自己缺乏自信、觀察不充分等主要原因引起的。
近因效應	因近期的特殊表現而忽略整年度平平的績效，而造成評估之誤差。	一位員工被評為績效佳，因為他剛好在年底前有突出的表現，其實全年平均下來，他的表現平平。
刻板印象	一種先入為主的看法對年齡、性別族群等在腦子裡有特定的看法。	一位55歲的工程師被評為績效差，因為他的動作慢且學習意願低，其實這並非事實。

資料來源：丁志達主講（2018）。「面談技巧研習班」講義，行政院人事行政總處公務人力發展學院（台北院區）編印。

裡，職位較低者的考核結果，常常被打折扣，職位較高者的績效成績，又常有被高估的現象。

　　克服月暈效應最主要的方法，是要消除主管的偏見。選擇與工作績效相關的評核因素，以及全期觀察、記錄、衡量、比較及判斷員工績效來克服，而不是只注意其中的一、二項是否做得好。

(二)趨中傾向

　　趨中傾向（Central Tendency），係指有些主管可能不願得罪人，也有可能由於管理的部屬太多，對部屬的工作表現好與壞不是很清楚，因而

給予部屬的評核分數可能都集中在某一固定的範圍內變動。比較常見的是大多數的考評分數都集中在中間等級（平均值），而沒有顯著的表現好壞之別。

趨中傾向的偏誤為「分數侷限」，這種將大部分員工的考績分數侷限在某一特定（通常其間的差距幅度過小）的做法，可能的原因或許是為了免於鼓勵員工有比較的心態。例如評等尺度為1到5等級，很多主管會避免評分給太好的等級（1或2等）或太差的等級（4或5等），而大多會勾選到中庸的3等級。

這種趨中傾向，一般認為是評核者對於評定人的工作缺乏信心所引起，例如未深入瞭解部屬的工作；平常未能蒐集在評定時所需要的情報；不關心對部屬的指導，或在指導的能力上沒有自信等。

要瞭解主管對員工的考核評核是否過於集中在某一範圍內，可以從某一考評者對其所有員工在同一年度內所給予的考核分數之標準差大小得知。

克服趨中傾向的對策，除採取強制分配法外，主管應於平日就要確切地與部屬接觸；要澈底與評價基礎做對比；要認真地執行對部屬的指導、培育的工作。如果能配合加註行為評量表，每一個分數旁邊加些敘述，可減低錯誤的發生；或用排序法來避免這個問題，因為每個人都排成序列，也就沒有所謂的「平手」。

(三)過寬或過嚴傾向

過寬傾向（Leniency Tendency），係指有些主管為了免於衝突，傾向給予大多數員工高估的考績等第（正向偏誤），即使員工的實際績效並不足以合理化給予該項偏高的等第（分數）。過嚴傾向（Strictness Tendency）則指有些主管可能因為不瞭解外在環境對員工績效表現的限制或自卑感作祟，或由於自己被評估的結果偏低等原因，因而傾向給員工偏低的考績分數（負向偏誤），縱使員工的實際工作績效並不應該有此偏低

的分數。

　　從管理角度來看，過寬或過嚴傾向都難以產生激勵效果。要瞭解主管對其所有員工是否有過寬或過嚴的傾向，可以採用在同一年度裡所給予的考績分數之平均值，若該平均值遠落在右邊的區塊內（高於中位數），則有「過寬」的問題；反之，若其平均值遠落在左邊的反應區塊內（低於中位數），則有「過嚴」的問題（圖10-1）。

　　為避免上述的偏見，最好的方法是主管在手邊準備一本記事簿，隨手把部屬的表現記錄下來，因為考核如果被部屬認為不公平，往往會造成工作懈怠、情緒低落、引起抱怨、爭執等負面的影響。克服這類績效評核誤差的辦法，可以採用強制分配法，即按照常態分配的比例來進行評估。

(四)年資或職位傾向

　　年資或職位傾向，係指有些主管傾向給予服務年資較久或是擔任之

圖10-1　過寬或過嚴偏誤及趨中傾向的例子

資料來源：韓經綸譯（1994）。Richard M. Steers著。《組織行為學導論》。五南
　　　　　圖書。

職務較高者的高評分（評等）。換言之，即對於與上司合作時間較長的員工予以較高的評價；反之，對於新進人員則評價較低，甚至對於自己所訓練的員工評分較高，而對於未經考核人訓練的員工評分較低。

出現這類年資或職位偏誤的現象，主要係主管主觀意識太強。克服之方法是訓練主管澈底揚棄對人不對事的錯誤觀念。

(五)評估者偏差

個人偏差現象就如同大專學生在選課時，會向前期學長請教某一科目的教授給分的寬嚴程度，來決定是否要選修這位教授的課。主管對個性溫和的人，給的考核標準較嚴苛，因為他們是一群溫順的綿羊，考核結果好壞不會跟主管爭論。對資深的部屬，為敬老尊賢，往往在無意中影響到考核的效能；對同校、同系的學長（弟）、學姐（妹）之部屬，也往往會落入照顧他們的陷阱。

(六)刻板印象

刻板印象（Stereotype），係指個人對他人的看法，往往受到他人所屬社會團體的影響。這些特性包括：性別、種族、地位、身分、宗教團體、身心障礙等。一般人的刻板印象認為，身分高的人較文質彬彬，身分低的人較粗野；參加某宗教團體的員工是善良的、是勤奮的；男性的工作能力較女性的工作易受到肯定，這都是刻板印象。

管理者以刻板印象而對眾多員工做績效考核，難免會產生不正確的現象。因此，考核者在反應個人偏好時，必須小心謹慎，而且應避免讓自己的偏好影響到對部屬的績效評等結果。

(七)近因效應

近因效應，係指有些員工習慣在年度結束前的二個月如同脫胎換骨般的埋頭苦幹，好趕上年度的績效考評，如果這時的主管「不英明」、「不

留意」而被目前這種「偽裝」的積極工作的假象所矇蔽的話，就會產生不公平的評價結果，而有些主管會錯誤地獎勵這種臨時抱佛腳的行為。

根據資料顯示，最近三星期以內的工作表現，主管的印象最深刻。大部分的管理者不大會記得三個月或半年前表現好的事情，但是對部屬做錯的事，大部分主管都會記得。因此，聰明的部屬知道在考核辦理的前幾週都避免犯錯。

範例10-2

績效考核「近因效應」的陷阱

「老李！下班了還忙些什麼？」一向準時下班的老李，自從這個月底起，每天都是最後一位離開辦公室，桌上堆滿了公文，埋頭苦幹。

「你先走吧！我必須今晚趕完這份計畫書。」

「算了吧！老李，王經理到外頭開會，不會回辦公室了。」同事們知道老李在做表現功夫，故意讓王經理看見他下班還在埋頭做事，以利在年底的績效考核上得到好印象。

「你們先走吧！我晚上要參加喜宴，時間還早，消磨時間罷了。」

老李編了個理由，遣走了同事後，他心中暗喜，據他的觀察，王經理的桌子上文件還攤開著，一定會回辦公室。

沒多久，王經理一腳剛踏進辦公室，就看到老李仍在桌子上翻閱文件，打著電腦，看起來忙碌的樣子。

「老李，加班呀！什麼事忙不過來嗎？」

「沒有，只是為了後天的計畫案，我再查一些資料，充實一點，以便爭取這筆大訂單！」老李心中非常高興，終於功夫沒白花。

年終考績上，王經理針對每一位員工的考核項目逐一填寫，只能憑印象，將一些如勤勉、耐勞、忠誠、努力、合作、正直、主動積極

等，按評分表打分數。老李偏高的分數，當然是反映最近幾天以來的印象。因此當年度老李的考績得了個優等。

　　以上範例，說明王經理在績效考核上犯了「近因效應」的偏誤。部屬知道快要績效評核了，每天準時到，很晚才回去，造成主管覺得他工作很賣力。這就是「近因效果」。

資料來源：丁志達主講（2019）。「績效管理研習班」講義。行政院人事行政總處公務人力發展學院（南投院區）編印。

　　考核是要將整個考核期間的績效加以評定，要觀察是考核期間的全部表現。如果某位員工在第四季終於成功完成一件銷售案，主管在表示讚許前，不妨先問他前九個月都做些什麼？相反的，如果某人在前九個月表現得非常傑出，千萬不要因為在第四季業績跌入谷底而處罰他。蒐集資料要精確，特殊優良或缺點都要隨手紀錄，每項考評因素要分開評定，不要混著談，這些都是避免近因效應發作的良方。

　　為提升管理人員在績效管理上的能力，組織需要提供管理人員績效考核與溝通的相關訓練，學習用聆聽、互信、鼓勵並給予員工尊重的方式，達成績效面談中有效的溝通，方能進一步改善和提升員工績效（圖10-2）。

第四節　績效考核偏誤解決對策

　　當績效考核受到偏見影響、被曲解或其不準確性達到一定程度時，員工勞動生產率提高的可能性就會大大降低，在晉升、僱用和替換員工方面可能會做錯誤的決定。另外，當績效考評和受到評價誤差影響下，員工可能會提出歧視訴訟，並可能勝訴。

圖10-2　績效評估之偏誤與對策

資料來源：常昭鳴編著（2010）。《PMR企業人力再造實戰兵法》，頁419。臉譜出版。

圖10-3　績效面談的時機點

資料來源：丁志達主講（2019）。「績效管理研習班」講義。行政院人事行政總
　　　　　處公務人力發展學院（南投院區）編印。

　　績效考核與面談是企業經營過程中必要之流程（**圖10-3**）。根據上
述各類考核偏誤現象，解決對策有：

一、將考核性與發展性的功能分開實施

　　在績效管理上，考核應該同時兼具過去導向的考核性功能，以及
重視未來潛能開發的發展性功能，在兩個不同時段進行，使用不同的量
表，以獲得個別的考核功能效果。透過有效的回饋與教導，促使員工能有
更多一層的績效表現。

二、將考核標準與用途分開處理

　　考核標準是落實企業文化的一種工具，員工事先瞭解考核標準，才有
工作目標追求的鵠的。在績效面談溝通時，雙方都能明確的抓住重點，避

免「雞同鴨講」，致產生績效面談後的工作低潮與憤憤不平的情形。

三、進行持續性且常態的觀察

　　為確保考核者對受考核者的工作表現的公平、公正的評核，考核者必須進行持續性且常態的觀察、記錄，而不是在正式規定的考核期間進行考核，例如半年或一年才進行觀察、記錄一次。

四、儘量蒐集相關工作上的表現資料

　　考核評分前應儘量蒐集相關工作上的表現資料，以作為評比的參考，有多少佐證，就寫多少事，這是避免考核不公的良方。除了直屬上司之外，員工自評、同僚、顧客或其他單位上司的考核資料蒐集，也可以使考核結果更周延、正確與公平。

五、對考核者施以適當的訓練

　　對考核者施以適當的訓練，讓主管瞭解評估過程的理論基礎，並且知道各種衡量錯誤的來源。例如考核技術運用的概念指導，實際操作的訓練，或是介紹不當的考績方式與因應策略等，有助於考核結果的正確性及考績的回饋。

六、慎選適當的考核表

　　考核的向度，類似工作分析，如果某一重要項目被遺漏，將會影響在該方面有好表現員工的士氣。一份設計周延的考核表，應具備適當的效度（指能測出正確可靠的程度）及信度（指考核結果一致性或穩定性），以確保考核結果的準確性。

七、審慎評估考核時機

考核頻率的次數太多，將使考核工作不勝其煩；考核次數太少，又不容易獲得完整的資料，使考核流於形式化，失去考核意義。因此，以定期考核為主，平時考核為輔，將使績效考核更能掌握時效，發揮功能。

八、適時地給予員工應有的回饋

回饋（Feedback），係指將訊息送回給員工，以謀求未來有更佳表現的程序。研究資料顯示，回饋可以減少角色的曖昧，並增加工作滿意度，還可以明確引導部屬的行為。績效考核結果和員工薪資或獎金如不掛鉤，將會使績效考核的功能失效，流於形式。考核的結果宜通知員工本人，考核者應與員工溝通，共同面對問題，解決問題，對於不服考核結果者，應給予申訴機會，消除員工不滿的情緒發生。

九、定期檢討考核制度之適用度

定期檢討整個績效制度的有效性與準確性，診斷考核流程的缺失與限制，將結果回饋至整個績效評估系統，透過不斷修正、改進，發展出一套適當的績效考核制度（**表**10-8）。

 結　語

開發績效考核工具要解決的首要問題是，減少在觀察和考評員工行為時存在的偏見。實施績效管理的目的是幫助部屬個人、部門及企業提高績效，它是主管與部屬之間的真誠合作，是為了更及時有效地解決問題，而不是為了批評和指責部屬。為了減少考核偏誤和昂貴的法律訴訟

表10-8　績效評估執行的要項

1. 以總結評論的型態做成績效評估，定期實施，以求簡要而持續地兼顧員工常態的表現。
2. 對實施績效評估成效卓著的主管加以獎賞，並鼓勵資深主管示範評估方式，藉以推動組織風氣。
3. 多運用明確特定的實例。評估等級只屬抽象字眼，列舉實例卻能有效地解釋評估結果如何達成，又兼具啟發作用，使員工知所仿效或警惕。
4. 建立雙向的對話，在評估過程中讓員工本身積極參與，必能減少其辯護藉口，增進對主管的信任，又兼具下情得以上達的功效。在如此雙向溝通管道中，主管的角色與其說是裁判，不如說是教練來的更貼切。
5. 評估內容只涉及工作本身，應明確評定工作施行的進度，避免關於個人特性的含糊影射。
6. 依據原訂工作計畫的目標作為績效評估的標準，隨時讓員工知曉其工作是否偏離目標，使其不斷自我修正。
7. 績效評估過程和結果應記錄成文件，在員工本身參與的評估中，正式的文件成為雙方協議的紀錄，可資日後參考和追蹤改進。
8. 評量各主管實施績效評估工作的狀況。如此各主管得以明白責任所在，以身作則。
9. 開授訓練課程，指導績效評估的項目和技巧，以增進主管進行績效的能力和信心，並推展成一股風氣。
10. 應分別制訂主管和員工個別的獨特工作目標。

資料來源：*Personnel Journal*（1990/02），白麗華譯。〈績效評估十要訣──要怎麼激勵，先那麼評〉。《現代管理雜誌》（1990年5月號），頁100-101。

費，必須對評估者進行培訓。例如在COVID-19（嚴重特殊傳染性肺炎）疫情下，駐外員工因為與老闆實體互動的機會變少（視訊），可能不易受到老闆的重視和青睞，因此老闆必須更依賴客觀的績效考核，才能更正這種因互動不足而產生的考評偏誤（葉匡時，2021）。

　　績效考核制度要能發揮綜覈名實、信賞必罰及獎優汰劣之功能，除了從制度面、執行面尋求改進外，亦需就各種影響考核的因素，如考核者、受考核者及考核層面之間的互動所衍生之種種績效考核謬誤情形，徹底謀求解決之道，方能使考核發揮其應有的功能，提振員工之士氣。

Chapter

11

績效面談技巧

打考績不應像打啞謎；績效面談是幫助部屬變好一點，不是感覺好一點。

——英特爾（Intel）創辦人之一安迪‧葛洛夫（Andy Grove）

母親的教誨

我（按：福汽車創辦人亨利‧福特）長大，年紀稍長時，母親便把照顧馬的工作分派給我。也許因為我曾經從馬上摔下來過，我不僅厭惡這件工作，也對馬有著無法化解的仇恨。

當我為了這件工作而發牢騷時，母親便平靜開導我：「人要活下去，就必須面對許多討厭的工作，如果這個也不要，那個也不要，處處存著逃避的心理，那你的人生便注定要失敗了，你可以同情別人，但絕對不可寵壞自己。」母親的話真是一針見血，好像早就看透我的心裡似的。

我深信想要有所成就，就必須從早到晚為工作動腦筋，如果甘心一輩子屈居人下，被人利用，那麼在下班鈴聲響起時，大可以把工作立刻忘記；若想出人頭地得到更好的成就，下班鈴聲就好像在提醒你：「用腦的時刻到了！」成功者就是能把工作做好，並富有靈活想像力的人。

【啟示錄】蘇格蘭諺語：「努力工作不會累死人，人們是因厭倦和疾病而死的。」遊手好閒是製造無聊、罪惡及貧窮的根源。主管不是演員，而是個導演（扮演母親的角色），點燃部屬的士氣，賦予大家努力的目標與使命感。

資料來源：《講義雜誌》。

在二次大戰後，人際關係的重要性逐漸被重視，而人際關係的運用技術之一，也就是面談（Interview）。面談，是從「面對面」這句話來的，亦即主管和員工，或是有關人員和從業人員，直接面對面談話，在一定的工作目標上彼此交換情報、意見及感情上的交流，或是互相磋商以解

決問題。

在組織行為學的角度來看，目標管理的成敗，取決於三個「如果」。首先，如果員工不清楚自己的能耐與長短處，或對自己的能力提升沒有相當的期待，目標管理會失敗；其次，如果員工不瞭解組織的需求是什麼，對主管賦予個人的任務目標不清楚，對於部門或團隊夥伴沒有同生共死的認知，目標管理會失敗；第三，如果個人目標與組織目標無法配合，目標管理也會失敗。要使這「三個如果」不發生，主管要確實做好績效面談，除了傾聽員工的心聲，更重要的是能夠協助他們瞭解自己的長處與盲點（邱皓政，2011）。

 第一節　主管！你是有實力的教練

員工都想知道主管對他們在工作表現上的期許，但大多數的主管都不喜歡為員工打考績，因為他們認為考評的過程就像一場面對面的對質。英特爾創辦人之一安德魯‧葛洛夫曾對一組管理人員，要求他們設想自己是給部屬做績效考核的主管，然後說出他們內心的感受。這個敏感的問題，得到的答案有：驕傲、生氣、焦慮、內心不安、有罪惡感、同情、關切、尷尬、沮喪（巫宗融譯，1997）。

從上述的「真心告白」實例中，可以明顯的看出處理績效考核，對主管而言，是一件既困難又複雜的事，但績效考核又是主管對部屬所提供的與「職務有關的回饋」當中最重要的一項管理工具，這種正面的和負面的考核，對部屬的工作績效評價有長期影響，它牽涉到升遷、獎金、加薪、認股，以及部屬的職涯發展等項，也難怪員工對它的看法如此分歧，產生的感受又如此強烈，實在也不足為奇了。

一、有效的績效考核特質

　　績效考核是企業針對每個員工所承擔的工作，應用各種科學的定性和定量的方法，週期性檢討與評估員工行為的實際效果，及其對企業的貢獻或價值進行考核和評價。

　　成功的績效評核，來自完善的管理制度，而非主管一時的好惡判斷，而良好的績效管理制度，必須建立於工作分析、設定目標、平時的紀錄、評估方法的瞭解與雙向溝通。績效考核評核的過程應是一整年度，是週而復始的，主管在績效考核過程中，要不斷地追蹤、記錄、溝通、協調，隨時與員工針對經營環境上的變化做適度的工作上調整，而非僅靠在「考季」來臨前的一個月內，憑主觀印象打「分數」。如果考績的宣布一年才一次，等於是把溪水蓄積了一年，然後一股腦兒宣洩出來，難免使員工無法接受事實，甚至怨恨上司偏心。這樣的問題，若能在平時就定期公布績效成績，使溪水不至於囤積而可解決掉大半。做主管能「悟出」上述的績效考核的技巧，考核部屬的心理壓力或許會減少些負擔。

　　許多部屬在工作上遭遇挫折或失敗，探討其主要原因，大部分的部屬大多不清楚到底主管希望他們怎麼做？他們花費很多的心力去做他們以為「該做」而主管卻認為「不是真正該做的事」。因此，做主管有責任告訴部屬，他對工作上的期許在哪裡？例如使員工瞭解其在公司中的地位和角色；協助員工釐清工作內容、工作要求與工作期望，使員工產生正確認識，而能將工作處理得更好，使潛力發揮出來；為員工規劃未來發展和成長的機會，使員工瞭解個人生涯發展的計畫；在面談過程中達成彼此對工作期望的共識，以強化主管與部屬的工作關係；讓員工表達其對績效問題的意見（蔡淑美，1988）。

　　下列是主管在與部屬面談，檢討年度績效時，要清楚所扮演的角色應有的正確思維：

　　1.績效評估的項目要與工作說明書相連線。

2.清楚地告訴部屬在工作上預期達到的目標。

3.績效考核僅根據工作的績效進行考核，不應扯進到其他與工作無關的因素。

4.使用的評估量表應與工作本身有關，且能客觀地顯示績效與目標的達成度。

5.考核程序的標準化儘量的客觀，不要因人而異。

6.考核者要接受績效考核訓練的課程，以瞭解評估項目的內容及其評估的責任，取得大家的共識。

7.與部屬平日要密切的溝通，尤其對個性較內向的部屬。台諺：「恬恬吃三碗公」（不吭聲的人），這種人通常說離職就離職，會讓主管措手不及無從挽留。

8.讓部屬評估自己的考核結果，聆聽部屬的意見，因為「水能載舟，亦能覆舟」。

9.針對考核期間來評估部屬的工作表現。

10.要做客觀、公正的評估，不要把許多的評核項目用綜合性的看法來觀察，一定要將各項評估因素單獨分開評核，就每一項事實行動做客觀的判斷。

主管指導部屬的過程，通常表現在對於目前績效的回應、為了改善績效的回應及加強職場生涯的指導（**表11-1**）。

二、主管打考績的原則

績效管理是一連串的規劃（Plan）、執行（Do）、評估檢核（Check）與反應改善（Act）等活動（績效管理循環系統，PDCA）的過程。主管在為部屬打考績時，應隨時隨地注意下列幾項原則：

1.保密原則：員工之間不應該知道彼此的考績結果。

2.公開原則：建立考評要點基準，並公開明確宣達。

表11-1　主管準備考核資料的參考項目

1.檢討部屬的工作說明書，看看是否有必要和部屬討論而修改部分的工作內容。
2.列出對部屬考核的所有客觀性資料，例如報告、產品、檔案、客戶的滿意度、客戶的抱怨、工作目標達成與否等。
3.列出對屬下考評的所有主觀性資料，例如個人之意見或感受等。
4.寫出對這套考核系統的感受如何？
5.寫出對方（部屬）可能的情緒反應。
6.寫出希望在績效面談上要克服的各項困難問題。
7.寫出預期這次的評估作業有什麼結果。
8.列出這位部屬的長處。
9.列出這位部屬的弱點，例如工作上需要改善之處。
10.列出認為指導部屬工作改進所需要的步驟。
11.列出認為部屬工作標準何在？特別是針對數量及品質方面。
12.為了要提升部屬的表現，自認應該扮演什麼樣的角色？

資料來源：丁志達主講（2018）。「面談技巧研習班」講義，行政院人事行政總處公務人力發展學院（台北院區）編印。

3.誠信原則：依考核要點做評量。

4.全程考量：以整個考評時間（如一整年）來考量。

5.適時溝通：讓員工表達其對績效問題的意見。

6.協助與支援：指引沒有經驗或者對執行該工作缺乏適切能力的部屬，告訴部屬該做什麼？如何做？何時與在何地做？然後密切監督其表現。

7.建設性的建議：保持客觀，根據事實來表示意見，而非依據不能證明的推論或判斷，同時需能舉例證實。

8.保持平衡：通常即使是好的表現，仍有改善的空間在；而整體性差的表現，也有一些值得讚美之處。

9.著重行為而非性格：通常建議一個人該做什麼事，要比把他歸類為何種人要容易得多。

三、績效面談話題

　　績效面談是員工績效被決定的前後，主管與員工針對考核內容相互討論，以取得雙方對過去績效表現與未來績效發展方向的共識，以創造組織、主管與員工三贏局面。

　　《華爾街日報》（*The Wall Street Journal*）曾針對美國各大企業主管做過一次調查，請受訪者列出他們在工作中最不喜歡的項目，結果「績效評估」位居第二名（排名第一的是「開除員工」）。探究其因，應是主管畏懼面對吃力不討好的「績效面談」，怕與部屬面談時產生的「情境衝突」。

　　建立及維持主管與部屬之間的信賴（自在／輕鬆／舒適／友善／溫暖／自由開朗地對話／信任／傾聽／開放胸懷／接受批評而無怨／不同意時也不攻擊對方）下，針對員工個人發展潛能所設計出的績效面談話題，提供主管參考使用。

1.讚美員工的特殊表現。
2.由部屬自己來評估個人的績效。
3.管理者回應、回答部屬的自我評估。
4.建議一些做法，幫助部屬改善自己的績效。
5.部屬對管理者的評估。
6.建議一些做法，有助於管理者改善自己的績效。
7.瞭解部屬的職業企圖心。
8.建議一些做法，幫助部屬達成自己預期的發展目標。
9.對所有的建議做法（行動方針）做一次摘要。（張美智譯，1999）

　　年度考核絕不像外表看起來那麼簡單容易，主管考評對象應該是績效，而不是部屬的加班單，除非部屬是生產線上第一線趕貨的作業人員。在通往公平計分與誠實考核的作業上，處處布滿了地雷與陷阱，主管

範例11-1

主管！你是教練，指導的是員工

　　有位工程師加入一家新公司，在工作小組會議中，他不發一語，但是稍後卻走進經理的辦公室陳述他不同意會中達成的決議。

　　這種情形發生過三次之後，經理決定對這位新進工程師的「行為」加以疏導。他邀請工程師外出午餐，並且描述他所看到的情況，這位工程師欣然同意他的看法，並且解釋在他以前的公司，公開的反對是會受到懲罰的，因此員工總是私下與老闆會晤來遊說自己的想法。經理說明我們這一家公司的文化正好相反，在這裡的每一個人都期望別人能夠直言不諱，並且在會議中說出自己的想法，而不是稍後在走廊上耳語，當其他同事知道他有意見卻沒有明講時，反而會憎惡這種沉默的態度。最後，經理注意到工程師在會議中的「行為」有了大幅度的改變，儘管這花了兩個月的時間才讓他的態度有了重大轉變，改變卻迅速產生了效果。

　　這個範例值得給主管參考運用，主管！你是教練，指導的是員工工作產生的「行為」，這種「行為」不符合「體制」時，就要儘早發現，儘早解決。

資料來源：朱真譯（1999）。Peter Stemp著。《管理無暇米》。經典傳訊文化
　　　　　出版。

為避免踏上績效考核的地雷與陷阱，就應該對績效考核觀念有正確的認知：

　　1.績效考核的方法要採用雙向式考核，非正式與正式考核交互運用。

　　2.對部屬從事績效考核，係依據部屬的能力、工作成果、知識、技能與工作行為等項討論，才不致失之一隅。

　　3.對部屬進行績效考核，最有用的參考資料是工作說明書與工作紀錄

簿。

4.做績效考核時，要避免月暈效果、寬大趨勢、中央傾向型、最近行為偏誤及個人偏見等。

5.激勵部屬的工作熱忱，有效地提高員工的工作能力與工作品質。

6.增進部屬的工作技能，指出部屬需要接受何種訓練、發展計畫。

7.生產力直接涉及公司資源的節省，增強競爭的能力，因此提高部屬的生產力，以激發未來一段時間內的個別工作目標達成。（**表11-2**）

表11-2　考核者會問到的問題類型

類型	問題
親和型問題	・目前你的工作進展怎麼樣了？ ・你現在的某項工作做到哪一步了？ ・最近你在做什麼？ ・你的某某項工作進展得如何？
導向型問題	・今年工作中你最大的收獲是什麼？ ・你認為你的工作中最有意義的是哪個部分？ ・你認為你的工作的主要目標是什麼？ ・你的工作和整個團隊（部門、組織）的總體目標結合得怎麼樣？ ・你認為評判你工作成功的具體標準是什麼？ ・在組織中，你的工作是怎麼影響這些標準的？ ・你是如何定義你的顧客群的？ ・你是如何確保工作達到質量標準的？ ・為了在工作中卓有成效，你認為必須要做好什麼？ ・對於同一個工作，和其他人比較，你的工作方式是什麼？ ・你覺得在部門／團隊中，你的聲譽（風評）如何？
績效型問題	・你覺得自己今年工作中的績效怎麼樣？ ・今年你覺得在工作上出現了哪些困難？ ・今年哪些工作方式讓你得到發展？ ・今年你是怎麼做得比以前出色的？ ・如果今年的工作中有失敗之處的話，你覺得是怎麼導致的？ ・今年你做得最突出的是什麼？ ・你今年取得了哪些成就？有利的因素是什麼？不利的因素是什麼？ ・你今年哪些預定目標沒有達到？為什麼你會這麼認為？

（續）表11-2　考核者會問到的問題類型

類型	問題
發展型問題	• 你認為哪些培訓有助於你績效的提高？ • 明年你的工作目標是什麼？ • 你是怎麼提供工作效率的？ • 為了共同把工作做好，我可以提供你哪些幫助和支持？ • 如果有的話，你覺得還需要哪些個人技能可以把工作做得更好？ • 你還想發展哪些技能？ • 你打算以什麼方式來為工作、部門、組織作更多的貢獻？ • 工作中，你最滿意的是什麼？最不滿意的是什麼？為什麼？ • 工作中，你能給同事哪些幫助，使他們表現得更好？ • 你自己今年想改善哪些方面？
職業型問題	• 請描述一下你的下一步工作？ • 談談你的職業期望？ • 在未來的兩年內（或未來五至十年內），你想成為什麼？ • 你認為自身的職業潛力是什麼？ • 你正在做哪些努力來發展你的職業能力？ • 為了實現你的職業目標，你希望具有哪些經驗？ • 你是否在現在的組織中看到了個人的長期發展目標？如果是，那是什麼？如果不是，那你的長期目標會在那裡出現？ • 你認為大概什麼時候你可以勝任下一份工作？或者工作調動或者晉升？ • 你預計大概什麼時候可以實現你當前的職業目標？ • 你的職業目標是什麼？ • 最能激勵你的方式是什麼？

資料來源：孫怡譯（2003）。Max A. Eggert著。《評估管理》，頁193-203。上海交通大學出版。

第二節　績效面談的概念

以整個人力資源管理體系來看，績效管理與組織目標、經營策略的向上整合，與薪酬、升遷、聘僱及培訓等的人力資源活動的平行結合，以及向下整合員工的諮詢輔導與員工職涯發展，是整體解決管理方案的管

表11-3　績效面談的目的

類別	目的
組織面	1.降低員工流動率。 2.找出員工的長處及短處。 3.提出人力規劃的參考資料。 4.改善公司內的溝通情形。
管理面	1.使目前的績效有所提升，考評員工發展情形，瞭解哪位員工有晉升的潛力。 2.訂定績效考評的目標。 3.發現受評核員工的企圖心。 4.做調薪的參考資料。
個人面	1.確認工作是否圓滿達成。 2.檢討工作績效。 3.討論個人工作上的缺點，並聽取主管對該缺點如何改進的意見。 4.爭取教育訓練的機會。 5.勾勒出個人與組織發展的願景。

資料來源：丁志達主講（2019）。「績效管理研習班」講義。行政院人事行政總處公務人力發展學院（南投院區）編印。

理思維。此系統性的活動，最後有賴於透過「績效面談」的雙向溝通，落實於所有員工，取得共識，以追求組織的整體發展（廖文志，2011）（**表11-3**）。

一、績效面談的特徵

企業內的面談有「僱用面談」、「績效面談」、「獎懲面談」、「離職面談」、「解僱面談」等類別，每項面談依其不同的目的而各自有不同的面談重點。下列是績效面談的幾項特徵：

1.具體的而非原則性的需求。

2.績效考核之內容必須以工作（職務）分析為依據。

3.著重員工所表現的行為而非其人格特質。

4.需訓練主管人員應如何做適當的考核。

5.替被評估者考慮與設想。

6.強調被評估者可以經由努力而改善的事項。

7.儘量尋求共識而非強制採行。

8.分享經驗與資訊，儘量少指導或命令。

9.確保考核之結果必須與員工充分溝通。

10.確保考核之結果必須提供員工過目。

11.討論實際表現出來的行為，不要去臆測或指責被評估者行為背後的動機。

12.應訂定有關績效考核之書面文件，以便提供考核人遵辦。

13.確保人事決策需與績效考核一致。

公司藉由面談激發員工的工作熱情和提高員工的能力和素質，以達到改善單位績效的效果。

二、績效面談的規則

舉辦任何活動要成功，必須訂定雙方可接受的「遊戲規則」。績效面談是主管與員工相互間彼此獲益的一件大事，遵守下列一些績效面談的規則，才能水到渠成。

1.決定面談計畫前，主管除了要取得部屬個人工作績效表現的一切資訊外，事先也要向面談對象發出通知，說明面談的時間、地點及面談之目的，以避免部屬對面談的動作有不正確的猜疑。

2.主持者講話要簡明、扼要，儘量讓對方（部屬）多說話。

3.在績效面談開始之前，應該先請員工描述他自己工作表現的評價；對於可能產生的爭執，主管心裡應該有所準備。

4.面談進行時，應停止接聽電話（手機）或接辦其他業務，以視尊重。

5.務必營造一個正面和諧、輕鬆的談話氣氛，不使對方感到拘束。

6.使來接受面談的人感覺到這次面談對他是有利的。

7.對部屬在考核期間的優良表現，主管應該主動地加以讚許。

8.以讚揚長處開始談話。每一個人都有自尊、自負的心理，所以，即使是做批評，也要肯定優點來保持平衡，千萬不要對部屬的缺點做語言上的人身批評，否則，批評將有可能會被接受面談的人認為不公平而遭拒絕。

9.瞭解接受面談者有關工作中存在的問題與改進建議。

10.以積極、正面、愉快的語調結束談話，說明對將來工作的期望，員工所期望的培訓及其他工作方面的幫助。

範例11-2

三明治式（Sandwich Approach）的面談技巧

美國總統林肯（Abraham Lincoln）措辭最尖銳的一封信是寫給瑟夫·胡克將軍（Joseph Hooker）。

林肯說：「我任命你為波多馬克軍的將軍，當然自有充分的理由，然而現在，我必須讓你知道，在某些方面，你的表現我覺得並不十分滿意。你對自己有信心，是很有價值的人品，而且你雄心勃勃，關於這一點，在一定範圍，我認為好處多過壞處，但是……也是不應該的。」

從摘譯上述的一小段文章，就可看出林肯對胡克將軍其實已忍無可忍，但還是保持風度，以他總統之尊，既可任命他，大可免他職或調他職，那還要低聲下氣不斷地用先肯定的「YES」，最後才「BUT」呢？

資料來源：李美惠（2006）。〈智商與度量〉。《非凡新聞e周刊》，2006/09/17，頁10。

11. 如果有需要的話，不妨與部屬安排第二次面談，以討論加薪、升
遷、培訓等問題。千萬不要想在一次面談中解決以上所有的問
題。

12. 當部屬對績效結果有著不同的意見時，應鼓勵部屬提出看法。若
無法當場解決時，將此一問題記錄下來，作為日後觀察的重點，
並安排下次面談時間再檢討（林鉦銼，1998）。

績效面談就是要達到主管與部屬雙向溝通的目的，所以面談者必須
具備有效溝通與傾聽的技巧（**圖**11-1）。

績效評量的執行	評語要明確具體，不可含糊籠統。
	評量結果的發表要與職位升遷、薪水調整一致。
	指出應該如何改進。
	評論要公正而率直。
	要充分掌握部屬工作情況的相關資料。
	所考慮的不只是最近的工作表現而已。
	評語不要太多。

圖11-1　績效評估的執行

資料來源：戴保堂譯（2003）。羅勃特・海勒（Robert Heller）著。《安德魯・葛
羅夫》，頁68。龍齡出版。

第三節　結構式績效面談

對主管而言，在準備與部屬做面對面績效面談時，態度要公正、誠
實，要從工作績效來衡量，不要帶有成見或先入為主的看法，更要傾聽部
屬的心聲。成功的績效面談，會鼓舞部屬的工作士氣，會凝聚部屬的向心
力；失敗的績效面談，會打擊部屬的工作熱忱，會讓部屬士氣消沉（**表
11-4**）。

表11-4　績效面談檢核表

面談流程	主角	任務以及注意事項	
暖場	主管	放下其他工作	☐
		建立信賴的氣氛	☐
		慰勞部屬的辛勞	☐
		使部屬放鬆心情	☐
進入主題	主管	告知面談的目的	☐
告知考核結果	主管	說明考績的結果	☐
		表現優良之處	☐
		表現不佳之處	☐
		肯定部屬的努力	☐
請部屬發表意見	部屬	主管專心傾聽	☐
		鼓勵部屬發言	☐
		對照部屬自評表	☐
討論溝通	主管與部屬	討論考核結果與員工自評表的差異	☐
		相同點	☐
		相異點	☐
制定下期工作目標	主管與部屬	設定改進專案	
		・針對事實	☐
		・設立榜樣	☐
		設定下期工作目標	
		・目標必須具體可行	☐
		・儘量計量化、數值化	☐
		・以期待的狀態、失敗或容許範圍來表示	☐
		・儘量雙方均能同意	☐
		・避免發生爭議	☐
確認面談內容	主管與部屬	確認討論之後的結果	
		・達成協議項目	☐
		・意見相異點	☐
		主管與部屬共同簽名	☐
結束面談	主管	表達謝意	☐
		積極的方式結束	☐
		肯定部屬的努力	☐
		對部屬高期待激勵部屬	☐
整理面談記錄	主管	整理面談記錄	☐
		・檢討面談得失	☐
		向上級報告結果	☐
		歸檔	☐

資料來源：鄭瀛川、王榮春、曾河嶸（1997）。《績效管理》，頁125。世台管理顧問。

一、績效面談的事前準備

當員工在績效面談中，表現出高度不滿情緒，大多是因為他和主管對於績效好壞的認知有很大的落差：主管認為員工績效不好，但員工認為自己的績效還不錯。

要使績效面談有成效，主管（考核者）必須事先有準備，決定面談目的何在而去準備相關資料。

(一)蒐集部屬的工作紀錄

檢視、研讀過去一段期間部屬的工作表現資料，包括過去的評鑑考核報告、工作說明書、績效考核的標準、當年度所發生事件的報告書、出勤記錄、其他單位的報告、教育訓練的資料、回饋公司的案例、空白的表格、部屬所做的目標承諾文件與自我評估表，以及這次要討論的議題等，將這些部屬的績效和評核標準作一比較，構思如何告訴部屬工作的好壞以及有待改進事項，並將準備跟部屬做績效面談時要討論的事項，按重要性的先後次序，逐筆記錄大綱，免得臨時忘記。

(二)妥善安排面談細節

績效面談地點必須選擇一處適當隱密、舒適、很安靜不受干擾（窗戶是否可關閉，並有遮簾，使得他人不會任意看到室內或是聽到交談）的地點來面談，避免安排在主管自己的辦公室內面談。地點的布置（避免放置不相關的照片、文件或其他讓部屬分心的事物）及座位（舒適、且有桌面可放置筆記簿）的安排，不要讓部屬產生恐懼感或壓迫感，在面談進行時，也不要受到電話（手機）或訪客的影響。

(三)通知部屬面談前的準備事項

給部屬一份績效考核表和討論的問題清單，讓部屬瞭解績效面談是

在幫助他瞭解自己的工作，如何跟組織的需求搭配得更恰當，使組織、部門、個人三方均能夠互惠的舉動。

(四)面談時間的選擇

面談的時間與日期，必須要在幾天以前就通知對方，同時和對方約定面談時間，以免妨礙當天工作的執行。

二、正式進行面談

績效面談的目的在於討論工作績效，而非討論或涉及個人人格特質的問題，是注重在未來要做的事項，而不是既往已做過的。

(一)開場白

績效面談一開始，即先點出面談將如何進行，並強調這是雙方坦誠「對事不對人」的溝通。例如：今天我們面談的目的是希望我們一起討論一下你的工作成效，並希望彼此能有一致的看法，一則肯定你的優點，二者也找出哪些地方有待努力。希望透過這次面談能讓我們共同合作以完成既定的工作目標，使公司有更好的發展。首先，是不是可以請你先談談過去這段期間你在工作上有沒有什麼心得，或是工作上有沒有遇到什麼困難。

(二)部屬先發言

為確保績效面談為雙方互動的良性過程，可請部屬先提出其自我評量，讓部屬先行評估自我的舉動，可減低部屬的防衛心理，也使主管能修正自己對部屬的偏見，主管再根據部屬自我評估表現優良、待改善的工作內容再做深入的探討與因應，這時，部屬會比較樂意聽進去主管的「諍言」。

(三)問話的重點

面談的重點是要讓員工多說話（不能偏離主題），主管扮演一位「聆聽者」，在關鍵語中，「臨門一腳」提出問題，求得解答。有關問話的歸類有下列幾項：

1.對現在的職務有什麼感想？
2.將來希望做些什麼事情？
3.個人有哪些在工作上的長處與待改進之處。
4.最近有沒有進修的打算？
5.對部門有何改善的建議？
6.對個人身心狀況（健康）的關懷。

逐項討論，逐項溝通，不可將各項問題以「蜻蜓點水式」一筆帶過，而要傾聽部屬的自我評量，然後，主管必須先肯定部屬在自我評估中所認同的長處與優點，並能舉出一、兩項實例來讚賞部屬的貢獻，對需要改善的缺點，也要舉出實例來加以佐證，並詢問部屬可否有解決的腹案。

(四)行動計畫

當雙方進行上述問題的溝通與陳述後，要記錄面談中的重點，並就摘要做總結，提出具體行動計畫，訂定這份行動計畫最好選擇重點目標項目，績效一定要能量化，而且有明確的時間表（完成期限），以便定期報告成效並進行追蹤評核。

(五)結束面談

完成改善工作行動計畫後，一定要再做重點結論的陳述，並再肯定部屬的成就，不要再回過頭來又翻舊帳。主管要多看看部屬的優點，著眼於現在與未來之發展。

　　績效面談後，主管要慎重檢討評估自己主持此次面談的步驟與成果，找出有待改進的面談主持技巧，達到「熟能生巧」、「爐火純青」的境界。

三、績效考核的回饋

　　績效考核的回饋是提供部屬訊息，藉著這項訊息，部屬得於決定應加強或改正某項行為。因此，良好的績效考核制度必須發揮回饋的功能（**表11-5**）。

表11-5　績效考核回饋的要領

- 不只討論負面的行為，也要提及正面的行為。
- 為員工的正面與負面行為舉出具體明確的新近例子。
- 描述行為，而不是予以批評、總結與批判。
- 對事不對人。
- 不只說還要聽，雙向溝通。
- 避免批評員工的個人特質（例如：你不夠果決！），此舉有害無益。
- 在績效討論結束前，一定要討論出員工接下來該做的事，也就是訂下行動計畫，幫助員工加強優點，並克服缺點。

資料來源：編輯部，〈績效評估該注意的事項：當員工表現不佳時〉，《EMBA世界經理文摘》，第302期（2011年11月號），頁102。

(一)明確

　　回饋訊息愈明確愈好。對業務人員進行回饋時，不要說：「你對客戶的銷售技巧很差。」而要用：「你在銷售表達技巧方面，必須加強我們產品的優異性能。」以指出明確的工作指標。

(二)時效性

　　主管在平常就要隨時隨地進行績效評估的檢討與面談，不要等到年

終（中）績效考核總結時才提供給部屬回饋。平日的回饋，可以讓部屬有機會隨時瞭解其在職務上的表現如何？有哪些值得肯定？有哪些尚待加強改進？並知道在工作上未來應努力的方向。

(三)對事不對人

回饋的訊息只與工作有關，其他涉及人身攻擊的話題要避免，不要說：「你總是遲到。」而是要說：「上星期四你遲到了，注意一下準時上班好不好？」

主管如果沒有事後的追蹤動作，面談的成效會大打折扣，下次面談就會流於形式。同時，工作改善計畫要具體，定期追蹤改善的進度，「預防」勝於「治療」（**表11-6**）。

表11-6　績效面談應進行與注意事項

面談進行步驟	主要角色	應進行及注意事項
場地安排	主管	1.事先安排、避免電話等干擾。 2.建立隱密舒適的氣氛與空間。
暖場	主管	1.專心接待部屬。 2.從輕鬆的話題開始，保留寬裕時間建立信賴的氣氛。 3.慰勞並感謝部屬的辛勞。
進入主題	主管	1.說明面談目的。 2.幫助部屬進入狀況。 3.使部屬認知自己應扮演的角色。 4.讓部屬確認自己的工作權與責。
探討工作成果與工作職能	主管	1.導引部屬檢討自己的工作成果。 2.導引部屬檢討工作活動中的行為展現。 3.導引部屬發現自己的優點、努力與進步之處。 4.導引部屬探討表現不佳的原因。 5.導引部屬提出改進方案或對策。
鼓勵部屬發表意見	部屬	1.用開放的心胸專心傾聽。 2.不對部屬的「防禦」發動攻勢。 3.多使用開放式問題，多給予肯定與讚美。 4.鼓勵部屬多發言，並引導自我反省。

（續）表11-6　績效面談應進行與注意事項

面談進行步驟	主要角色	應進行及注意事項
討論溝通	共同參與	1.討論對評估結果的認知差異。 2.討論部屬自我申告表的內容。 3.討論職能缺口與偏差行為的改進方案。 4.檢討指標或目標的衡量標準與方式。 5.以開放的心胸討論出對評估結果、自我申告表、改進方案、衡量標準與方式，取得共識。
訂定下期工作目標	共同參與	1.重新確認上期待解決的問題。 2.確認改進方案所需之時間與資源。 3.討論下期的工作要項、展望與目標。 4.討論職涯規劃目標與職務強化目標。 5.整合個人與組織的目標。
訂定部屬發展計畫	共同參與	1.從改善方案與職涯規劃目標中討論並規劃出部屬能力的成長方案。 2.安排部屬合適時間參與教育訓練課程。 3.安排部屬參與專案或代理職務等在職歷練方案。 4.必要時安排工作輪調計畫。 5.鼓勵部屬自我研修。
確認面談內容	共同參與	1.確認討論的各項結論。 2.評估結果。 3.改善方案及各項預計進行之專案。 4.下期的工作要項、展望與目標。 5.歷練研修學習發展成長計畫。 6.確立尚未決定的專案的檢討時間。 7.釐清認知差異之處。 8.主管與部屬在評估表與申告表共同簽名。
結束面談	主管	感謝部屬的努力與參與，針對認知差異點，訂山下次面談的時間及雙方須準備的相關資料項目，再次給予部屬高期待的激勵。

資料來源：林燦螢（2011）。〈績效面談4流程3技巧8潛規則〉。《能力雜誌》，總號第666期（2011年8月），頁48-49。

第四節　績效面談的類型

　　績效面談牽涉到主管與部屬之間的互動，是一種資訊相互交換的過程，通常分為四種類型：情緒化的面談、封閉式面談、開放式面談與輔導式面談。

一、情緒化面談

　　情緒化面談，係指因為主管與部屬在談話時，雙方因情緒因素介入，使得情緒佔據了兩造的心胸，進而造成「意氣用事」，無法正常的繼續談下去，達不到真正「揚善規過」的效果，甚至影響了未來的工作目標。

範例11-3

情緒化績效面談

評估者（主管）：喬治亞，我現在跟你談談你的績效，我相信你是有好好的工作，但你仍有一些問題有待解決。

員工（喬治亞）：你說什麼？在這個部門裡，我已經做得比別人還好了。

評估者（主管）：嗯！喬治亞，那是你個人的看法而已，你有時候不太聽人家的意見，而且做了一些無助於工作上的努力。

員工（喬治亞）：聽你的意見？你從不跟我溝通，或常藉故不在，一旦我需要你的幫忙，也找不到你，假如你可以先管好你自己，我就可以變得更好。

評估者（主管）：喬治亞，那不是我管理上的問題，而是你的確是個
　　　　　　　　 問題人物，現在我只想好好告訴你。
員工（喬治亞）：哦！是的，我懂了，你可以收回你給的工作……。
二人就這樣不歡而散了。

資料來源：許世雨等譯（1999）。David A. DeCenzo、Stephen P. Robbins著。
　　　　　《人力資源管理》，頁307。五南圖書出版公司。

二、封閉式面談

　　封閉式面談的運作，是以考核者（主管）為主角，在面談過程中，
考核者陳述他對此次績效考核結果的看法，而被考核者並沒有太多的機會
說明，只是靜靜地接受主管的說明。

範例11-4

封閉式績效面談

亞瑟：我不聽！我不聽！我不聽！

　　這個老魔頭會怎麼去處理每年的考核面談？相信你早已猜到答案
了。

　　「戴維斯，進來吧，現在要進行年度的考核面談。我已經把你的
考績報告寫好了，你只需瀏覽一下，然後在上面簽個名就可以了。」

　　戴維斯才瞄了一眼，臉色就變了。

　　「什麼！？你說我寫的業務報告比小學生的作文還不如？太誇張
了吧！這絕對不是事實！」

　　「我所看到的就是這樣。」亞瑟以不耐煩的口吻說：「跟我發牢
騷有什麼用？你的報告寫得不夠詳細，以前就跟你提醒過了。」

戴維斯再往下看了之後，臉色就更難看了。

「怠忽職守？天啊！你怎麼可以這樣寫？你去年制定的那套業績標準我早就達到了，問心無愧；至於同業會採行什麼樣的銷售制度並不是我能左右的呀！怎麼統統記在我的頭上了呢？」

「喂，老弟，你吃錯藥了啦？怎麼一直語無倫次的？」亞瑟擺出一貫的冷冰冰面孔。「不管你怎麼辯解，我所寫的都是事實，乖乖的給我簽吧！聽到沒有？」

戴維斯嘆了一口氣，心不甘情不願的在考核報告上簽名。

「好，現在聽清楚，你下年度預定的業績成長目標是15%，你可以走了。」

戴維斯頭也不回的離開這間陰森森的辦公室，不願再白費唇舌了。

資料來源：陳柏蒼譯（1996）。John Humphries著。《管人的藝術》，頁243-244。希代出版公司。

三、開放式面談

開放式面談則跳脫封閉式面談中主管唱獨角戲的方式，改由主管先起頭，說明此次績效考核的過程與情況，而後引導部屬說出他的看法。相較於封閉式面談，開放式面談則給予部屬較多的機會表達內心的感受。

四、輔導式面談

輔導式面談，係指主管完全跳離面談主角的角色，轉而扮演串場與解惑的功能。主管的工作是輔導部屬而非批評或責備部屬，主要職責是在引導與輔佐部屬說出內心的看法與疑惑，使員工未來在工作上有更好的表

Chapter 11
績效面談技巧

323

 範例11-5

開放式績效面談

大偉：輕描淡寫，一筆帶過

　　每年度例行的考核面談對大偉來說，就跟平日與部屬在閒聊沒有什麼兩樣。

大偉：「嗨！瑪麗，請坐。沒什麼啦，年度考核面談例行公事而已。」大偉笑容可掬的說：「最近還做得愉快嗎？」

瑪麗：「還好，我想如果我們所能掌握的資源能再多一些，事情就會更好辦。」

大偉：「嗯，有理。還有別的事嗎？」

瑪麗：「哦……我不曉得這算不算是個問題，我總覺得我們浪費在會議上的時間很可觀，你不覺得嗎？」

大偉：「我也有同感，會想想辦法的。還有別的問題嗎？」

瑪麗：「真的要說起來恐怕有一籮筐，不過還沒有碰過解決不了的。」

大偉：「那就好。倘若真的碰到什麼難題，隨時都可以來找我。」

瑪麗：「我會的。」

大偉：「好。我想只要我們能保持現狀，明年應該也不會出什麼問題。辛苦了！」

考核面談就這樣草草收場了。

資料來源：陳柏蒼譯（1996）。John Humphries著。《管人的藝術》，頁244。希代出版公司。

現。

　　企業藉由建立系統化的績效面談設計，透過績效面談流程，方能讓

範例11-6

輔導式績效面談

麗莎：緬懷過去，寄望將來

　　麗莎每隔半年就約談部屬一次，檢討每個人在最近六個月來的表現，目前她所約談的是搬運工領班比爾。

麗莎：「比爾，請坐。這次會談的目的是要回顧你過去半年來的表現。大體而言，你的表現可圈可點，讓我相當滿意。不過，為了確實起見，我想我們最好還是逐項來檢討，可以嗎？你也可以提供你的意見。」

比爾：「我無所謂，就一項一項來吧！」

麗莎：「你的第一項職責是確保所有的會議室都能事先確實遵照客戶的指示去打點，讓他們的會議能準時舉行，你自認在這方面的落實程度如何？」

比爾：「我認為我們絕對都有遵照客戶的要求去處理，美中不足的是有些不按牌理出牌的客戶，常在開會前幾分鐘才突然跑過來說想再多要一台幻燈機或投影機什麼的，那就麻煩了，有時候臨時抽調不出來，只好去外面租一台，結果額外的開支就轉嫁到我們的頭上來了。」

麗莎：「嗯，這倒是個問題。那你可有什麼點子？」

比爾：「或許可以先調查目前我們有多少會議設備，如果不夠的話就再添一些。」

麗莎：「既然如此，不如就做得澈底點，能否請你清查目前所擁

> 　　　　　有的各項會議設備，檢視有哪些需要更換，哪些則是需要
> 　　　　　增購？」
> 比爾：「沒問題，妳什麼時候要這份報告？」
> 麗莎：「哦，這大概要花你多少時間？」
> 比爾：「不需要太久，這個月前應該就可以完成。」
> 麗莎：「那就這樣吧！請你在下個月六號之前交給我。好，現在
> 　　　　　我們再看下一項。」
>
> 　　其他各項的檢討方式都是大同小異，等雙方逐項討論完畢後，就
> 在上面簽名。最後，麗莎才向比爾交代未來六個月的各項工作重點。
>
> 資料來源：陳柏蒼譯（1996）。John Humphries著。《管人的藝術》，頁243-
> 　　　　　246。希代出版公司。

人才適才適所，發揮戰力。

 第五節　績效面談的技巧

　　綜合上述四種績效面談的進行方式，可將績效面談的技巧歸類為
「上乘的面談技巧」與「不入流的面談方式」兩類。

一、上乘的面談技巧

　　上乘的面談技巧的是要改善員工的績效，而不是與他爭辯，更不是
要贏得爭辯。

　　1.在面談之前就已蒐集到充分的相關資料。

2.面談是在確保當事者隱私權的前提下進行。

3.強調絕對會守口如瓶,各守秘密。

4.問話要有技巧,該問的才問。

5.仔細聆聽對方的說詞,並觀察其肢體語言(身體語言)。

6.以心理輔導的相關技巧來發覺出問題真相。

7.不要撈過界,鼓勵當事者去自行解決問題。

二、不入流的面談方式

不入流的面談方式把面談當作是一種例行公事,沒有給部屬回饋意見的時間。

1.毫無準備就把當事人抓過來談話。

2.整個面談都只聽見主管一個人的聲音,沒有耐心去聆聽對方的答辯。

3.對當事人的說詞予以嚴詞駁斥,妄下推斷。

4.想越俎代庖,替當事人解決問題。

5.主動提供意見,無端的把自己給捲進去。

6.為當事人片面決定一套解決的辦法。(陳柏蒼譯,1996:247-248)(**表11-7**)

不論是提供正面或負面回饋意見,績效溝通都應該聚焦於鼓勵正確的未來行為,而不是部屬過去所犯的錯誤。主管針對考核結果與部屬溝通激勵計畫,鼓勵其取長補短,取得共識。

表11-7　績效考核不能落實的原因

在舍曼（Sherman）所著《人力資源管理》書中提到，績效考核不能落實原因有： 1.缺乏最高管理階層的支持。 2.缺乏與工作相關的績效標準。 3.評估者的偏見。 4.考核表格太多。 5.有些管理者認為，耗費精力打考核，但從中所獲的益處不多，或者得不到益處。 6.管理者不喜歡與部屬面對面溝通。 7.大多數管理者在績效面談方面技巧欠佳。 8.考核時所要的判斷過程與協助員工發展的角色相衝突。 9.員工認為評估不公平。 10.主管都願為員工評估高分可以多加薪。

資料來源：丁志達主講（2019）。「績效管理研習班」講義。行政院人事行政總
　　　　　處公務人力發展學院（南投院區）編印。

 結　語

　　績效管理必須靠績效考核來執行。當企業自各方面對員工績效表現加以評估之後，如何使績效評估對於企業有正面效益，則有賴於績效評估的回饋。績效評估的回饋，通常以面談的方式來進行，藉由面談提供一個雙向溝通的機會。

　　績效面談的結果，可使部屬瞭解自己工作上的長處與待改進之處，部屬知道有關工作上的優點，能提升其工作的滿足感與勝任感，樂於從事該項工作，進而幫助其發揮潛能；至於績效考核所發現的缺點，能使部屬瞭解自己的工作待加強改善之處，能充分體認其弱點，從而加以改進，並知道未來在工作上如何努力，表現出成績，達成主管的期望。

範例11-7

從業人員績效面談須知

須知條文
第1條（訂定之依據） ○○股份有限公司（以下簡稱本公司）為發揮獎優懲劣績效考核功效，依據本公司從業人員績效考核要點第○條訂定本績效考核面談須知。
第2條（訂定之目的） 本公司暨所屬各機構辦理員工績效考核，應確實符合公平、公正、客觀、透明，以盡可能量化為原則。考核結果之等第作為員工晉（降）薪、升遷、工作調整，及紅利等差異化管理之依據。
第3條（適用對象及面談主管） 本須知適用之對象為本公司現職從業人員。
第4條（面談之時間及範圍） 本公司所屬各級主管辦理屬員績效考核時，期初應就企業目標與工作職掌設定績效目標計畫；期中就計畫執行情形正式或非正式查核目標訂定是否妥適、追蹤監督稽催，並予授權賦能、溝通輔導，作成平時考核紀錄；期末將績效考核結果以面談回饋員工，面談結果並應作成紀錄，以為檢討嘉勉過去並策勵來茲，為員工事業生涯發展及追蹤輔導之參考。
第5條（期初、期中、期末面談應運用手法及技巧） 本公司年度之面談分期初、期中、期末面談，其需應用之手法及技巧如次： 期初面談：面談者應循「GROOM模式」（G＝Goals目標、R＝Reasons理由、O＝Opportunities機會、O＝Obstacles障礙、M＝Measures評量）主導進行績效目標計畫，面談者與經面談者均需以誠實的態度，直接而堅定口吻，尊重對方並遵守「SMART原則」（S＝Specific明確的、M＝Measurable可測量的、A＝Achievable可達到的、R＝Relevant相關的、T＝Time-Bound有期限的），確定個人績效目標與公司主要績效指標（KPI）連結。讓員工對績效目標具有責任感，將精力集中在績效目標的完成上。 期中面談：面談者應循「GROW模式」（G＝Goals會談之目的、R＝Reality Checking事實檢視、O＝Options選擇方案、W＝The Way Forward具體行動），授權賦能，溝通輔導。創造授權環境，設定界限，讓員工在一定規範內自主；提供所需資源、分享資訊；平時培養與部屬互相信任尊重之感情，瞭解溝通公式及部屬溝通風格與習慣，以激勵部屬發展核心能力，並隨時檢閱給予回饋。 期末面談：作績效評估時，依績效評等類別作差異化管理。對績效不佳員工尤應及時及早處理，給予矯正的勸告和改善機會。

第10條（考成委員會之組成及任期）
考核委員會置委員五人至十三人，除本機構人事主管為當然委員外，其餘委員由總經理任命之。 考核委員之任期為1年，自當年7月1日至次年6月30日止。

第11條（考成委員會決議之方式）
考核委員會會議應有全體委員三分之二以上出席，出席委員過半數之同意，始得決議。 前項決議，得以無記名投票方式行之。

第12條（迴避及於二等親親屬）
考核委員及辦理考核人員對考核過程應嚴守秘密，並不得洩漏，違反者，按情節輕重，予以懲處。對涉及本身及二等親親屬之考核事項應行迴避。

第13條（員工申訴管道）
本公司從業人員對於考核結果認為不當，致影響其權益者，得於收受通知書之次日起30日內，向考核委員會提出申訴，逾此限者，不予受理。

第14條（員工申訴方式）
申訴應以書面為之，載明下列事項： 一、申訴人之姓名、員工代號、服務單位、職層、職稱等。 二、請求事項。 三、事實及理由。 四、考核結果通知書送達之年月日。 五、提起之年月日。 六、申訴人簽名或蓋章。

第15條（答覆義務）
考核委員會應於收到申訴書之次日起15日內，就申訴事項詳備理由函復，必要時得延長10日，並通知申訴人。

第16條（核定及修正方式）
本要點經董事會通過後實施，修正時亦同。

資料來源：某大電信公司。

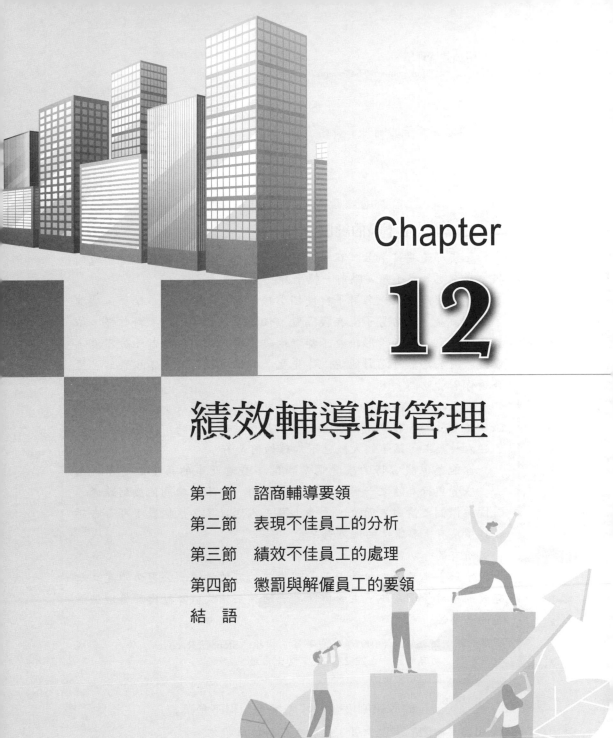

Chapter

12

績效輔導與管理

誰願意在獅子的吼叫下舞蹈？

——非洲諺語

 地下鐵的經歷

記得那是週日早上，在紐約的地下鐵內，乘客都靜靜坐著，或閱報，或沉思，或小憩。眼前一幅平靜安詳的景象。

這時突然上來一名男子與幾個小孩，孩子們的喧譁吵鬧聲，破壞了整個氣氛。那名男子坐在我隔壁，任憑他的孩子如何撒野作怪，依舊無動於衷。這種情形誰看了都會生氣，全車的人似乎都十分不滿，最後我終於忍無可忍對他說：「先生，你的小孩打擾了不少乘客，可否請你管管他們」。

那人抬起呆滯的目光，彷彿如夢初醒，他輕輕說：「是，我想我該設法管他們，我們剛從醫院回來，孩子的媽一小時前才過去的，我已經六神無主，孩子們大概也不知該如何是好」。

你能想像我當時的感覺嗎？瞬間，我看此事的角度改變了。想法、感覺與行為隨之一變。我的怒氣全消，情不自禁為他感到難過，同情與憐憫之情由衷而生。「噢！尊夫人過世了？很抱歉！可否告訴我詳情？有需要幫忙的地方嗎？」

所有的一切就此改觀。

【啟示錄】為了保證組織內部管理資訊的有效溝通，公司必須建立起有效的績效管理系統。主管與部屬溝通就必須放低身段與部屬坦誠溝通的必要性。

資料來源：顧淑馨譯（1997）。史蒂芬·柯維（Stephen R. covey）著。《與成功有約》，頁22-23。天下文化出版。

公平、公正的考核制度雖然好處多多，但不是萬靈丹。主管除了應該告知員工他們的表現之外，也要教他們如何進步。

諮商是以協助員工增進自我瞭解、情緒探索，並能在生活、工作或人際溝通有良好適應及個人功能發揮。透過諮商可以為他人所面臨的問題

找出比較好的解決方法與因應態度。輔導是一種教育歷程。輔導起源於1900至1920年，認為輔導是協助個人瞭解自己的性向、能力；瞭解職業的性質；協助個人自己的能力，找到合適的職業，亦即強調個人和工作的配對。企業內各主管有責任在績效考核過程中點出員工工作上的缺點時，也要提出如何改進發現到的員工「缺點」，讓員工的「缺點」轉換成工作的「優勢」。

範例12-1

放大鏡看優點　用顯微鏡看缺點

統一企業創辦人高清愿在其所著《高清愿咖啡時間》書中，就如何看待員工在工作上所表現出來的優缺點，有一段讓人省思的感性文字與經驗的回饋：

企業界，常常是以成敗論英雄，至於決定一個企業的成敗，往往在於經營者用人是否得當，這也是我們常說的「事在人為」。世上沒有一個人是十全十美，因此如何善用每位員工的優點，使其適才適所，充分發揮所長，可以說是對經營者的一大挑戰。

用人方面，我的作法是，在客觀公正，用人唯德的基礎上，用放大鏡去看每位員工的長處，並針對其優點提供他們揮灑自如的空間。至於員工的缺點則以顯微鏡視之，不予計較。

企業界用人時，常會出現一種現象，就是一位員工在跟隨不同的主管做事時，其工作表現往往迥然不同，其中的差異就是在於主管能否善用員工的長處，以及容忍其缺點。

資料來源：高清愿口述，趙虹著（1999）。《高清愿咖啡時間：談經營心得、聊人生體驗》，頁23。商訊文化出版。

第一節　諮商輔導要領

美國有一家研究機構對五千八百家企業的人力資源主管做的調查資料顯示，「績效考核」是最重要的兩項管理難題之一，另一項管理的難題則是「就業平等的法律問題」。管理大師道格拉斯・麥克理格（Douglas McGregor）指出，健全的績效考核，必須破除兩大障礙：

1. 主管都不願意批評部屬，更不願意因之引起爭議、衝突。
2. 主管普遍缺乏必要的溝通技巧，不能瞭解部屬的反應。

考核是在幫助部屬解決工作上的問題而不是在刁難、批評部屬，例如，告訴員工：「你每次都自己亂下判斷，害大家要花很多時間幫你收拾殘局」。考核面談的過程中，主管對部屬愈多的批評，部屬會產生愈多的防衛及反彈，導致無法改進其工作績效。批評是一種懲罰，並不能改變行為；批評的結果是員工在內心築起一道自我防衛的高牆，拒絕接受批評。一些有關奇異（GE）公司的研究報告指出，超過一半的批評，員工的反應是自我防衛，而只有不到八個百分比，能獲得建設性的反應（余振忠譯，1985）（**表12-1**）。

一、周哈里窗的啟示

大部分員工都想知道如何改善他們的工作，也希望主管瞭解他們工作的困難，績效評估包含了評估與指導兩個不同的階段。周哈里窗（Johari Window）理論是美國社會心理學家喬瑟夫・魯夫特（Joseph Luft）與哈利・英格漢（Harry Ingham）在1955年所提出，由兩人名字的前兩個字母周（Joe）和哈里（Harry）的合稱。周哈里窗展示了關於自我認知、行為舉止和他人對自己的認知之間在有意識或無意識的前提下形成的差異，由此分割為四個範疇矩陣：

表12-1　主管考核員工兩難的心聲

1.我害怕我無法正確或適當的評估，而且我常做錯誤判斷。 2.我無法使表現差的員工與我合作，我無法引導、領導他們，我是一位差勁的主管。 3.我是一位好人，所以不能隨便告訴別人他的缺點。 4.我不能在評估面談中使員工過分的驚訝，破壞和諧，所以不能給他壞的評價。 5.我要讓別人喜歡我，受人歡迎，所以我不能批評員工或對他批評太差。 6.我是主管，所以我要尊嚴、要有權威，所以我無法太深入瞭解員工。 7.我並不熟知應如何告知他的壞表現，但卻又必須時常這樣做，我是一個差勁的管理人員。 8.我的員工總不會同意我對他的考核評價。 9.績效評估是一種專業上的痛苦，而又無法避免。 10.每個人都不是神，都是會犯錯，所以我批評他的錯誤，不給他機會是不公平的。 11.我不喜歡別人認為我不瞭解他，通常困擾著我。 12.如果我沒有確實的文件報告，我不能隨意批評，引導員工。 13.員工為了避免受懲罰，只會反應有利的情況，而隱藏不利的情況。

資料來源：魏美蓉（1988）。〈以理性效率訓練（Rational Effectiveness Training, RET）消弭偏見與對立〉。《現代管理雜誌》，第141期（1988/10/15）。

1.開放自我（Open Self）：在「我」這個人的所有資訊中，自己知道、別人也知道的部分。例如：名字、興趣等，如同古代競技場一般，雙方充分互動，此為理想的溝通方式。

2.盲目自我（Blind Self）：指別人知道，但自己不知道的部分，例如：別人可能已注意到我們某些行為模式或說話習慣，但我們自己卻不知道。因此，透過他人的意見回饋，我們才能更加瞭解自己。如果管理者僅強調揭示過程，卻忽略尋求部屬的回饋，部屬也刻意隱瞞，組織就無法順利運作。

3.隱藏自我（Hidden Self）：此表示自己知道，但別人卻不知道的部分。唯有主動向他人自我揭露（Self-Disclosure），才能讓別人更認識、瞭解我們自己。主管刻意隱藏自己的資訊，致部屬僅知其表

象，不易產生信賴，但亦可讓部屬起敬畏心。

4.未知自我（Unknown Self）：指的是包括我們自己和別人，大家全
都不知道的部分，屬於無意識或潛意識的部分。揭示與回饋均被管
理者忽略，是最差的溝通型態。

周哈里窗便是說明自我坦誠及回饋兩個重要因素與四個自我區域之
間的關係。績效考核的用意是希望主管和部屬彼此能坦誠討論過去的績效
表現和未來目標。隨著自我人際關係的進展，「開放自我」的區域會愈來
愈擴大，「盲目自我」與「隱藏自我」的部分會愈來愈小。績效回饋諮商
時，主管要有自知之明，周哈里窗是很好的解析，瞭解來面談者的心理傾
向或人格特徵等，諮商輔導會有更具體的效果（**圖12-1**）。

二、諮商輔導的職責

諮商目標在促進當事人行為改變、增進因應技巧、加強做決定的能
力、增進人際關係、助長個人潛能的發揮，協助當事人解決問題，而非直

	自己知道 （Know to Self）	自己未知 （Not Known to Self）
他人知道 （Known to Others）	開放自我 （Open Self）	盲目自我 （Blind Self）
他人不知 （Not Known to Others）	隱藏自我 （Hidden Self）	未知自我 （Unknown Self）

周哈里窗(Johari Window）便是說明自我坦誠及回饋二個重要因素
與四個自我區域之間的關係。

圖12-1　人際關係的認知模式——周哈里窗圖

資料來源：丁志達主講（2020）。「提升主管核心管理能力實務講座班」講義。
財團法人中華工商研究院編印。

接替當事人解決，因為人具有自我決定的能力。諮商的目的在促使當事人經由諮商變成更能自我瞭解與自我接納，促成行為改變。例如，醫療的目的在於解除病人的病痛，所以醫療的第一步應該是聆聽病人對於病情、症狀的訴說。醫師要積極地去瞭解病人到底要我們為他做什麼？聆聽之後我們才能應用我們的專業知識和技能提供貼切的醫療服務。很多醫院都標榜「視病猶親」，以之勉勵及要求醫院全體同仁，發揮愛心，對待所有病人及家屬，皆如至親之想（黃達夫，2000：11）。

醫界先賢孫思邈在其《備急千金要方》內有〈論太醫精誠〉一文中要求：「凡太醫治病，必當安神定志，無欲無求，先發大慈惻隱之心，誓願普救含靈之苦。若有疾厄來求救者，不得問其貴賤、貧富、長幼、妍蚩（喜好和厭惡）、怨親善友、華夷、愚智，普同一等，皆如至親之想。……見彼苦惱，若己有之，身心悽愴（寒冷），勿避險巇、晝夜、寒暑、飢渴、疲勞，一心赴救，無作功夫形迹之心。如此可為蒼生大醫。」這種「視病如親」的最好註解。主管只有用心的、耐心的傾聽，才有可能真正瞭解部屬在做什麼、需求什麼，他要主管幫他什麼（**表12-2**）。

表12-2　主管做好諮商輔導的職責要項

1.瞭解當事人各種資料。
2.界定問題及諮商目標。
3.調適心情趨於平穩。
4.專注與傾聽練習。
5.時間及情境安排。
6.預知會談倫理與限制。
7.記錄與錄音等之溝通。
8.肌肉放鬆與肢體語言之應用。
9.避免成見或先入為主觀念。
10.情感覺知與情緒處理。

資料來源：丁志達主講（2018）。「面談技巧研習班」講義。行政院人事行政總處公務人力發展學院（台北院區）編印。

輔導是一個持續的教育歷程，幫助部屬成長，使其能自立自主，著重於部屬的前瞻計畫與目標，使部屬不斷地經歷新的經驗，培養新的技術。輔導員工的步驟有：建立互信、開始討論、針對工作表現的問題，取得共識（讓員工知錯，同意自己的表現需要改善）、發展解決方案、讓員工提出改善的承諾、處理藉口、結束輔導與後續追蹤。例如組織在做出解僱決定前，應該給員工及時、明確、不斷地輔導（回饋），如果回饋不及時，就意味著管理者寬恕了員工的差績效。回饋必須指明績效不足的具體方面，並且必須指明有失去工作的危險（**表12-3**）。

表12-3　輔導員工的技巧

1. 提出你所期望的工作表現與績效水準，決定什麼樣的表現可以接受？什麼樣的績效不會被接受？
2. 記錄下所有缺勤、工作表現不佳，以及各有關事項，建立各種評估的標準。以自己的專業知識去應付各種情況。
3. 和這些員工私下面談一下，並且留給他們足夠的時間改善。
4. 在事前詳加計畫，並記下在面談時的注意事項，以便能找出他們的問題。
5. 面談時要公正而友善，不要一味要求對方同意你的觀點，因為你的目的是要糾正他們的習慣，不是要他們唯唯諾諾。
6. 不要一味指責對方，只針對他們的不良行為討論，你的目的是糾正他們的行為，不是討論他們的人格問題。
7. 只針對主題討論，同時別被對方的「可憐相」所軟化，不要扯出題外話。最好舉例說明。
8. 要能隨時提供幫助給對方。
9. 要仔細聆聽對方的發言，不要遽下結論。
10. 顧及對方的尊嚴，尊重對方有不同意見的表達權利。
11. 保持冷靜，不要發怒，也不要起爭執，你們只是要解決問題而已，而不是吵架。
12. 如果你有不對的地方要向對方鄭重的道歉。
13. 處理問題要光明磊落，不要隱瞞事實。
14. 一起針對問題來討論解決之道，並說明你對對方的最低要求。

資料來源：李璞良譯。娜達莎‧約瑟華滋（Natasha Josefowitz）著。《做個成功主管》，頁241-242。絲路出版。

第二節　表現不佳員工的分析

　　企業辦理員工的績效考核時，它使用了主管與部屬的一些寶貴時間，然而時間就是金錢，如果主管僅將績效考核界定在一年一度的廟會「大拜拜」，考核後將所發現的問題「束諸高閣」，則原先招募進來的「精兵」，幾年後，因為失去工作上偏失行為「校正」的機會，逐步變成為「庸才」，「庸才」又一變為「奴才」（聽命令行事）。沒有哪一位員工會承認自己是企業的「冗員」，但主管卻經常嘆息「蜀中無大將」，追根究柢，是主管沒有好好利用績效考核的功能所致。此時，考績評分標準表的運用，成了企業績效考核結果追蹤的有利工具（**表12-4**）。

一、員工能力分析

　　只偏重「打考績」的管理性目的，往往使員工與主管對立，無法提升績效。其實，績效管理還有策略性、發展性的目的，協助開發員工潛能、提升績效，以達成企業的長期策略。

(一)有潛力員工之分析

　　潛力是適應不斷變化的經營環境，並讓自己勝任愈來愈複雜的角色的能力。潛力評估包括了對工作努力的程度；對責任的追求主動積極的程度；對工作內容的自我規劃能力，以及對接受培訓的意願，和是否透過各種機會不斷地自我充實。

1.連續二年考核在特優（表現傑出）等第員工的能力專案評估。
2.連續三年考核在優良（表現全超出標準）等第以上員工，具有潛力者的職涯發展分析。
3.連續四年內，每年考核結果在特優、優良二等第之間員工的分析。

表12-4　考績評分標準表

項目	鑑定 細目 分數	5	4	3	2	1
工作	數量	超過標準	達到標準	勉合標準	未達標準	遠遜標準
	質量	精密準確	正確無訛	尚無錯誤	間有錯誤	常有錯誤
	時效	提前完成	按時完成	尚不誤事	偶有延誤	常有延誤
	方法	執簡馭繁	有條不紊	尚有條理	草率從事	程序零亂
	主動	積極進取	自動自發	尚須督促	遇事被動	消極應付
	負責	負責盡職	不辭勞怨	尚能盡責	懈於負責	敷衍塞責
	勤勉	認真勤奮	不辭繁劇	尚盡職守	遲到早退	怠忽不振
	協調	協調完善	聯繫適宜	尚能合作	聯繫欠周	不能合作
	研究	研究精湛	研究清晰	尚有研究	忽視研究	不肯研究
	創造	富創造力	銳意革新	常有創見	偶有創見	墨守成規
操行	忠誠	忠貞不渝 誠信篤實	信心堅定 謹守信義	忠於職守 言行一致	觀念淡薄 言過其實	態度冷漠 輕諾寡信
	廉正	安貧樂道 大公無私	廉潔自持 正直不阿	知足守分 不失公正	愛好小利 偏重感情	重利輕義 徇私誤事
	性情	敦厚豪爽	明朗熱誠	平易近人	剛愎自用	急躁粗暴
	好尚	勤奮好學	律己謹嚴	生活正常	嗜好混雜	嗜好不良
學識	學驗	學驗豐富	學驗優良	學驗敷用	學驗有限	學驗太差
	見解	洞燭機先	思慮周詳	見解正確	見解平庸	甚少見解
	進修	自強不息	勤求上進	尚肯研讀	一曝十寒	故步自封
才能	表達	文理精通 言簡意賅	文理暢達 長於詞令	文理通順 言詞清晰	文理膚淺 詞難達意	文理欠通 言詞不清
	實踐	力行著效	力行不懈	尚能務實	行而不力	徒尚空談
	體能	精力充沛	體力強壯	健康正常	精力較差	體弱多病

附註：本表各細目評分以三分為及格，二分以下為不及格。

資料來源：林玉鬃（1997）。《工作考核標準在目標管理上之運用》。超越企業
　　　　　顧問公司。

範例12-2

威爾許（Jack Welch）的考評做法

奇異（GE）前總裁傑克‧威爾許（Jack Welch）認為公司評價員工時，除了要看他的績效有沒有達到指標，還要考慮他的價值觀與公司的價值觀尤其是誠信的價值觀是否吻合。這其中一共有四種可能：

1. 績效達標，價值觀與公司吻合——很簡單，公司將毫不猶豫地為他提供獎賞或晉升的機會。
2. 績效沒達標，價值觀與公司不吻合——也很簡單，馬上請他走人。
3. 績效沒達標，但與公司的價值觀吻合——再給他一個機會，考慮重新分配工作。
4. 績效達標，價值觀與公司不吻合——這種人是能夠殺死一家公司的那種人。現實證明，很多公司就是因為接受了這些能達到績效指標，但品格很差的員工，才走向最終的崩潰。

資料來源：李開復（2006）。《做最好的自己》，頁39。聯經出版。

(二)需要改進員工之分析

每個員工都是不同的個體，狀況不盡相同，不要相互比較，以他人的成績來要求員工。

1. 考核列為不及格（表現差）等第員工的績效分析，並與上年度其考績做比較。
2. 當年度工作不適任現職員工的分析。
3. 對上年度考核「表現差」等第員工，追蹤其具體改善之成效。

(三)異狀員工分析

主管必須持續與員工對話，發現異狀時更要立即處理以防患未然。

1.二年內考核等第落差二級（含）以上者之分析。
2.工作表現特優、優良者，但受限於本身條件或該職位（等）已達薪資頂端之分析，以及激勵措施的擬定。

範例12-3

績效考核判斷

安德魯·葛洛夫（Andrew S. Grove）所著《英特爾管理之道》書中，提到他考核一位經理所產生的績效判斷誤差的經驗。

在向我報告的諸多經理中，有一位經理的部門表現十分傑出。所有用來評估產出的項目都非常令人滿意：銷售額激增、淨利提升、生產的產品運作合乎客戶要求……，你幾乎只能給這個經理最高的評比。但我仍有些疑慮：他的部門的人員流動率高出以往許多，而且我不時聽到他的部屬怨聲載道。雖然還有其他諸如此類的跡象，但當那些表上的數字都閃閃發光的時候，實在很難在那些不太直接的項目上打轉。因此，這位經理當年拿到了極佳的評比。

隔年，他的部門的業績急轉直下，銷售成長停滯、淨利率衰退、產品研發進度落後，而且部門中更加地動盪不安。當我在評估他此年的績效時，我努力地想弄清楚他的部門到底出了什麼事。這個經理的績效真的這麼糟嗎？是不是有什麼狀況我尚未察覺？最後我下了一個結論：事實上這個經理的績效較前一年好，即使所有的產出衡量結果看來都糟得不得了，主要的問題是出在他前一年的績效並不是那麼好，他的部門的產出指標所反應的並不是當年的成果，這之間時間上的差異差不多正好是一年。雖然很難堪，我還是要硬著頭皮承認我

前一年所給他的評比完全不對。如果當初我相信流程評估所反應的事實，我應該會給他較低的評比，而不會被那些產出數字所愚弄。

資料來源：巫宗融譯（1997）。Andrew S. Grove著。《英特爾管理之道》（*High Output Management*），頁210。遠流出版公司。

　　績效考核的結果，可使員工明瞭其工作的優點與缺點。有關工作優點，能提升員工工作的滿足感與勝任感，使員工樂於從事該項工作，員工愉快地適任其工作，並發揮其成就感；至於透過績效考核所發現員工個人的缺點，則能使員工瞭解自己的工作待補強的能力（技能），充分體認自己的立場，從而加以改善，亦依此作為培訓與發展的依據及指標。

範例12-4
協助績效不佳員工成功轉職

　　《抓住員工的心》（*The Simple Art of Greatness*）作者墨林（James X. Mullen）服務的公司，曾經僱用過一位非常努力嘗試的生管經理。基本上，她的工作是負責公司內外對於廣告所需作品的協調及進度控制。

　　這位經理人很誠懇，也很有人緣，但工作並不完全稱職。在進行過令人失望的年度評估之後，這位生管經理向墨林（公司內申訴的最後管道）提出她微薄調薪的要求。

　　「美國廣告代理商協會」（American Association of Advertising Agencies）的薪資結構報告顯示，生管經理的年薪大約在二萬三千美元到二萬五千美元之間，她說道：「而我只領二萬美元。」

　　「那是因為妳不是個很好的生管經理。」墨林實話實說，「妳還沒糟到我們要開除妳的地步，但也還沒好到可以將經營管理當作一生追求的事業。」

當她徵求墨林對於她重新出發正確方向的意見時,墨林指出,他認為她是個很溫馨而且很具說服力的人,因此,應該試著離開管理面而投入業務工作。

墨林替這位年輕的生管經理安排了一個工作,向其他廣告公司銷售波士頓廣告俱樂部年鑑上的廣告版面。她可以在這種不需要競爭的環境下,練習銷售技巧。同時,她也仍然是該公司的員工。在這工作上獲得的成功,讓她日後得以承接一系列業務部門的外務,每項工作都不斷累積她的經驗與信心。

現在,她是一位非常成功的攝影師的經紀人,而且有不錯的收入。

資料來源:周怜利譯(1997)。James X. Mullen著。《抓住員工的心:建立留得住人才的公司》,頁151-152。天下文化。

二、危險警訊,未雨綢繆

如果部屬犯錯是因為他們缺乏資訊或是訓練不足的話,這是主管的責任。但如果原因是因為部屬不注意、疏忽或是沒有工作意願時,主管唯一的責任,就是設法找出原因發生之處,然後再和他共同商議解決之道。

人處在社會上,總是會遭遇到許多問題,有時是因為生理疾病的纏身(如記憶力變差、思考力退化、體能衰退等,其工作績效會明顯下降,此時應思考醫療方面的補救)、生理上的異常(如頭痛、高血壓、糖尿病、潰瘍、過敏、痠痛等,此時應考慮醫療方面的治療)、戀愛的煩惱、負債的問題、家庭的事故,或者是牽涉民、刑事法律問題而造成身心的困擾等。例如一位上班前剛和老婆吵過架,或是孩子因意外傷害正在醫院急診室裡就診或觀察病情的員工來公司上班,因心有掛念,也就無心於

工作，其績效自然也就不會好到哪裡去。這時這位員工需要的是一位有同理心的主管來傾聽、關懷他，以及設法找出幫助他的方法。相反地，一位主管總在部屬「遭難」無助，績效一時低落之際，卻給了部屬「難看」的臉色，以及給予讓人聽了更難過的「責難聲」時，想讓部屬不變「壞」也難（**表**12-5）。

表12-5　**影響員工工作績效不良的原因**

一、在機智與工作知識方面 　　（intelligence & job knowledge） 　・表達能力不足 　・特殊能力欠佳 　・工作知識不足 　・判斷或記憶的缺陷	二、情緒和情緒性疾病方面 　　（emotions & emotional illness） 　・經常性神經分裂症 　・精神錯亂症 　・精神機能病 　・酗酒和藥物問題
三、個人的工作動機方面 　　（Individual motivation to work） 　・強烈的工作動機受到挫折 　・產生尋求滿足非公司所要求之動機 　・個人的工作標準過低 　・工作士氣的普遍低落	四、生理的特徵與異常方面 　　（physical characteristic & disorders） 　・生理疾病與障礙 　・起因於情緒造成的生理異常 　・不合適的生理的特徵 　・肌肉、知覺力和技巧的不足
五、家庭束縛方面 　　（family ties） 　・家庭危機 　・離鄉背景 　・家庭考慮重於工作要求	六、工作同事方面 　　（the groups at work） 　・同事間消極的影響 　・無效的管理方式 　・不適當的管理標準和準則
七、公司本身的原因 　　（the company） 　・組織活力不足 　・指派錯誤 　・組織過分鬆散 　・控制幅度太寬 　・不適當的組織標準和準則	八、社會及社會價值方面 　　（society & its values） 　・法律懲罰之影響 　・法律外社會規範的影響 　・工作要求與文化價值間的衝突

（續）表12-5　影響員工工作績效不良的原因

| 九、工作環境和工作本身方面
（the work content & the work itself）
· 經濟壓力的消極影響
· 地理位置的消極影響
· 工作場所布置不當
· 過分危險
· 工作本身的問題 | |

資料來源：謝安田（1982）。《人事管理》（*Personnel: Human Resources Management*），頁89-92，作者自印。

　　當員工有下列這些異常狀況發生時，主管就要先「探隱」分析，找出是「人為」（如酗酒、吃搖頭丸等）所導致，或「非人為」（如家庭因素中的喪偶、離婚、夫妻不和睦、婚外情等）能控制的原因，再設法幫助員工度過難關。例如：

　　1.出勤率突然不正常。

　　2.不能適時地提出工作報告，也不能按照當初規定的時間完成工作。

　　3.工作效率突然降低很多。

　　4.經常「開小差」，從工作崗位上溜班，不知道跑到哪裡去了。

　　5.影響到其他員工的安全與健康。

　　6.經常遲到、早退。

　　7.很多場合都無故缺席。

　　8.對其他員工的態度變得粗暴起來。

　　9.工作報告未能符合事實情況。（**圖12-2**）

三、績效不佳員工的特性

　　一個員工若無法有較佳的表現，有些因素是員工自己無法控制的，因而在幫助員工改善績效時，主管需設法幫助部屬去除達成工作績效目標

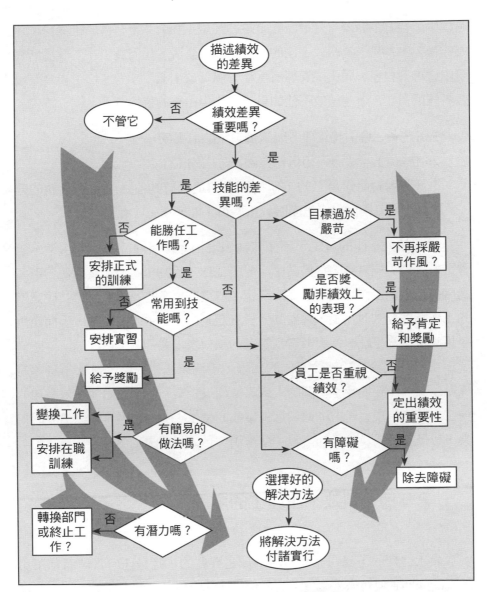

圖12-2　工作表現問題分析法圖解

資料來源：現代管理月刊編輯部，李素珍編譯（1987）。《員工績效問題診斷》，頁134。管拓文化事業公司。

過程中所存在的障礙。就最廣義來看，凡是不利或甚至有害於組織目標達成的員工，均可稱為績效不佳的員工。換句話說，任何員工在工作場所表現出會導致自己、同儕或管理者生產力降低或士氣不振者，均可視為是績效不佳的員工。這些績效不佳的員工所表現出來的特性有：

1.這些員工會引起管理者與同儕嚴重的沮喪感。

2.這些員工無法令人相信他會做好分內的工作。

3.管理者對此類員工的工作指派必須遠低於其他員工所應負擔的分量，而且指派內容也僅限於這些員工能簡單完成者。

這些績效不佳的員工，不僅無法表現出組織所期待的績效水準，還會影響、連累同事必須負擔其應完成的工作。因為，此類人員逼使管理者為確保他們的工作狀況不會更形惡化，或造成更多的問題，而將其應負擔的工作指派給其他員工，導致其他員工感到工作指派的不公平，因而產生挫折感與不滿足感，進而影響到總體的績效表現與士氣。

主管在討論員工績效不佳的部分，千萬要記住一點，員工本身才是焦點所在，不要提及不相關的人或事。如果企業不能有效處理績效不佳的員工，將會造成生產力降低、意外事故的發生、決策錯誤等難以估計的損失，以及組織成員士氣低落等（蔡秀涓，1999）（**圖12-3**）。

 ## 第三節　績效不佳員工的處理

員工之間的差異在任何組織內部是存在的，且是任何管理者都不可忽視的一門管理知識。「員工應是資產而非負債」，然而一般主管在處理「績效不佳」的員工時，最容易採取的方式是交給人事單位「解僱」該員工，或是任其「我行我素」而莫可奈何，這兩種對績效不佳員工的處理，對企業而言，都不是最佳處理方式（**表12-6**）。

1.確認不佳的績效		
2.值得你花時間和精力去解決嗎？	否	別浪費你的時間
3.他們知道自己績效不佳嗎？	否	告訴他們
4.他們知道自己該做什麼嗎？	否	告訴他們
5.他們知道怎麼做嗎？	否	訓練他們或讓他們練習
6.他們知道為什麼該做嗎？	否	告訴他們
7.有他們無法控制的障礙嗎？	是	移除障礙
8.他們覺得你的做法行不通？	是	說服他們
9.他們認為自己的做法比較好嗎？	是	說服他們
10.他們覺得有其他事情更重要嗎？	是	解釋優先次序給他們聽
11.如果他們表現得當，會有正面的回饋嗎？	否	給予正面回饋
12.他們做了該做的事，卻受到懲罰嗎？	是	除去懲罰或以獎勵平衡
13.他們覺得做對事，反而招來負面後果嗎？	是	修正他們的想法
14.他們沒做該做的事，卻會得到獎勵嗎？	是	改變結果
15.即使他們表現差勁也不會招來任何懲罰嗎？	是	給予懲罰
16.有個人問題影響嗎？	是	解決個人問題，或要求他們先解決你的問題
17.如果他們想做，做得到嗎？	否	將他們調職、降職或開除
利用教導對談來改變他們的行為選擇		

圖12-3　影響績效不彰的原因是什麼？

資料來源：丁惠民、游琇雯譯（2001）。Ferdinand F. Fournies著。《績效！績效！Part II：強化員工競爭力的教導對談篇》。（*Coaching for Improved Work Performance*），頁149。麥格羅‧希爾國際出版公司。

表12-6　16項員工表現不佳的原因

1.員工不知道為什麼該做這件工作。
2.員工不知道該如何去做這件工作。
3.員工不知道自己該做什麼工作。
4.員工覺得經理人的做法行不通。
5.員工覺得自己的做法比較好。
6.員工覺得其他事情更重要。
7.員工的努力得不到任何回報。
8.員工覺得自己正照著經理人的指示在做事。
9.員工沒有做該做的事，卻得到獎勵。
10.員工做了該做的事，卻受到懲罰。
11.員工覺得做對事反而會招來負面後果。
12.即使員工表現差勁，也不會招來任何負面後果。
13.超過員工所能控制的各種障礙。
14.員工受限於個人能力，無法有良好表現。
15.員工的個人問題。
16.沒有員工辦得到。

資料來源：駱秉容譯（2002）。費迪南·佛尼斯（Ferdinand F. Fournies）著。《績
　　　　效！績效！：提昇員工績效的16個管理秘訣》，頁13-15。麥格羅·希
　　　　爾。

一、員工績效不佳的原因

　　根據資料顯示，員工不能勝任工作的原因有能力因素、意願因素、
情境因素及個人因素四種。

(一)能力因素

　　因工作崗位的調動，或甄選不當而發覺工作能力的不足與欠缺者，
如主管欠缺溝通表達的能力、領導統御能力；部屬欠缺工作能力，例如會
計人員欠缺會計知識、稅務知識；企劃人員欠缺行銷知識；秘書人員欠缺
電腦文書處理能力、檔案管理能力；推銷人員欠缺推銷技巧或溝通談判能
力；作業人員欠缺操作自動化設備能力或電腦操作能力等。

(二)意願因素

　　績效考核結果偏低，屬於個人因素而無法以培訓在短期內補救者，例如個人情緒的不穩定（酗酒、精神官能症、吸食藥物毒品等），則必須透過心理諮商，或心理治療，才可使員工的精神恢復正常，扭轉不佳的工作績效表現；又如屬於生理異常的頭痛、高血壓、潰瘍、過敏、痠痛等症狀，而導致對工作上的干擾，則必須考慮醫療方面的治療；至於因特殊生理特徵原因（如身材矮胖，不能勝任操作大型機械；體型粗壯，相貌不揚者，不適合擔任櫃檯接待員的工作等）導致的工作效率低落者，則可利用調換工作崗位來克服。

(三)情境因素

　　如果員工有能力又有意願做好工作，且非員工個人問題（如身心健康等），但卻仍做不好工作之原因，即屬於情境因素干擾所致，諸如訊息傳遞不良、組織氣候不佳、命令的不一致或主管對待部屬雙重標準未能一視同仁等均屬之。

(四)個人因素

　　個人因素係指員工因私人問題之困擾而無法專心關注組織所交付的任務。一般常見的個人問題有身心健康問題、染上不良惡習、品德、紀律及其他（圖12-4）。

二、員工績效不佳之因應對策

　　績效不佳的員工有時就像一個被困在屋頂上的人，處境尷尬，既上不去又下不來，此時，主管若採取強硬手段步步相逼，最後會導致這位績效不佳的員工狠下心向下跳，結局會是兩敗俱傷。最適宜的策略做法，就是主動為績效不佳的員工架一個梯子，給他下台階，使他能夠一步一步走

圖12-4 員工績效不彰之因素與因應策略

資料來源：蕭煥鏘（1999）。〈員工績效缺口之診斷與因應策略〉。《人事管理月刊》，第424-425期，頁3607-24。

下來。

(一)能力與意願矩陣

組織欲達成策略目標，員工必須將本身的工作意願與工作能力兩者相互的調和運用，徒有意願而無能力是無法使策略目標實現；同樣地，有甚佳的工作能力但是缺乏高昂的工作意願亦是無濟於事的（黃英忠，1996）。

依照上述兩個因素（能力與意願）成分的強弱，可交叉匹配四個面向，因而形成四個不同的策略型態：(1)發展策略；(2)激發策略；(3)增強策略；(4)移轉策略。（**圖12-5**）

◆發展策略

高工作能力又有高工作意願之員工，均能順利完成組織所交付的

圖12-5　能力、意願的四個面向及因應策略

資料來源：蕭煥鏘（1999）。〈員工績效缺口之診斷與因應策略〉。《人事管理
　　　　月刊》，第424-425期，頁3607-32。

任務，屬高績效族群，可以透過發展策略之升遷、工作豐富化、多發獎
金、職場生涯規劃等方式來獎酬其表現，讓員工在職場中能不斷地自我挑
戰與成長。

◆激發策略

具有高工作能力、低工作意願之員工,最重要的乃是透過激發策略來提升工作意願,其管理的做法有:積極激勵、工作再設計、導正不良工作態度、適時給予差別待遇、協助員工前程發展等。

◆增強策略

當員工具有高度工作意願但工作能力不足時,可透過增強策略來提升其工作能力。其管理做法有前述激發策略之激發措施、差別待遇外,最主要的做法為積極施展教育訓練、工作輪調、員工個別指導及自我啟發等,以增強員工的工作能力。

◆移轉策略

當員工的工作能力與意願皆低時,組織可說是面臨到人力資源的「素質窘境」,在這種情況下唯有依靠人力異動、離職管理、紀律管理、輔導面談等方式來處理,甚至考慮到必須解僱員工的可能性。

(二)情境與個人矩陣

上述提到的員工績效不彰的共通性因素為能力與意願,然而,尚有情境及員工個人問題兩大因素也會導致績效不彰。情境因素大都起因於某種情境的狀況不良或阻礙;員工個人因素則肇端於員工身心健康欠佳、染上不良惡習或品德瑕疵。此兩種因素導致之績效不佳,可施以「矯正」或是「預防」策略,來加以克服。

◆矯正策略

一般影響員工績效不彰的情境因素,大都起因於某種情境的狀況不良或阻礙所衍生,其管理的方法是採取矯正策略,設法強化非正式組織功能並抑制其負面功能,導正組織氣候,培養團隊凝聚力,提升士氣,改善辦公處所及周遭環境,營造安全舒適的空間,改善對部屬的領導監督方式,加強授權賦能,檢討調整資源分配,使有限的資源發揮最大的效用。

◆預防策略

　　至於影響員工績效不彰的個人因素，採取的是預防策略，設法協助解決員工個人的問題、個案管理等（蕭煥鏘，1999）（**表12-7**）。

　　當考核結果發現員工績效不佳時，可能是員工的能力不足，亦有可能是員工工作的動機不強，抑或組織相關制度欠缺完善所致。因此，在評估考核結果後，主管應分析其確切原因所在，並進一步提出改善方案，方可達到真正的績效考核意義。但績效不佳，如其責任可明確歸屬於員工個人之能力無法勝任或工作意願低落時，應儘早處理，不要因為處理起來太麻煩，或者希望部屬會自行改善，而容忍不良績效員工的繼續存在。如果主管放任績效不佳的員工的時間拉愈長，情況就會愈來愈糟糕，同時也會殃及部門中其他人員，並使主管領導統馭之威信大打折扣（**表12-8**）。

表12-7　解決績效不良員工的步驟

步驟		內容
步驟一	績效表現對談	1.將期望要求、績效標準明示清楚，並與部屬進行溝通。 2.對於員工之工作表現應經常給予回饋。 3.對於良好的工作表現應給予肯定的鼓勵。 4.對於新手應讓其在試用期間便跟上要求。 5.應與工作表現不符合要求標準（數量、品質、時限、態度）之人員，進行諮商討論，使其瞭解工作的要求、績效考核的標準、工作方法等。
步驟二	給予改進機會	1.確定績效表現不合格者為何？ 2.通知限期改善。 3.提供改進機會並給予應有之工作設施條件。 4.確定是否已改正或改進。
步驟三	採取行動	1.已有改進並能符合要求者，鼓勵其保持良好績效表現。 2.未能在限期內改進者，應考慮調整工作指派，必要時應依規定降職，甚至去職。 3.允許員工對所受處分提出申訴或覆審之行政救濟。

資料來源：美國聯邦政府人事管理局公共關係室編印，《瞭解並解決績效不良員工》（*Addressing and Resolving Poor Performance*）指導手冊。

表12-8 處理表現不佳員工的訣竅

1. 提出你所期望的工作表現與績效水準,決定什麼樣的表現可以接受?什麼樣的績效不會被接受。
2. 記錄屬下所有缺勤、工作表現不佳以及各有關事項,建立各種評估的標準。
3. 以你自己的專業知識去應付各種情況。
4. 和這些員工私底下面談一下,並且留給他們足夠的時間。
5. 在事前詳加計畫,並記下在面談時的注意事項,以便能找出他們的問題。
6. 面談時要公正而友善,不要一味要求對方同意你的觀點。因為你的目的是要糾正他們的行為,而不是要他們唯唯諾諾。
7. 不要一味指責對方,只針對他們的不良行為討論,因為你的目的是糾正他們的行為,不是討論他們的人格問題。
8. 把問題說清楚,並且就你所瞭解的部分討論,自己不明白的地方不要提出討論。
9. 只針對主題討論,同時也別被對方的「可憐相」所軟化,不要扯出題外話。
10. 最好能舉例說明。
11. 要能隨時提供幫助給對方。
12. 要能仔細聆聽對方的發言,不要遽下結論。
13. 顧及對方的尊嚴,尊重對方有不同的意見。
14. 保持冷靜,不要發怒,也不要起爭執。主管只是要解決問題,而不是找人來吵架。
15. 如果你有不對的地方,要向對方鄭重的道歉。
16. 要光明磊落,不要隱瞞事實。
17. 一起針對問題來討論解決之道,並說明你對對方要求的最低標準。
18. 設定一個最後改善的期限。
19. 在面談時要正確的記錄內容。
20. 最後要綜合一下剛才面談討論的事項。
21. 表達你對對方能力的信心。
22. 談好下一次檢討的時間。

資料來源:丁志達主講(2012)。〈績效管理與績效面談〉講義。重慶共好企管顧問公司編印。

 第四節 懲罰與解僱員工的要領

　　績效管理的過程,實際上也是「強化」的過程。根據心理學家的研究指出,所謂強化,包括了正向強化(Positive Reinforcement)與負向強

化（Negative Reinforcement）兩種。前者是指正面的獎勵以及讚賞等，而後者則是指規勸、告誡、警告或懲罰而言（**表12-9**）。

一、懲罰員工之方式

紀律包括遲到、早退、請假等出勤狀況；工作場所內的工作態度，如交付工作態度、配合程度等。企業用來懲罰員工之方式，可按違規情節之輕重，區分為下列五項：

(一)口頭警告

口頭警告是一種最輕微的懲戒，目的是為了讓對方瞭解什麼地方做錯了。主管應適時、適所的積極輔導受警告之員工，以免其重蹈覆轍。

表12-9　熱爐原則

管理學者道格拉斯‧麥克葛瑞格（Douglas McGregor）將懲戒處理比喻為觸及燒熱的火爐，而提出著名的「熱爐原則」（Hot Stove Rules）。
1.火爐一燒熱，一定會出現紅色的信號，提醒人們要遠離它，以免受到傷害。
2.倘若某人不理會紅色的信號，以手接觸火爐，他將立即受到灼傷。
3.不管是誰，只要不理會紅色的信號，以手接觸火爐，誰都會因而受到灼傷。
4.一個人之受灼傷，係導因於他觸及火爐的行為，與他本身的身分或地位無關。
根據上述四個比喻，引申出下列四個處理懲罰員工「熱爐原則」的技巧：
1.懲罰與情節輕重要成正比。
2.連續的違反規章應予以加重處分。
3.適度的公開，以收「殺雞儆猴」之效。
4.必須公正，不可因人而易。
5.考慮不處罰，可能有反面的鼓勵作用。
6.定期審核懲罰體制是否與公司管理哲學相合。

資料來源：鄧東濱編著（1998）。《人力管理》，頁209-212。長河出版社。

(二)書面警告

書面警告要較口頭警告來得嚴重，因為這種懲戒會列入員工個人資料檔案內，以作為存證之用。

以書面通知對方違反了什麼樣的規定，並警告下次再犯時會減薪（須協商同意），或是失去工作。該通知單通常一式三份，一份給違規當事人，一份交由人事部門收執，最後一份留給主管本人；如果有工會的話，也要通知工會；此外，也要知會第二層級的主管。

(三)停職

停職，是指勒令停工，作為懲戒違規員工之手段。停職之長短，視情節的輕重而定，這期間以一至五日為宜，別忘了這也要有書面紀錄。但管理學家主張應避免以停職作為懲戒手段，因為其後遺症有：

1.主管在員工停職期間，不容易找到適當的替手。
2.被停職的員工復職後，工作態度可能變本加厲。

(四)降級

以降級作為懲戒手段通常是不多見的，降級的適切使用場合應該是員工無法勝任目前的工作。

(五)解僱

無論輔導多麼有效，總有一些人因為缺乏能力或動機不能留在自己原來的團隊中。解僱被認為是「工業死刑」，解僱的原因是因為員工不能有效完成工作。如果決定要開除員工時一定要有「憑證」，並一一舉證列出，同時也要考慮是否有違反勞動條件，觸犯法規。

一位員工如初次觸犯了較輕微的禁忌行為，主管通常皆以口頭警告或書面警告懲戒之，但員工屢戒不聽，則懲罰應累進加重，直到解僱。

範例12-5

出勤狀況欠佳之書面記錄

2/10/1997

TO：布萊克

FROM：狄萊思經理

RE：口頭警告

　　去年的12月7日、14日及21日你都沒來公司上班，根據公司規章第九條的規定：「經常曠職者必須施以懲戒處分」。你前面這幾次沒來上班，都是在你原定休假日的前一天。在12月27日我找你談了有關出勤狀況的問題，但是你在1月5日及16日又再度沒來上班，所以在1月29日我再次找你談了出勤狀況不佳的問題，並且警告你如果再有類似的狀況發生，我就必須對你施以正式的懲戒行動。在2月1日，你打電話到公司請病假，這一天恰好是週末的前一天。當2月4日你到公司上班時，你對你的上司巴瑞特說你是到野外去騎越野車。2月7日我約你談了這些問題，並且給你正式的口頭警告。

　　我希望你能真正瞭解，我非常關切你的出勤狀況。我期望你能在該上班的時候，每天準時到公司，除非你真的生重病無法到公司上班，或是事先已經請假獲准。如果不能來上班，你必須事先通知我、喬治或是山姆。

　　如果是因為生病無法到公司上班，你必須開具醫生證明，說明你生什麼病，要休息多久。如果你的健康真的有問題，你可以利用公司的保健福利。如果你想休年假或是補休假，請在兩天以前送上假單。這份有關口頭警告的備忘錄將會放在你的個人檔案裡。除非你遵守這個備忘錄中所載的事項，否則我會再採取進一步的懲戒行動。

我收到了這份備忘錄

布萊克簽收處／日期：

資料來源：林瑞唐譯（1997）。Mike Deblieux著。《檔案化紀律管理》，頁14。商智文化事業公司。

二、懲罰員工的要領

績效考核的結果，若無法與獎懲結合，將降低員工工作的誘因，使制度流於形式。因而，懲罰員工的要領可分為下列幾項來敘述：

第一項，合適的懲罰程序，應包括下列要件：

1. 公司是否有將相關之工作規定，詳細地告知每一位員工，尤其是對新進員工更須注意，例如員工的工作手冊、布告欄上的公告，或用 e-mail 傳遞的訊息都應包括在內。

2. 對員工違反規定的指控必須根據事實，如果有見證人，那麼見證人的訪談紀錄也必須存檔，確保兩造雙方都能有充分的機會辯白或提出說明。個人的主觀或假設性之認定應予以排除。

3. 是否適當地採用「警告程序」，而這些警告是否曾用書面形式送達當事人手上。若採用口頭警告，它的內容說詞是否清楚地表達予員工？

4. 具有工會組織的公司，還須將員工之警告通知書送給工會備查。除此之外，還可能要告知工會，將採取何種懲處行動，以減少工會和管理者之間所可能發生磨擦的機會。

5. 在決定採取何種懲罰行動之前，也要依員工違規的輕重程度或初犯、累犯等情形，對員工過去的考核紀錄及服務年資做適當的考慮。但這並不意謂員工過去若有不良紀錄，就可當作對員工採取懲罰的唯一因素。

6. 公司要確保管理者或生產線上主管都能瞭解懲罰的程序及政策，尤其是在對員工採用口頭警告或私底下採取所謂的「非正式責難」時，更是要特別注意。（彭昶裕，1997）

第二項，在懲處部屬之前，主管必須針對下列各問題先自問：

1. 這位員工上次的考核紀錄如何？

2.是否掌握到全部事實經過以及真相？

3.有沒有給這位員工適當的機會來改正？

4.有對這位員工提出警告嗎？有告訴他事情的嚴重性嗎？

5.以前在同樣的情況下，採取什麼樣的行動？

6.對部門其他人員造成什麼樣的影響？

7.在採取行動之前，應該問問其他人的意見嗎？

範例12-6

員工沒有自律意識　企業就不可能發展

第二次大戰後，日本松下公司在艱難起步之時，管理十分嚴格。

有一次，松下幸之助的司機遲到了十分鐘，使得松下的一次重要會談受到影響。松下決定懲罰他，他給了司機以減薪的處分，但他的懲處並不是到此為止。他說：「創業之始，員工的自律教育相當重要。有時候，抓一個典型，就能達到一呼百應的效果……。我從不忽視員工的自律意識，沒有人的自律，企業就不可能發展。」

為此，他抓住自己的司機遲到的典型，把與之相關的八個人也給了減薪處分，理由是監管不嚴。但松下懲處的目的是為了教育，而不是玩弄暴君的統治手段。他要被懲處者回去好好想一想，自己錯在什麼地方，自己最終應負什麼責任，這個責任在公司裡具有什麼影響？如果整個公司的員工都出現類似的情況，會有什麼結局？

幾天後，與司機連帶的八個受罰者，每人寫了一份厚厚的檢討書，這時，松下讓財務部退還了扣除的薪水。

這事不久就在公司中傳開了，說松下連自己的司機都予以處分，可見他的管理態度是認真的。公司上下對松下肅然起敬，松下公司也因嚴格的管理而蒸蒸日上。

資料來源：高興、周戰峰編著（2000）。《管理能人》。國際村文庫。

綜合上述要點，主管必須清楚下列兩項基本的懲罰問題：

1.以主管的立場而言，你希望如何解決。

2.你的屬下有什麼辦法可以挽回這不利的情勢。（李璞良譯，1992：
   228）

懲罰只有禁止的功能，並沒有鼓勵的作用，解決問題員工在使用預
防、輔導、自我改進三種方法不能奏效後，懲罰是最後手段。

三、解僱員工的問題

主管在開除任何一位部屬之前，都要問問自己，在那個時候應該如
何做，才能對這位部屬提供真正的幫助？在事先有問問他嗎？有和他面對
面談過嗎？有向他提出各種資料及必要的解釋嗎？有沒有仔細傾聽過他的
抱怨呢？有沒有提出你的建議？有沒有和他一起討論改進的計畫？如果以
前都沒有這樣做，就產生了「誰開除誰」的烏龍事件。如果是你主張開除
屬下時，一定要有憑有據的，一一列舉出來，或許對方的言行違反公司的
某些政策，或許是對方的表現未能符合部門的要求，或是公司經營政策急
轉彎，面臨員額縮編的「剪人頭」的棘手問題，你都要肯定自己的決策並
沒有任何的偏差。

解僱員工的訣竅

許多主管不願傷害部屬的感情，當他向屬下反映其表現不好時，
採用了非常含蓄的語言，比如：「你只是沒有給人留下良好印象」。在
《做個成功主管》書中，作者娜達莎‧約瑟華滋（Natasha Josefowitz）提
到解僱（開除）屬下是不得已的，因為如果這些人還在組織內的話，會影
響部門的工作士氣，降低你部門的工作效率。為了怕影響對方的生計而勉
強把他留下來並非明智之舉，但解僱部屬又怕他們的家庭或經濟狀況會因

範例12-7

開除哲學深奧無比

菲爾是一位年輕，具有野心的監工，他被提升至一個小小的管理職位。菲爾的第一項任務是去解僱一位已有二十多年資深的員工山姆先生，山姆是位認真、半聾的庫存管理員，不幸的事，當時公司決定要廢除此職位。

那天下午，四點三十分不到，我們即已乖乖的集合好要做見證人，只有可憐的山姆還不知道即將發生什麼事。

菲爾叫山姆進去他的辦公室，山姆來後坐下，完全不知道那一天與在此之前他已經貢獻給公司的七千多個日子有何不同。

「山姆，」菲爾結結巴巴地說，「管理階層已決定廢除人工庫存制度，而我必須解僱你！」

「嗄！菲爾，這真可怕……」這位重聽的山姆回答道，一邊從椅子上站起來，一臉驚嚇與真誠的同情：「你才當上一天經理而已，他們怎麼可以不事先警告就開除你？菲爾，我在這裡很久了，讓我和總經理談談，我想我可以幫得上忙。」

「不！山姆，不！」菲爾驚慌地大叫，完全失去冷靜及控制地說，「不是我！是你，是你，是你被開除了！是你被開除了！」

資料來源：周怜利譯（1997）。James. X. Mullen著。《抓住員工的心》。天下文化。

此而陷入絕境，這時候，應該怎麼辦呢？

1.首先你應該自我反省一下，有沒有試著給這些人特別的訓練？

2.有沒有想到什麼方法可以改進對方的這些缺點？

3.其他地方（職位）會不會比較適合他們？

如果這些方面都考慮過且無效的話，這時候就可以毅然決定的請他離開了。

解僱面談後，必須給對方一個獨處的時間，有些人會藉此「疏通」一下自己的憤怒與不安，對於他們這種感情的發洩，你必須要處之泰然，並且要瞭解與體諒他們不當的表現。

如果你害怕這些員工在事後的報復，就必須事先做好各種準備防範措施，諸如通知他的家人，告訴他們應該留意的事項；另外還要通知公司的警衛員，要他們在這一段時間內不可鬆懈職責，保護廠區內有關人員的安全，當然還要通知你的上司，並找些許同事「隨侍在側」，以防萬一造成不幸事件的發生（李璞良譯，1992：230）。

由於解僱員工時，要面對的是員工工作權的喪失與其經濟收入來源的斷炊之慮。《勞動基準法》第十二條就明定雇主與員工終止勞動契約（解僱）的「合法」規範，否則「偷雞不成蝕把米」，勞資兩造對簿公堂，將有損企業優良形象（**表12-10**）。

總而言之，解僱員工要步步為營，慎思熟慮：

表12-10　《勞基法》規定得終止勞動契約的條文

勞工有左列情形之一者，雇主得不經預告終止契約：
一、於訂立勞動契約時為虛偽意思表示，使雇主誤信而有受損害之虞者。
二、對於雇主、雇主家屬、雇主代理人或其他共同工作之勞工，實施暴行或有
　　重大侮辱之行為者。
三、受有期徒刑以上刑之宣告確定，而未諭知緩刑或未准易科罰金者。
四、違反勞動契約或工作規則，情節重大者。
五、故意損耗機器、工具、原料、產品，或其他雇主所有物品，或故意洩漏雇主
　　技術上、營業上之秘密，致雇主受有損害者。
六、無正當理由繼續曠工三日，或一個月內曠工達六日者。
雇主依前項第一款、第二款及第四款至第六款規定終止契約者，應自知悉其情形
之日起，三十日內為之。

資料來源：《勞務基準法》第十二條。

1.平日避免對員工做暗示性的承諾。

2.找一位專業性的人，剖析解僱（開除）理由的正當性。

3.為你決定採取解僱（開除）之結論下定義（能自圓其說嗎？）。

4.與人事、法律部門人員商討是否會造成爭訟困擾。

5.評鑑過程，誠實以對，不可造假。

6.保存證據。

7.以面對面方式解僱（開除）該名員工。

8.解僱（開除）過程應迅速、乾脆，不要拖泥帶水。

範例12-8

遭解僱員工殺5同事自盡

美國威斯康辛州密爾瓦基市一處知名啤酒工業園區2020年2月26日發生一起重大槍擊案，一名當天遭解僱的員工，下午持槍返回公司，槍殺五名同事後舉槍自盡，行凶時還穿著公司制服。此案總計六人死亡，無人受傷。警方確認槍手為51歲的當地男子。

摩爾斯康勝執行長哈特斯利說，槍手是一名「活躍的員工」。該公司2019年10月宣布將關閉丹佛辦事處，部分人力調往密爾瓦基，並預計裁員四百至五百人。

《紐約時報》報導，一年前在距離密爾瓦基不遠的芝加哥近郊，一名男子同樣因為不滿被公司開除，持槍殺害五名同事。

資料來源：國際中心綜合報導（2020）。〈美再傳槍擊案！遭解僱員工 殺5同事自盡〉。《聯合報》，2020/02/28，國際／兩岸A10版。

結　語

　　沒有不斷的輔導，正式考核可能會滿足管理的要求而不能給開發帶來積極的影響。績效管理已從早期重視「結果公平」，逐漸轉移到重視「程序公平」。換言之，組織可藉由考核過程的公開化（主管說明評核結果）、提高員工的參與度（讓員工參與訂定目標、考核時加入自評程序）、導入360度評量（從同儕、上司、部屬、客戶等角度做評估）的做法，讓績效評估的「過程」盡可能公正客觀，以緩解員工在面對考核「結果」不如預期時的疑慮及失落感。如果是部屬能力不足所造成的績效問題，解決方案應該是培訓與發展的提供；如果工作動機（意願）不強，主管可能需要幫助部屬在職務上做調整或採取其他的建設性建議（林文政，2010）。

Chapter 13

績效管理發展

會考評到的，員工才會去做。

──惠普（HP）創辦人之一比爾・惠烈（Bill Hewlett）

虛心接受指導

　　我（按：張忠謀）在美國做事三十多年，每個公司都有考績制度，我可以說是這個制度的受益者。在這三十多年中，深深體驗過擔任下屬的感覺，為何他們不能接受上司的意見。

　　我在美國總共經歷過10位主管，其中只有2、3位不會坦白告訴我缺點，其他7、8位都很願意與我談我的弱點。當然我也有自尊心，有時主管剛告訴我時我會起反感，但是過一、兩天後仔細想想有道理會願意接受，這才是關鍵。

　　「三人行必有我師」，有些主管我並不一定佩服，但他們對我的批評仍然很有意義。

【啟示錄】張忠謀說，很多人都說主管打考績不公平或很主觀，但卻沒想到考績有「塑造我」的功能。考績制度的重點在於「培育塑造」，而不是僅看過往的表現。

資料來源：侯榮俊彙整。台積（TSMC）創辦人張忠謀在交大講授EMBA課程之講義。

　　《大象與跳蚤》（*The Elephant and the Flea*）作者查理斯・韓弟（Charles Handy）說：「過往是未來最糟糕的嚮導，我們永遠面對不可預期的狀況。」在外部環境加速發生變化的背景下，企業和個人如何才能適應複雜多變的形勢，始終在競爭中占據有利的地位呢？毫無疑問，只有那些能不斷進行自我調整，以更快的速度適應新局面、新形勢的組織和個人，才能在未來立於不敗之地。「趨勢」不是未卜先知，而是一項實用技能。《詩經》：「周雖舊邦，其命維新」，周朝雖然是歷史悠久的邦國，但是卻不會在守舊中滅亡，只能在適應天下大勢中的革新中發展，才得以生存的同時，進一步進入一個全新的發展階段（**表13-1**）。

表13-1　績效管理的大未來

1.更多的「溝通」取代「控制」。
2.以「協助」取代「監督」。
3.「彈性」的評量取代「僵化」的標準評分表。
4.「多元回饋」取代「單一評量」。
5.「系統科技觀」（組織分析、環境分析）取代「單一課責」（權責）。
6.重視「員工參與」。
7.重視員工的「才能」。
8.重視「人才管理」。
9.重視「無形」智慧資本的蓄積與運用。
10.重視「資訊技術」的運用。

資料來源：林燦螢（2011）。〈績效評估5步驟10秘笈〉。《能力雜誌》，總號第
　　　　　659期（2011/01），頁41-43。

 第一節　績效給薪制規劃

　　企業雖有一套完善的績效考核制度，用於激勵員工努力達到組織所欲評估之目標，但若無法與個人獎懲相結合的話，則員工會因缺乏適度誘因，而使此制度流於形式而無法發揮其預期的相乘激勵效果。

　　很多公司都透過工作分析來決定應有的績效標準，並且設定各項加權比重，然後結合績效管理制度與公司經營目標，落實在個人調薪之中（**表13-2**）。

一、績效決定薪資

　　薪資的主要目的是激勵員工以最佳的工作成效從事工作，而績效給薪（Pay for Performance）更為先進，只要員工生產力提高，對企業經營成果更有貢獻，更有附加價值，該員工就應該因好的績效表現獲得更高的薪資報酬，打破以往企業內員工，靠「拗」年資加薪的「敬老」而沒有

表13-2　有效績效獎酬的原則

1.設立公平客觀的績效標準。
2.設計有效的績效管理制度。
3.考量絕對績效表現與相對貢獻度。
4.調幅差距要有差異化。
5.獎勵實質提供貢獻者（依個人績效提供差異化的獎酬）。
6.簡單且可行之方案（易於瞭解及施行、強調公司所著重的地方、減少管理成本）。

資料來源：PwC Taiwan資誠（2015）。「員工獎酬策略與工具運用探討──從加薪四法談起」講義，頁23。高科技產業薪資協進會編印。

「尊賢」的「大鍋飯」給薪的「假平等」。有績效才調薪，在國內外企業界已逐漸受到重視。

　　1990年，美國航空公司的地勤人員組織的運輸工人工會與公司簽訂一項合約，就是把加薪與績效結合在一起，合約的內容約定，薪資增加的多少，決定於將旅客行李從飛機上送到旅客手上的快慢。此一勞資雙方的約定，激勵了所有員工，而使航空公司、行李輸送員、旅客都獲得很大的益處。

　　1991年，美國一家協利證券公司（Shearson Lehman）實施一種「獎金計畫」，證券投資分析師用特定的方法，分析某種股票績效，然後評定為「可買」、「良好」、「中等」、「欠佳」四種等級。分析師的獎金，是依照一年來的估計預測及分析該股績效相比較，準確度愈高，獎金便愈高。所以每次有分析師對某一特定股票評估升等時，該股票也因而大漲幾天（石銳，2000）（**圖13-1**）。

　　2004年9月，惠普（HP）董事會透過歷史性的改革措施，取消數十年來的利潤分享制度，改以實施公司績效獎金制。新制度設定業績目標時，會根據外在標竿企業和相對表現來決定。後來並將範圍擴大，在獲利之外，加上以成長和顧客滿意度作為衡量成效的標準，訂下理想的和基本的績效水準（顧淑馨、王莉娟譯，2006：239）。

圖13-1　設計變動薪酬時應考慮的內外部因素

資料來源：Marcia, P. M. & Robert L. H. (2000)／引自：林于禎（2012）。《績效薪
　　　　對企業經營績效影響——情境因素探討》，頁11。國立中央大學人力
　　　　資源管理研究所碩士論文。

二、績效給薪制正反面意見

　　關於將薪資與考核掛鉤這個事實，爭論也實在不少，贊成者有之，
反對者也有之。美國薪酬協會（American Compensation Association）的資
料研究發現，企業採用績效給薪大多產生正面的效果，而且採用績效給薪

比沒有採用的公司平均會增加34%的淨報酬。學者杜威（Dewey）曾針對400家英國公司及100家美國公司進行調查，發現採用績效給薪的公司比沒有採用績效給薪的公司平均股東權益報酬多了兩倍以上，顯示目前績效給薪仍然被大多數企業所認同且可以產生很好的效應（林于禎，2012：8）（表13-3）。

表13-3　正面與負面評價績效付薪的觀點

類別	觀點
正面評價	1.將報酬與績效考核聯繫起來是分配物質獎勵的一種客觀的、符合邏輯的方法。 2.這種方式為員工建立了一種績效與獎勵之間的條件關係。隨著報酬成為越來越熱衷的方式，將報酬以及其他可取的獎勵方式（如表揚）與績效聯繫起來，能增加員工對目標的完成度。 3.它有助於保證報酬和考核決策在不相矛盾的目標上發揮作用。將報酬與績效分開，只會在員工中產生這樣的疑問：考核的重要性及報酬決策的公平性到底如何？ 4.儘管他人的表揚是一種有利的回饋源，但是報酬卻能告訴員工公司對他們的評價到底有多高。 5.大多數管理人員希望將他們的報酬建立在績效基礎上。
負面評價	1.將報酬與績效聯繫起來會鼓勵人們迴避困難的目標，這也正是許多目標管理計畫的一個問題（透過不斷對工作表現而不是對目標的實現情況進行評價，可以解決這一問題）。 2.因強調可測量性而將較多主觀但很重要的工作內容排除在考評之外，這可能會導致考核無法全面反映工作績效。 3.將報酬與績效聯繫起來可能會過分強調個人而非團隊績效。 4.建立員工而非管理者激勵計畫是件困難的事情，因為建立管理層與員工之間的信任關係需要付出相當多的努力。許多員工不相信公司能正確實施激勵計畫。但是不管報酬是否與績效聯繫在一起，信任的問題都需要解決。團隊建立是增加信任的一種非常好的方式，並且事實上也帶動了有效激勵計畫的發展，進而增加了主管與員工的信任。 5.將報酬與績效聯繫起來使考核者既是裁判又是顧問，因而將衝突引入了考評。事實上，這種衝突總是存在於管理者與員工的關係之中。員工自然而然地認為管理者不是從開發的角度進行考核，更不相信考核期間管理者會由裁判突然變為他們的專職顧問。

（續）表13-3　正面與負面評價績效付薪的觀點

類別	觀點
負面評價	6.測量績效是件困難的事情。對考評者培訓，使考評誤差達到最小，以增加客觀性，減少觀察者的偏見，這有助於增加主管與員工之間的信任減少衝突。 7.如果員工對好的工作表現及由此帶來的勞動生產效率的提高給予很高的期望，那麼就必須給表現好的員工很多的金錢報酬，這是事實；但是如果勞動生產力要得到大幅度提高，就應該而且必須給員工的具體的工作表現以獎勵。 8.金錢會減少員工對工作的興趣。金錢激勵可以增加績效、減少績效或不影響績效，金錢的作用取決於獎勵的方式和受到獎勵的活動。例如，績效降低可能是員工對激勵方式的反應，而不是對激勵本身的反應。
評語	1.員工必須認為報酬是有價值的，或者是所期望的。但是對某些員工來說，當報酬超過一定的額度後，就幾乎沒有或根本沒有什麼效用了。因此，必須進行系統的面談或問卷調查，以弄清員工所認為的、報酬所起強化作用的大小。 2.報酬必須與工作所有重要方面聯繫起來。例如，在眾多激勵計畫中，常常以品質為代價來換取數量，因為激勵只與數量體系聯繫在一起。 3.員工必須看到報酬是與績效聯繫在一起的。換句話說，激勵計畫必須容易理解，這是一個至關重要的必要條件。員工不理解的計畫很少會對員工有激勵作用。 4.員工必須看到報酬量與他們所付出的努力是相稱的。在決定一個看起來公平的獎金構成時，系統的面談或問卷調查再一次起到關鍵性作用。 5.在期望的行為或成果出現時，必須立刻把錢付給員工，在這種方式下，錢對行為的影響最大。 6.員工必須信任管理層能夠公平分配獎金。

資料來源：蕭鳴政等譯（2002）。加里・萊瑟姆（Gary P. Latham）、肯尼斯・韋克斯利（Kenneth N. Wexley）著。《績效考評：智力於提升企高事業組織的綜合實力》（第2版），頁106-108。中國人民大學出版社。

　　整體而言，企業的績效管理制度最終仍要與薪資制度相連結，要注意的是，加薪的幅度必須要與結果一致。結果，並不是單指過去一年的表現，還須同時考量市場的行情及員工「留置價值」。譬如說，某些員工上一年度的表現並不優秀，但他對公司將來策略執行有重大的影響力，有很高的留置價值，那麼他的加薪幅度自然就比沒有前瞻性工作的員工高出許

多。在新一代的績效發展制度下，給薪多寡端視員工將來能為公司創造多少的價值而定，而非過去表現的酬庸（曾玉明，1999）。

範例13-1

你的薪資待遇公平嗎？

國際商業機器公司（IBM）的一份通訊〈你想知道的薪資問題〉，對於待遇公平做了如下的解釋：

維持公平的待遇是基本的管理責任。為了協助經理人，IBM建立了某些行政制度：工作評估、績效規劃和評估、薪資計畫準則、第二線經理審核，以及資深經理與公司總裁參與績效獎金計畫的執行。這些制度確保IBM的員工能夠獲得公平的薪資待遇。除此之外，其他制度的存在（如問卷調查和「敞開之門」政策），也可確保薪資待遇的公平。

薪資待遇公平由員工一進入公司便已存在。當然，IBM恪遵聯邦法律，及不得因種族、信仰、膚色、宗教、性別、年齡、國籍或殘障，而在僱用或薪資上有所歧視之規定。

一旦進入公司，員工便適用於衡量個人對公司貢獻多寡的「功績給付制度」，所有員工的待遇均和他們的職責及績效相稱。經理人員有責任確保員工有適當的職稱及職等，同時必須適時做好績效規劃、諮商和評估。

除此之外，每個經理人也必須確保職級、在該職級的工作時間長短，以及績效皆相仿的員工，能獲得平等的待遇。人事部門將透過週期性的評估，協助經理人達成上述目標。每個員工的薪資都會與其他工作經驗及年資相仿員工的平均薪資作一比較分析，如果這些分析顯示有差別待遇，人事部門和直屬上級主管就會做進一步的調查。如果調查結果顯示確有差別待遇存在，該員工就可以獲得較大幅度或較頻

繁的加薪。這類的調整可以確保內部的公平性。

　　IBM為了加強整個報酬制度的激勵效果，固定薪資的比重相對減低，而工作績效獎金則增加了。新的獎金計算方法加入原有的報酬制度中，使得正式的營收和利潤目標更加緊密結合，原來在年終才結算獎金的慣例已廢棄不用。經理人的獎金可以高達基本薪資的15～75%，很多計畫規定只要百分之百達成計畫目標，就可以從中獲得10%的獎金，達成率每增加1%，就可以再從這1%獲取3%的獎金（最高不得超過基本薪資的兩倍），績效不彰者則需罰款。目標達成率低於90%的計畫，每低於1%就會損失2%的計畫獎金。因此，績效好的人比以前賺得多，績效差的人比以前賺得少。

資料來源：王雅音譯（1998）。D. Quinn Mills、G. Bruce Friesen合著。《浴火重生IBM：IBM的過去、現在和未來剖析》，頁110、111、221。遠流文化。

第二節　跨文化國際績效管理

　　隨著外派人員在國際化或全球化組織的角色愈來愈重要，他們的績效表現必須更有效率的管理。在2012年，鴻海集團接獲供應商的檢舉，指旗下表面黏著技術（SMT）委員會人員利用掌握事業群發包採購的機會，長期透過「白手套」向下游供應商索賄所得高達數億到上百億元，其中不乏松下、新力等十多家國際知名大廠。該集團乃分別向兩岸（中國大陸、台灣）司法機關報案，說明了績效管理越來越複雜，跨國企業需要有一套有效的績效管理制度來管理外派人員的業績及個人操守（道德）。例如美國頒布有《海外反腐敗法》（Foreign Corrupt Practices Act），要求美國公司或與美國有一定程度關係之個人或公司，不得支付或賄賂國外政

府官員來獲得業務或保持業務，這促使越來越多地運用「行為」而不是「結果」數據來評估外派人員的績效（**圖13-2**）。

一、外派人員績效考核指標

外派人員績效考核指標可分為三大類：(1)任務性績效指標（Task Performance Indicator）；(2)脈絡性績效指標（Contextual Performance Indicator）；(3)適應性績效指標（Adoptive Performance

圖13-2　外派人員績效管理的情景模型

資料來源：Tahvanainen M. (1998).／引自：趙曙明、彼得‧道林、丹尼斯‧韋爾奇（2001）。《跨國公司人力資源管理》，頁111。中國人民大學出版社。

Indicator）。茲分別說明如下：

(一)任務性績效指標

任務性績效指標（客觀或硬性指標），主要是以績效結果為基礎，它有兩個來源，首先是功能隸屬的績效指標，例如海外分公司的人事部門主管，需要達成總公司所付予的績效目標；其次，是直接隸屬的績效指標，即需要達成分公司最高主管所交付的績效目標，例如離職率、人才留住率等。

(二)脈絡性績效指標

脈絡性績效指標，是指外派人員為達成任務績效，在面臨各種情境中時所展現的行為或態度。外派人員在不同文化脈絡下、在有別總公司文化的情境下所展現的行為與態度，將深深影響他們任務績效的達成。

脈絡性績效指標，包括外派人員在海外的自發性行為、跨文化組織公民行為、跨文化的團隊合作與協調、與不同國籍內外部顧客的關係、跨文化領導、跨文化的人際關係和當地社團的關係、與當地的政府的關係等。

(三)適應性績效指標

適應性績效，是指員工在面臨組織新的環境或是在快速變化情境下，所展現出的調適性與學習的行為或態度。由於外派人員需要面臨不斷的外派、回任與轉任，需要克服環境的一再變化，因此，外派人員也需要快速的學習，否則無法勝任外派工作。

適應性績效指標，包括文化適應能力、人際適應能力、學習新知能力，以及處理不確定能力等構面。這些適應性績效的衡量構面與指標，與外派人員在面臨跨文化情境時，如何快速適應與學習直接相關，因此這些衡量項目應可作為外派人員績效考核的部分（李誠主編，2012：259-265）。

二、跨文化績效評價的方向

未來的跨國企業將會有越來越多的多國籍文化人才組合，這也顯示出人力資源的多元化是一種世界的趨勢。不論是引進移工（外勞）或是從事國際企業活動時，企業或是國家社會都將面臨著管理多元化，包含性別、種族、年齡、文化等方面的差異的重要管理課題。

在國際環境中，績效評核的目標會朝下列的方向發展：

1. 協助派外人員改進他們的績效和未來的潛能發展。
2. 公司塑造生涯規劃的討論，協助派外人員並發展組織承諾，型塑凝聚力的組織文化。
3. 透過派外人員的努力與認知，啟發其未來努力與職涯發展方向。
4. 用來診斷派外人員與組織之間問題與解決的模式。
5. 用來定位派外人員訓練與發展的需求，進而朝向組織發展與個人生涯規劃的脈絡。（林燦螢、鄭瀛川、金傳蓬，2013：222-223）

 第三節　高績效團隊考核制度

在風起雲湧的上世紀九〇年代，企業界有成千上萬之團隊，如雨後春筍般地群擁而出，這些互助合作的小組很快就成為現今企業內的棟樑，有一些團隊所完成的績效，比傳統性非團隊架構的企業高出30～50%。

由於多職能團隊賦予企業較多的彈性反應，以創造競爭優勢，因而團隊成為組織的基石，取代傳統管理方式的上司和員工的單一互動的模式。良好的多職能團隊比個人單打獨鬥更可能產生有效的解決方案。舉例而言，跨職能團隊通常是因應生產流程而組成，負責監督某項產品的生產製程。許多工廠就是採取這種完整的作業方式，例如在創造新產品時，工

表13-4　團隊高績效的核心意義

以英文績效（PERFORMANCE）所組成的十二個英文字母，正可說明團隊高績效的核心意義： P（purpose）：確定團隊的組成「目標」。 E（empowerment）：團隊能「增加」每個人的能力，並使團隊的力量更擴展。 R（relationship）：重視成員間的「關係」。 F（friendly）：每位成員都「友善」。 O（opportunity）：由於大家的合作能創造更多的「機會」。 R（recognition）：對任務、對彼此都有充分的「認知」。 M（morale）：大家的「士氣」高昂。 A（appreciate）：常常「欣賞」和「讚美」。 N（negotiation）：保持「妥協」的可能性。 C（communication）：更多更有效的「溝通」。 E（effectiveness）：做出棒又好的「成果」。

資料來源：彭懷真（2000）。《團隊高績效》（*Effective Team-Building*）。希代出版。

程師和生產線從業人員可能必須合力設計，而產品銷售人員也可能必須參與，因為他們較接近顧客，瞭解顧客的需求。

　　團隊要成功，成員必須方向一致，一旦人人同心協力，和諧團結自然而生，當個人的願景結合起來就形成共同的願景，從而產生綜效。事實上，共同願景就是個人願景的延伸，除非團隊看法一致，否則個人的願景就毫無力量（**表13-4**）。

一、團隊績效考核構面評量

　　團隊績效考核構面評量，可分為投入（特質表現）、過程（行為表現）、結果與產出（實質成果）二方面來作業，這二個構面各有其考慮之因素。

　　1.投入：包括專業能力、應變能力、責任心、學習力等。
　　2.過程：包括注重團隊配合度、工作效率、任務貫徹力、精密度、品

質要求等。

3.結果與產出：包括團隊績效、時效時程的掌握、技術能力的提升、對公司的貢獻度、成本降低、客戶滿意度、市場接受度等（**表13-5**）。

二、團隊績效評估方式

組織固然是由一個個員工所組成，但運作主要以「團隊」為主，希

表13-5　團隊績效評估項目定義

評估項目	定義	說明
個人特質	標準	就與團隊其他成員合作而言，個人的價值觀念是什麼？
	主動性	個人在解決問題時，是積極主動還是被動應付？
	認同感	個人是否全身投入實現企業目標的努力之中？
	對壓力的承受力	個人是否有辦法應付由於實施團隊概念將會帶來的壓力？
管理技巧	計畫	個人是否具有未達到預定目標而制訂策略的技巧？
	組織	個人在為一項計畫組織籌措人力、物力資源方面的技巧如何？
	實施	個人是否具有行動傾向？
	委派	個人是否有能力向自己或他人分配合適的任務？
	評估	個人是否有能力從成功和失敗中吸取教訓？
人際關係	影響	個人用何種方法去影響他人？
	敏感性	個人對他人的感情和意見，是否表現出靈敏的感受性？
	幫助他人進步	個人是否已經充當過其下屬或同僚的指導或教練？
	可信賴度	個人是否實踐了自己的所有承諾？
溝通技巧	對話技巧	個人是否具有在正式和非正式工作環境中有效地與人相處的能力或潛力？
	報告技巧	個人是否能夠以簡明、扼要的方式，向他人表達思想概念？
	寫作技巧	個人以書面形式表達思想的能力和效果如何？
	閱讀技巧	個人透過閱讀獲得新知識的能力和效果如何？

資料來源：丁志達主講（2014）。「提升主管核心管理能力實務講座班」講義。中華工商研究院編印。

望整個組織的績效出色。團隊績效管理包括個人績效、團隊績效和組織績效，三者環環相扣。

　　團隊合作的工作架構，顯然已經成為現今企業運作的重要模式，因此，要培養良好的群己關係，盡心的工作，放棄斤斤計較的成見，積極學習經驗和新知。

　　團隊合作就像大家在黑夜裡點油燈，如果有人添油會把燈點得更亮，照亮自己，也照亮了別人；若破壞團隊合作，無疑使自己也陷入了黑

圖13-3　個人績效、團隊績效和組織績效關係圖

資料來源：卓正欽、葛建培（2013）。《績效管理：理論與實務》，頁128。雙葉書廊。

暗之中。良好的工作績效、正確的工作價值觀、充分的專業知識、良好的
溝通表達能力是團隊合作建立的基礎（**表13-6**）。

　　既然愈來愈多的企業以團隊為基礎，來重新建構組織，所以，有關
組織如何運用團隊評量的方式，下列提出四項建議：

1. 將團隊績效的結果與組織的目標連貫：尋找出一套衡量團隊達成組
   織目標的方法，是件重要的工作。
2. 從團隊所負責的顧客開始，看看團隊用什麼工作程序去滿足客戶需
   求：可以根據顧客的要求來評估產品的結果，團隊之間的交易可用
   團隊之間的傳送和品質作為評估基礎，也可以拿工作循環時間及所
   浪費的時間作為評估的參考。
3. 同時評估團隊以及個人績效：以完成支援團隊工作的任務去定義每

表13-6　團隊績效調查問卷

類別	內容（評分標準：1＝根本沒有／5＝非常正確）					
目標	我們專注於一個共同目標	1	2	3	4	5
	我們的目標是明確的、富有挑戰性並且相互關聯的	1	2	3	4	5
	我們的目的與企業的整體戰略相一致	1	2	3	4	5
績效	我們清楚我們做得怎麼樣	1	2	3	4	5
	取得成績後我們會得到報酬	1	2	3	4	5
	我們知道目標是什麼並知道目標的SMART	1	2	3	4	5
關係	我們相處融洽	1	2	3	4	5
	我們每個人都非常負責	1	2	3	4	5
	我們擁有不同的技能但每個人的角色都得到尊重	1	2	3	4	5
交流	我們都能夠在他人面前公開地、誠實地表達自己	1	2	3	4	5
	我們採取「頭腦激盪法」並探索不同的思想	1	2	3	4	5
	我們與所在的整個組織交流良好	1	2	3	4	5
學習	哪裡有不足就在哪裡進行培訓和改進	1	2	3	4	5
	必要的話我們會在某些方面相互切磋	1	2	3	4	5
	我們會回顧團隊流程並確認我們的成就	1	2	3	4	5

資料來源：李洪余、朱濤合譯（2003）。Pam Jones著。《績效管理》，頁185-
　　　187。上海交通大學出版。

個團隊成員的角色，然後評量個人績效及團隊整體的績效。

4.訓練團隊去發展自己的評估方法：讓團隊自己定義目的，並確定每個成員瞭解自己在團隊中所扮演的角色，如此可以提高團隊的凝聚力（何文榮、黃君葆譯，1999：285）。

　　企業建立團隊精神，期能藉以加強部門之間的配合，形成團隊凝聚力。然而，一個組織如果沒有適當的激勵指標，就容易造成本位主義，為了部門利益反而犧牲企業的整體利益。例如組織宣布人事凍結，公司規定人員只能出不能進，此時人力資源單位不能礙於規定，將所有的單位視為一視同仁，因為組織有些特殊部門可能正處於成長階段，人力要求恰好相反是只能進不能出，此時人力資源單位要主動為新興部門爭取增加員額。當產生衝突，互相對立的情況發生時，如果雙方各自能為對方思考解決方案，企業就能發揮團隊精神，共同實現以顧客為中心的組織理想（廖志德，1999：32-33）。

範例13-2

團隊績效考核制度做法

日本全錄公司實施團隊績效考核制度的做法與檢討重點如下：

一、做法

1.設定共同年度目標。

2.年度內有兩次檢討。

二、檢討重點

1.第一次檢討：團隊每一位分享自己成就外，也可發表對別人績效的看法。

2.第二次檢討：每位成員以書面的方式回答下列五個問題：

(1)我去年完成了什麼工作？

(2)我明年想完成什麼工作？

(3)我有哪些事情做不好？

(4)我需要再學些什麼？

(5)在團隊中又有誰能夠幫助我？

資料來源：EMBA世界經理文摘編輯部譯（2000）。〈成長的挑戰之二：全錄打破框框，釋放活力〉。《EMBA世界經理文摘》，第165期（2000年5月號），頁68。

第四節　績效考核與法律問題

隨著勞工權利被重視績效，績效考核結果應該接受法律的檢驗。一個組織在制定或修改考核制度前，必須考慮現行的法律規定有否抵觸，因為績效考核的結果，對員工晉升、降級、調動、解僱等人事政策，對員工的影響很大。

範例13-3

台積（TSMC）被迫離職員工的抗爭事件

2008年，全球金融海嘯造成嚴重經濟創傷，導致台積（TSMC）訂單銳減，執行長蔡力行當時表示不裁員。2008年12月，人力資源部門嚴格執行「績效管理與發展制度（PMD）」，針對後段5%的員工以個別約談方式要求簽署「協議離職書」，並在2009年1月即以績效不符為由，約八百位員工被迫離職。被迫離職員工成立自救會，並至張忠謀家外抗議。

2009年5月20日，台積董事長張忠謀向全體員工發表談話，對於公司沒有適當尊重同仁的個人尊嚴，也沒有充分顧慮到在經濟不景氣

下，找工作的困難，因而引起許多離職同仁的不滿，也造成許多在職同仁的不安，張董事長表達對整個事件的開始及發展的痛心與遺憾。他邀請離職員工在6月1日返回公司任職，至於不願回任的員工，除已發放的資遣費以及優惠離職金外，公司還會額外加發一筆關懷金，希望能夠在當前嚴峻的經濟狀況下，為這些同仁提供一些經濟上的幫助。張忠謀指出，這次事件是因為「績效管理與發展制度」被誤用而起。他強調，績效管理與發展制度是一個正向、有建設性的制度，不是拿來作為遣散員工的手段。

台積是一家全球半導體的領頭羊，因金融海嘯席捲下，誤用「績效管理制度」為工具來裁員，導致了執行長換人，讓離職員工返廠復職的事件，值得引以為戒。

資料來源：程建崗文，〈讓員工發展助力企業贏得競爭優勢〉。人力資源總第321期（2010/07）。頁30。

法律對績效考評方法的規定，係基於有信度和效度的工作分析。信度是指考評結果的一致性和可靠性；效度是指考評結果與要考評的內容的相關程度；工作分析是指一個確定什麼是完成工作的核心行為的系統過程。

一、法院對績效考核的見解

法官就雇主對於勞工所作之績效考核，是比較偏向於採取尊重雇主人事裁量權的態度，而不會就考核內容予以實質審查。舉例來說，對於某個考核項目，為何是要評五分，而不是評四分？為什麼是評丙等，而不是評乙等？法官是不會予以實質審查。此有台灣高等法院96年度上更（一）字第14號民事判決，可以參考：「所謂績效考核，係指雇主對其員

工在過去某一段時間內之工作表現或完成某一任務後，所做貢獻度之檢核，並對其所具有之潛在發展能力做一評估，以瞭解其將來在執行業務之配合性、完成度及前瞻性，核屬人力資源管理體系中開發管理之一環。完善的績效考核制度，可供雇主作為獎懲、人力配置、薪資調整、教育訓練及業務改善之依據，亦可作為激勵勞工工作意願，進而提高組織士氣。員工考核既屬企業組織人事管理之範疇，雇主即具有依工作規則所定考核規定之裁量權，尚非民事法院所得介入審查」。

二、績效考核的界限

勞資爭議案例中，以《勞動基準法》第11條第五款：「勞工對於所擔任之工作確不能勝任時」的終止勞動契約最為常見。

最高法院98年度台上字第1088號民事判決：又工作規則中倘就勞工平日工作表現訂有考評標準，並就不符雇主透過勞動契約所欲達成客觀合理之經濟目的者，亦訂明處理準則，且未低於勞基法就勞動條件所規定之最低標準，勞資雙方自應予以尊重並遵守，始足兼顧勞工權益之保護及雇主事業之有效經營及管理。

最高法院98年度台上字第1198號民事判決：勞動基準法第11條第五款規定，非有勞工對於所擔任之工作確不能勝任時，雇主不得預告勞工終止勞動契約。雇主得否以勞工對於所擔任之工作確不能勝任為由，依該款規定，預告終止與勞工間之勞動契約，應就勞工之工作能力、身心狀況、學識品行等積極客觀方面；及其主觀上是否有「能為而不為」，「可以做而無意願」之消極不作為情形，為綜合之考量後，方符勞動基準法在於「保障勞工權益，加強勞雇關係，促進社會與經濟發展」之立法本旨。本件上訴人是否不能勝任其受僱為清潔隊員之工作？原審未遑就被上訴人是否確依系爭管理要點，對上訴人之勤惰等項為考核？該考核之內容為何？依其考核結果，就上訴人之工作能力、身心狀況、學識品行等積極客

觀方面；及其主觀上有否「能為而不為」，「可以做而無意願」之消極不
作為情形，為綜合之考量後，是否仍得認定上訴人確已不能勝任工作？
等情，詳予調查審認。徒憑所為「確有工作不力、無法配合」之空泛證

範例13-4

考績爛被解聘　太晚通知……無效

在台北憲兵隊任檔案管理員薛斯○，因常遲到、打瞌睡，一年內
被記滿3大過，遭勒令開除，卻因憲兵指揮部未依《勞動基準法》，
於三十天內預告將解聘，薛女提告主張開除令無效；台北地方法院判
決解僱不合法，僱傭關係仍存在。

判決書指出，憲兵指揮部認為薛斯○在99年上班常遲到，即使
到班，也常在上班時間打瞌睡，導致延誤公務業務，各級幹部屢勸
不聽，99年4月20日、5月13日部隊召集人評會，決議將她各記1次大
過，但她仍不悔改，10月21日人評會第三度討論要懲處她，薛女雖申
辯，仍被決議記1大過、2小過，同一年度已累積滿3大過，達開除標
準。99年10月28日憲指部再開人評會，表決將薛女年度考績列為丁
等，但未在同一時間告知她將被解聘。薛女認為密集的大過處分並不
恰當，且憲指部明知她已達解聘標準，卻未提早通知她，違反《勞動
基準法》，主張終止令無效，訴請法院確認僱傭關係。

法官解釋，依《勞動基準法》，資方因勞工違反勞動契約，情節
重大而要開除員工時，應於知悉情況日起30天內，向員工預告將終止
契約；而憲指部早在10月21日，就知薛女全年已累計滿3大過，達到
情節重大且須解僱的門檻，卻因行政作業流程疏失，遲至同年11月25
日才召開解聘評審會，通過解聘案後，以口頭告知要解僱薛女，100
年1月19日正式送達書面的勞動契約終止令。

資料來源：張文川、羅添斌（2013）。〈考績爛被解聘　太晚通知……無
效〉。《自由時報》（2013/01/16）。

述，或依其主觀評斷所具之證明書，遽認上訴人確不能勝任工作而為其不利之判決，殊嫌速斷」。

據此，法官應先審查績效考核之程序，是否有瑕疵、是否在程序上符合雇主所訂之考核規則？再審查績效考核之結果，是否足以認定「勞工對於所擔任之工作確不能勝任？」

三、禁止就業歧視與性別歧視之限制

《就業服務法》第5條禁止雇主對於其所僱用之員工為各種就業歧視；《性別工作平等法》第7條更明定雇主對受僱者之考績或陞遷等，不得因性別或性傾向而有差別待遇。因此，雇主對勞工為績效考核時，也應受到前述法律明文規定之禁止歧視之限制。在有歧視情形下，受歧視之勞工，得向地方主管機關提出申訴。

四、禁止不當勞動行為之限制

《工會法》在第35條第一項第一、三、四款規定，雇主或代表雇主行使管理權之人，對於勞工組織工會、加入工會、參加工會活動、擔任工會職務、提出團體協商之要求、參與團體協商相關事務、參與或支持爭議行為，不得有解僱、降調、減薪或其他不利之待遇等行為；該規定屬於法律之禁止規定。雇主若藉績核考核，對於參與工會、團體協商、爭議行為之勞工，予以解僱、降調、減薪或其他不利之待遇者，乃雇主之不當勞動行為。當勞工依法申請裁決時，雇主之績效考核人事權，就會受到審查。「從而，雇主對勞工所為降調減薪處分，如係出自於不當勞動行為（不利之待遇）之動機，即應認為無效。」（行政院勞工委員會不當勞動行為裁決決定書勞裁（100）字第2號）。

為了勞資和諧著想，雇主不妨舉辦勞資會議，透過對談與協商，訂定出妥適的績效考核事項與認定標準，以及事後申訴、救濟與由勞工參與

表13-7　避免績效考核法律糾紛注意事項

- 在晉升、輪調、解僱員工時，不得違反《性別工作平等法》和《就業服務法》的相關規定。
- 企業要進行工作分析來識別員工的關鍵職能項目。
- 有效績效考核的關鍵要求，應在考評工具中體現出來。
- 為了得到有效考核公平性，使用考核工具的考核者（主管）要接受培訓。
- 使用考核結果做出人事決策時，要對所有員工一視同仁。
- 所有考核紀錄必須存檔備查。
- 應該使用考核項目來評核員工的工作績效，不得憑臆測。
- 應該建立一套機制，讓員工在感到考核結果對他造成不公平時，可以質疑績效考核是否存在歧視。

參考資料：蕭鳴政等人譯（2002）。Gary P. Latham、Kenneth N. Wexley著。《績效考評：致力於提高企事業組織的綜合實力》，頁25。中國人民大學出版社。

的複查的程序。勞工也可以藉由工會透過團體協商的方式，與雇主就績效考核制度簽訂團體協約。如此一來，應該可以在事前解決許多有關績效考核的勞資爭議，並促進勞資之和諧與企業的發展（張清浩，2011）（**表13-7**）。

 第五節　績效管理發展趨勢

　　績效考評方法會影響考評計畫辦理的成效。通常考核方法需有代表性，必須具有信度與效度，並能為人所接受。一項好的考評方法應具有普遍性，並可鑑別出員工的行為差異，使考核者能以客觀的意見做考核，最終被它所影響的人接受才能發揮作用（**表13-8**）。

　　根據英國人事管理學院（Institute of Personnel Management）委託學者分別在1973、1977及1986年所做有關績效管理制度的研究報告顯示，未來考績制度的發展趨勢為(1)：趨向開放（Towards More Openness）；(2)趨向員工更大參與（Towards Greater Employee Participation）；(3)趨向

表13-8　開發和使用績效考評工具的指南

1. 考評工具必須基於對工作及其環境的系統研究。

2. 當工作相當穩定、不會急遽變化時，就應對其進行工作分析，其中的邏輯是，工作分析所處環境與考評工作將被使用的環境應盡可能可以比較。

3. 工作分析信息應包括能代表全體員工和他們所從事的工作的個體樣本獲得。

4. 考評工具應包括由工作分析所指明的重要工作行為或行為產生的標準（尺度），而測量處理工作的細微方面則沒有意義。

5. 應考慮到偏見或其他不利因素，例如，經濟尺度或許過分或許不夠，行為尺度則可能受到考評者偏見的影響，或者考評者沒有足夠機會對個體進行工作觀察。

6. 標準的尺度應可信，低信度會影響效度。

7. 如果要將考評工具中的不同標準或尺度合併成單一尺度，合併規則應合理。

8. 考評標準應禁得起重試和就其各部分的平均數、方差（標準差又稱均方差，一般用 σ 表示）和相關性等方面進行的程序分析。對整體方差無作用的部分應去掉，考評工具應能使考評者區別績效好與差的被考核者。

9. 應該審慎考慮考評表格中的標準的高度相關。應該避免特別繁多的測量。然而，一定的長度提供足夠的信度，去掉高度相關的不同項目會削弱組織的控制力和責任，並妨礙對個人的回饋和開發，例如，僅僅依據大學生獲得的分數高度相關，不能說明他們應歸於同一等級。

10. 提供考評信息的人應具有資格，他們必須對該工作非常瞭解，有足夠的機會對個體進行觀察和善於描述自己的觀察。另外。考評者應經過澈底培訓，培訓內容應包括如何準確描述所觀察到的東西，和如何將所觀察到的東西回饋給員工。

11. 考評文字應能使人事評估者準確地知道自己該做什麼，使用的語言應該盡可能地清楚準確，以便使讀者瞭解該怎麼完整、如實地填寫考評表。

12. 應該對考評工具進行定期檢查，如有必要則加以修改。如果組織在目標、技術、程序或工作流程等方面有較大改變，就需要使用新的考評工具。

13. 考評工具的文字應提示讀者勿犯常識性錯誤（如在缺乏有效的資料時，用現在的考評來判斷員工的管理潛能）。考評工具對每一個目標必須有效度。

14. 為考評者提供的程序手冊應註明所有該遵守的程序，並強調打分和解釋的標準化。

15. 被評估的應該是員工完成工作的程度，而不是他與其他員工相比較做得有多好。

資料來源：蕭鳴政等譯（2002）。加里·萊瑟姆（Gary P. Latham）、肯尼斯·韋克斯利（Kenneth N. Wexley）著。《績效考評：智力於提升企高事業組織的綜合實力》（第2版），頁41-42。中國人民大學出版社。

結果導向（Towards Result-Oriented Systems）；(4)趨向更廣泛之主導者（Towards Wider Ownership）等。

一、趨向開放

員工無法知曉自己績效記錄之完全封閉式績效考核制度，已愈來愈少見。大多數之績效考核制度已建立一些過程，讓員工有機會完全瞭解其考評紀錄。有關之考評紀錄並由員工本人確認考核之過程與結果，對考核者與受評者一樣公開。

根據英國學者瓦萊麗（Valerie）與安德魯（Andrew）認為，公開員工考核結果之作為，乃基於以下兩種理由：

1.讓員工瞭解其過去之考核紀錄，有助於激勵員工與其之自我發展。
2.公開之做法能引導績效標準之再檢視，或作為考績面談中修正績效標準之依據。

二、趨向員工更大參與

考核過程讓員工有更大的參與，以獲致重大的發展，特別是在1980年代，根據研究顯示，對考核結果的正確與考核功能的發揮是有助益。其做法有：

1.訓練考核者參與績效面談。
2.考核面談的表格，主要由受評者填答。
3.鼓勵考核者讓受考評者在考績面談中做自我考評。

三、趨向結果導向

透過書面的作業、目標設定、評定考績期間（一年或六個月）、目

標完成程度等作為考核之基礎。以工作目標為基礎的考核制度，已取代傳統主管以特質導向的評定員工個人特質的考核制度。

四、趨向更廣泛之主導者

考核制度主導者逐漸趨向直線主管和員工（考核者和受考核者）。此種演變主要考量考核結果對人力資源管理之決策更形重要（包括員工個人之評估、發展和報酬），雖然人事和訓練專家對於建立優良考核制度仍扮演重要之角色，假如直線主管在考核制度之設計具主導地位，他們會提供具建設性之建議，使考核制度之運作更趨完美（**表13-9**）。

表13-9　績效管理獲得成功的基本原則

1.績效測量和管理系統的框架應清晰。 2.有效的內外部溝通是績效測量的關鍵。 3.應該讓員工非常明白並理解自己的工作職責。 4.績效測量系統應該為決策者提供判斷工作進展的資料，而不僅僅是一些匯總的資料。 5.績效考核結果應與薪酬、獎勵掛鉤。 6.測量系統應該是學習性的系統。 7.績效評估過程和結果應向所有的員工開放。

資料來源：鄭華輝（2003）。〈績效管理獲得成功的七條基本原則〉，http://www.eap.com.cn/Knowledge/ uccessfule performance management.htm。

 結　語

傳統的績效評估與衡量著重於評量員工與組織「過去的績效」；發展式的績效評估方向強調多元、整體性的績效評估，重視員工的潛能發展及團隊績效。運用績效評估制度來協助、發掘、解決問題，將績效評估制

度提升為策略管理制度，以協助組織達到預期目標。

　　績效評估必須隨著公司所處的產業環境、公司在產業中的地位、公司規模而有所不同的績效評核制度。企業如何訂定績效評估的指標、如何建立屬於自己組織的指標，然後善用評估結果來回饋修正行動，仍是未來績效發展的趨勢及重要工作。

Chapter

14

績效管理制度最佳典範

只在意部屬的缺點，這不僅是愚蠢，也是不負責任的。

——管理學之父彼得·杜拉克

 濃霧中的燈塔

　　兩艘正在演習的戰艦，在陰沉的天候中航行了數日，我在其中的旗艦上服務。

　　有一天傍晚，我正在船橋上負責瞭望，但在濃重的霧氣下，能見度極差。此時船長也守在船橋上指揮一切。

　　入夜後不久，船橋一側的瞭望員忽然報告：「右舷有燈光。」

　　船長詢問光線是正逼進或遠離。瞭望員答：「逼近」，這表示對方會撞上我們，後果不堪設想。

　　船長命令信號手通知對方：「我們正迎面駛來，建議你轉向二十度。」

　　對方答：「建議貴船轉向二十度。」

　　船長下令：「告訴他，我是船長，轉向二十度。」

　　對方說：「我是二等水手，貴船最好轉向。」

　　這時船長已勃然大怒，他大叫：「告訴他，這裡是戰艦，轉向二十度。」

　　對方的信號傳來：「這裡是燈塔」。

　　結果，我們改了航道。

【啟示錄】績效考核的「陷阱」之一是主管往往以命令口氣，提出自己「主觀」的意見（先入為主），而功虧一簣，最後收拾「殘局」得不償失。古有明訓：「前車之覆軌，後車之明鑑。」觀念一旦移轉，整個情況就完全改觀。

資料來源：顧淑馨譯（1997）。史蒂芬·柯維（Stephen R. Covey）著。《與成功有約》，頁24-25。天下文化。

　　「他山之石，足以攻錯」，一些國內外著名企業實施績效管理制度成功的經驗，可以提供給正在實施或規劃設計績效管理制度的企業作為

「借鏡」，它包括了谷歌公司（績效制度）、國際商業機器公司（個人業務承諾）、奇異公司（績效考核制度大改造）、3M公司（將創新視為績效）、惠普科技公司（績效管理的七步法）、亞都麗緻飯店（三種績效考核評量表）、中華電信公司（績效不彰人員處理步驟）、台灣積體電路公司（績效管理與發展制度）等九家不同類型企業的績效考核制度。

 # 谷歌公司（績效制度）

　　谷歌（Google）是一家的美國高科技公司，業務包括互聯網（Internet）搜索、雲端運算（Cloud Computing）、廣告技術等，同時開發並提供大量基於互聯網的產品與服務，Google能發展壯大到現在的地步，自然是因為人才的支撐，能留住全球的優秀人才，除了它優秀的企業文化外，也離不開它獨特的績效體制：專注於評等和賞罰，而是以個人成長帶動績效成長。Google 的企業文化之一，有一句著名的格言：「連卓越都不夠好」（Great just isn't good enough），與《禮記·大學》：「止於至善」有異曲同工之妙，追求不斷進步的態度可持續的成功。

一、Google績效考核體系

　　Google績效考核由兩部分構成，分別是：業績考核和能力考核。績效考核有兩個目的：一方面正確評估員工的實際績效和行為，給予及時和適當的獎勵或懲罰；另一方面為員工的進一步開發提供依據，根據績效評估結果找到員工能力的不足，從而提供適當的培訓和輔助，幫助員工提升和更新知識結構與技能，進一步提高素質，創造更好的績效。
　　Google的工作業績考核體系是由五個重要部分構成的連續過程，分別是：目標設定、自我評估、同儕回饋、校準會議、績效面談。

1. 目標設定：在績效考核中，每位評估者都應明確瞭解自己所應達到的目標。
2. 自我評估：員工自己對自己的績效表現進行估算，員工可以反思自己的績效表現，認識自己的優點和不足。
3. 同儕回饋：即與被考評者一起工作的同事對其進行考評。
4. 校準會議：在員工自我評估、同儕回饋之後，經由上司進行評核後，最後由校準會議進行最後的審核。
5. 績效面談：透過校準會議確認最終考核結果，然後根據出來的結果，上司和員工進行面對面的績效面談。

二、Google目標設定OKR

Google的績效管理始終以目標與關鍵成果（OKR）為起點。Google目標設定的OKR有：設定目標、形成目標系統、考核評分、評分公開。Google設定目標時，從團隊到個人都會根據公司策略設定自己的年度目標和季度目標。目標設置必須依託於公司數據，經過管理者與員工充分溝通達成共識；目標需要簡潔明瞭，更需要擁有充分的可達成性。Google創辦人之一賴利・佩吉（Larry Page）說：「目標訂得誇張就算沒達成，還是能有很好的表現。」

Google採自然淘汰制度，管理階層公開OKR，員工也能看到彼此的OKR，日積月累，留下適合的目標，淘汰不適合的，所有人的目標趨向一致。

三、績效校準為公平把關

Google的績效評核體系採行五等級考核制，從低到高依次是：需要改進、持續符合預期、優於預期、大幅優於預期、優異。主管做完員工評等後，必須與其他主管共同評估旗下每位員工的評等建議，才能定案。當管

範例14-1

谷歌（Google）目標設定OKRs

說明：

1. 目標與關鍵成果（Objectives and Key Results, OKRs），是一套明確和跟蹤目標及其完成情況的管理工具和方法，由英特爾公司創始人之一安迪‧葛洛夫（Andy Grove）發明。

2. SMART原則中的「S」、「M」、「A」、「R」、「T」五個字母分別對應了五個英文單詞：Specific（明確）、Measurable（可衡量）、Achievable（可達成）、Relevant（相關）和Time-bound（有時限）。

資料來源：中人優選weuuu（2018）。〈谷歌績效管理真經，Googlc強大的理由！〉。《每日頭條》，https://kknews.cc/tech/2z5opxr.html

理者對員工五級評估之後，每個主管需要把自己考核的結果，送到校準會議。透過績效校準會議，確保評估做到公平、公正，降低先入為主的影響，員工也更能認同考績的公平性（連育德譯，2015：162-166）。

四、Google績效面談

在Google，一年有許多頻次不一的面談、回饋時間。一年一次員工調查，全體匿名讓員工可以自由分享對公司願景、福利等所有面向的看

法;半年一次、連同績效考核的360度回饋;依照每個主管習性、頻率不一的一對一面談。

一般而言,Google績效面談分為兩次面談,第一次是績效結果面談,側重員工的職業發展;第二次是加薪和晉級面談(中人優選weuuu,2018)。Google發現,只要打造講究自由、創意與樂趣的工作環境,就能網羅,培育、留住頂尖人才。

 國際商業機器公司(個人業務承諾)

國際商業機器公司(International Business Machines Corporation, IBM),1911年創立於美國,是世界著名的資訊工業跨國企業。1965年年底,當時擔任IBM最高執行長的小華特(Thomas. J. Watson , Jr.)準備了一份簡報供經理人討論,議題包括公司價值及如何執行的政策和措施,其中關於員工的部分寫到:

IBM期能使員工在工作上獲得最高度的成就感,這項目標係藉由認知和使用他們的能力,建立團隊精神,並經由瞭解各個員工的態度、企圖心、問題和期望,以建立良好的士氣而達成。

IBM的企業文化是尊重個人,追求卓越,激發員工的潛能,達到高績效。在IBM,談起業績考核,人們經常說的一句話是:「讓業績說話」(Performance Says)。

績效管理工具

IBM的績效管理工具是PBC(Personal Business Commitment,個人業務承諾)。這個體系是建立在一系列績效管理目標基礎之上的。

圖14-1　IBM的績效管理工具——個人業務承諾（PBC）

說明：個人業務承諾（Personal Business Commitment, PBC）

資料來源：MBA智庫（2019）。〈8個績效管理實用手冊！（附IBM案例與工具模板）〉。《每日頭條》，https://kknews.cc/career/a325y66.html。

1. 考核週期：PBC以年為單位，即使是身處基層的一線員工，包括銷售人員在內，也是以年為單位。

2. 考核內容：PBC包括業務目標、個人發展目標和員工管理目標，其中員工管理目標僅對經理人員（指有直接下屬的各級領導）適用。

3. 指標性質：除業務目標中部分目標是定量指標，如銷售收入、利潤和工時利用率外，PBC的其他指標大多是定性指標，如團隊合作、知識貢獻等，即主要由上級來進行主觀評定的指標。

4. 指標數量：大多數員工PBC的定量指標一般不會超過五項。

5. 考核結果：PBC的考核結果分為五檔次，即A、B+、B、C和D，並實行強制分布，其中A一般不超過15％，C和D加起來，一般不少於5％。考核結果由經理直接給出，對於A和C或D的，須由經理所在

的團隊集體討論決定。

6. 考核流程：IBM的PBC會嚴格遵循計畫、輔導、考核和回饋四個環
   節。其中計畫在年初做出，由經理和個人討論決定，特別強調雙向
   承諾。輔導貫穿整個考核週期，制度要求經理和員工在7月份有一
   個正式的面談，主要回顧績效的達成情況，討論存在的問題，以及
   在必要的時候對績效目標進行修訂。考核結果一般在年底做出，由
   經理直接回饋給員工。如果員工對考核結果不滿意，可以向人力資
   源部門申訴。

7. 應用結果：IBM是一個績效導向很強的公司，員工的績效考核結果
   對員工晉升和薪酬增長有著直接的決定作用。

8. 所耗時間：一般員工一年花在PBC上的時間不會超過一天。經理人
   員所花時間主要看他所帶的團隊規模，但整體而言，除平時所給部
   屬的指導和輔導外，其花在單個部屬PBC上的時間，一般也不會超
   過半天。

IBM的PBC計畫，從三個方面來考察員工工作的情況，第一個承
諾──必勝（win）；第二個承諾──執行（executive）；第三個承
諾──團隊精神（team）。IBM要求每一名員工都必須清晰理解公司和
自己部門的業績目標，抓住工作重點，發揮團隊優勢，並澈底執行（李
鳳、歐陽傑，2013：30-33）。

IBM有一套非常成熟的矩陣結構管理模式，一件事會牽涉到很多部
門，有時候從全球的同事那裡獲得幫助，所以團隊精神意識，就是個人工
作中隨時準備與人合作。

範例14-2

目標管理制度使用表格

圖a

員工姓名（全名）			員工編碼
職稱	職位號碼——4位數字		任現職日期
指派由該評估者負責評估的日期	績效計畫日期		績效評估的日期
地點	辦公室或部門編號		課組

圖b　績效計畫表

職責 （用關鍵字眼來說明該員工工作的主要內容）	績效因素和應達成的成果 （更詳細地說明員工的主要職責和在下一年度員工被合理期望達成的目標）	相對重要性
績效計畫的變動	（在評估期間內可隨時記錄下來）	
任意附加的計畫（只要經理和員工都認為適當）		

圖c 績效評估表

實際成果　成果水準	超越甚多	從頭到尾都超越	超越	從頭到尾都達成	尚未達成
其他重大成果					

（繼續要達成的職責，未包括在左列的職責，僅當其對整體績效有正影響或負影響時才予以考慮）

與他人關係（工作相關）（該員工對IBM其他員工績效的顯著正面或負面影響）

總評
（考慮所有因素，勾出最能描述該員工在過去週期內整體表現的定義。）

滿意
☐在各方面其工作成果皆超越工作要求甚多。
☐在該工作的所有關鍵部分，從頭到尾都達到了超出要求的成果。
☐工作成果符合要求，在許多方面甚至超越要求。

不滿意
☐工作成果不符合工作要求。

圖d　協議摘要

員工優點　　　　　　　　　　　　改善建議
1. ＿＿＿＿＿＿＿＿＿＿　　　　1. ＿＿＿＿＿＿＿＿＿＿
2. ＿＿＿＿＿＿＿＿＿＿　　　　2. ＿＿＿＿＿＿＿＿＿＿
3. ＿＿＿＿＿＿＿＿＿＿　　　　3. ＿＿＿＿＿＿＿＿＿＿

重要晤談評論
（在此僅記錄討論會上你或員工所提出而沒有記錄在這份文件其他地方的重要項目）
＿＿＿＿＿＿＿＿＿＿＿＿＿＿＿＿＿＿＿＿＿＿＿＿＿＿＿＿＿＿＿＿＿＿
＿＿＿＿＿＿＿＿＿＿＿＿＿＿＿＿＿＿＿＿＿＿＿＿＿＿＿＿＿＿＿＿＿＿
＿＿＿＿＿＿＿＿＿＿＿＿＿＿＿＿＿＿＿＿＿＿＿＿＿＿＿＿＿＿＿＿＿＿
＿＿＿＿＿＿＿＿＿＿＿＿＿＿＿＿＿＿＿＿＿＿＿＿＿＿＿＿＿＿＿＿＿＿

　　　　經理人簽名　　　　　　　蓋章　　　　　　晤談日期

員工參閱
隨意評論：假如員工願意，可在下列空白處記錄下任何有關績效計畫或評估的意見（譬如，同意或不同意）。
＿＿＿＿＿＿＿＿＿＿＿＿＿＿＿＿＿＿＿＿＿＿＿＿＿＿＿＿＿＿＿＿＿＿
＿＿＿＿＿＿＿＿＿＿＿＿＿＿＿＿＿＿＿＿＿＿＿＿＿＿＿＿＿＿＿＿＿＿
＿＿＿＿＿＿＿＿＿＿＿＿＿＿＿＿＿＿＿＿＿＿＿＿＿＿＿＿＿＿＿＿＿＿

我已看過此份文件，並且和我經理討論過內容。我的簽名說明了我已獲知我的工作績效的情況，但這並非表示我對評估結果表示同意。

　　　　　　　　　　　　　　　員工簽署　　　　日期

管理當局審核
隨意評論
＿＿＿＿＿＿＿＿＿＿＿＿＿＿＿＿＿＿＿＿＿＿＿＿＿＿＿＿＿＿＿＿＿＿
＿＿＿＿＿＿＿＿＿＿＿＿＿＿＿＿＿＿＿＿＿＿＿＿＿＿＿＿＿＿＿＿＿＿
＿＿＿＿＿＿＿＿＿＿＿＿＿＿＿＿＿＿＿＿＿＿＿＿＿＿＿＿＿＿＿＿＿＿
＿＿＿＿＿＿＿＿＿＿＿＿＿＿＿＿＿＿＿＿＿＿＿＿＿＿＿＿＿＿＿＿＿＿

　　　　審核人簽名　　　　　　　蓋章　　　　　　日期

資料來源：國際商業機器公司（IBM）。

奇異公司（績效考核制度大改造）

過去奇異（GE）為了營造公司內部良性競爭環境，前執行長傑克·威爾許（Jack Welch）提出一套名為「活力曲線」（Vitality Curve）的績效評估制度，認為員工能力會呈現鐘型分配，績效佳者給予獎賞，績效不佳者予以淘汰。威爾許曾在奇異年報中提及：「每年必須把績效最差的10%移除，藉由淘汰這些人，企業才能不斷拉高績效門檻，提升領導品質」。

範例14-3

「活力曲線」給管理者的啟示

傑克·威爾許（Jack Welch）的ABC選才法，可以簡單歸納成常態分布的「活力曲線」（Vitality Curve）：前20%的員工屬於A類，屬性為有活力、有幹勁；中間的70%是B類，歸類為中堅骨幹，且有潛力成為A類；最後的10%屬於C類，威爾許在《自傳》裡直言，「這些效能不佳的就得走（按：末位淘汰績效考核制）」。威爾許曾針對末位淘汰制表示，儘管殘酷，但認為這對雙方都有好處。「與其40歲被淘汰，不如30歲就告訴他不適合，他年輕，還可以重來！」

《華爾街日報》指出，《財富》500大企業中，就有三成使用：亞馬遜、微軟、3M，甚至台積電都曾使用，而華為、阿里巴巴、京東（中國自營式電商企業）在近幾年宣布實施。它能達到汰弱扶強，同時，也讓下屬認清自己在組織中的位置，激發員工的危機意識，從而不斷改善績效。

這種激烈的末位淘汰制方式可能撕裂員工和同事、公司間的信任。為了不被公司淘汰，員工彼此鬥爭，而不是將心力放在打敗公司競爭對手。此外，此制度讓員工缺乏安全感，容易降低員工對企業的

忠誠度，導致集體跳槽。

既然活力曲線是一把雙面刃，身為管理者，該如何判斷自身是否適合使用？

首先，先衡量公司規模、產業狀態。如果一個企業人浮於事、人員過剩，管理沒效率、秩序的狀態，就比較適合實施末位淘汰制。而機構精簡、人員精練或是產業的人才已是嚴重短缺時，若實施末位淘汰就可能造成職位長期懸缺，難迅速從人力市場換血，進而成為公司的損失。奇異（GE）的「末位淘汰」之所以發揮出正面效果，關鍵之一在於建立「坦率與公開」，員工可以在任何階層進行溝通與反饋，能即時知道需改善的地方，而不是到年終才驚覺自己將被辭退。

末位淘汰制實施幾年後，績效表現不好的員工都被淘汰了，也補進優秀的員工。人力素質提升了，帶動整體績效提升，淘汰的百分比也應該跟著降低，濫用此制度只會造成人心惶惶，把優秀的人才往外送。例如，阿里巴巴、華為雖然也採行末位淘汰，但仍保留退場機制。阿里巴巴改為員工被開除三個月內，還可以重返崗位，也就是一個人有兩次機會成為阿里巴巴的員工，兼顧員工的安全感與積極性。華為則是對於不適應的員工，提供「下崗培訓」，讓他們回公司總部接受培訓，再推薦給內部的勞動力市場。

微軟放棄末位淘汰制度

2013年11月，微軟（Microsoft）發出一封信，宣佈放棄已實行十多年、助攻其市值衝到6,160億美元的秘密武器：員工末位淘汰制。這個曾讓微軟創辦人比爾·蓋茲（Bill Gates）引以為豪的武器，竟砍掉內部眾多創新的機會。原因在於，末位淘汰制扼殺創新，員工怕淘汰、寧願訂低標。當蘋果（Apple Inc.）講求團隊合作，全力研發iPhone和iPad、谷歌（Google）給予員工20%時間做創新時，微軟內部卻開始因應此制度，下有對策。例如，每年訂定個人目標時，不能訂

得太高，也不想拚創新，否則隔一年後沒達標或創新失敗，就可能被淘汰。此外，該制度也拖慢反應速度，人人習慣留一手自保。「我幫助你，等於讓自己績效降低」的觀念逐漸生根在微軟人心中，因此，大家習慣故意留一手，讓同事無法拿到足以威脅自己績效的資訊，這導致即使微軟有這麼多好人才，反應速度卻比競爭對手慢。最後，微軟在成長最快的平板電腦和手機的市占率，受到蘋果和Google主導的安卓陣營夾擊，僅有個位數。

末位淘汰是毒藥還是仙丹，管理者可以先衡量公司規模、產業狀態、公司是否建立「透明溝通」機制。此外，也必須認知制度並非一成不變，需保留彈性。

資料來源：程建崗文（2010）。〈讓員工發展助力企業贏得競爭優勢〉。人力資源總第321期（2010/07），頁30。

奇異近年來努力成為創新導向的企業，重新定義頂尖員工為那些願意承擔風險、嘗試向客戶提出新構想、甚至犯錯的人。有別於過去追求「六個標準差」（6 Sigma）的奇異，現在的奇異認為要求完美已不再實際，並將過去廣為人知的活力曲線制度調整，取消強制汰弱10%員工的制度；年度考核則以年度總結取代，提倡平日主管與員工間的即時回饋，以利員工更快速改善，犯錯時立即調整。

新的績效考核將以更迅速、彈性的方式執行，績效評核不再是一年一度的正式檢討或大拜拜，取而代之的是直屬主管與員工間平日更即時的對話，並將重點放在促使員工持續學習與發展，以個人成長帶動組織的績效成長。

2016年2月《經濟學人》雜誌指出，GE這波績效考核制度調整的重點：

1.取消強制分配等第與汰弱機制。

2.以更頻繁的指導回饋頻率，取代年度考核，如每季，甚至每週。

3.將調薪與績效評核流程分開處理，且年度調薪與獎金發放改以在年中更彈性的方式作業。

4.績效面談著重於員工潛力的發掘與發展，而非單純過去的工作表現。（林瓊瀛，2016）

 ## 3M公司（將創新視為績效）

3M公司，2002年以前原稱明尼蘇達礦業與製造公司，是一家全球著名的美國製造公司，為道瓊工業平均指數的組成股之一，擁有超過五萬五千種以上產品，包括黏合劑、研磨劑、電子產品、顯示產品以及醫療產品等，以給予員工15%自由研究時間的績效管理制度著稱。

一、3M信條

3M相信成功的秘訣在於不斷激發員工好奇心，透過授權鼓勵員工冒險，對成功的創新給予激賞，對於失敗給予容忍，由此推動全員創新，超越客戶需求，為投資人、社會和員工帶來回報。這一延續了一百多年的3M信條，正是以人為本的另一個很好的詮釋。

二、3M的員工意見表

3M的員工不論職位高低，每年都會收到一份員工意見表。員工必須填入自己對目前工作的看法、提出明年度的目標方向和進步的期望值，然後和直屬主管討論雙方在針對前述三項內容取得共識。等到明年此時，主管則會根據員工的實際表現與目標值進行績效評估、獎懲等；同時，這份意見表在年中隨時可視狀況做出調整。

三、自由研究時間

3M總公司每年只給子公司「一個」年度營收目標，其餘發展方向則由子公司自行決定。不只是技術人員，每個員工都能用工作時間的15%從事自己感興趣的研究，而且無須向公司報告。而公司內部網路也提供無數的技術資料，任何人若有任何疑問，討論區一天之內便會有專家提出解答。

員工提出的研究計畫只要符合標準（是一個新構想，以及能被證明這項產品或服務在某些地方、或被某些人需要）就可以組成「創新產品小組」（new venture team），將自己的產品概念製作為原型。

四、升遷管道

「創新產品小組」是員工自己號召成立的，包括技術、製造、行銷、業務甚至財務部門在內的五至六名成員，全都是自願參與，而且任務無限期。小組一旦開展某項新構想，便可以向直屬主管爭取經費，一旦提出的創新點子成為產品上市，負責成員就可晉升為「產品工程師」；當該項新產品的營業額若超過100萬美元，給予加薪、表揚的榮譽；當營業額超過500萬美元的門檻時，負責成員將晉升為「產品線工程部經理」；突破2,000萬元時，公司會成立獨立的產品部門，開放主導該項技術創新的員工，有機會出任新部門的「工程經理」或「研發經理」（劉揚銘，2010）。

《基業長青》（*Built to Last: Successful Habits of Visionary Companies*）作者吉姆·柯林斯（Jim Collins）評論：「3M不只是把一群聰明人丟進壺裡，而是在壺底下燒大火，並且拚命攪拌。」個別化的績效制度，搭配獎酬的激勵，3M員工不但非常珍惜15%的自由研究時間，甚至會主動為了它，拿出115%的工作表現（劉揚銘，2014）。

範例14-4

3M的技術稽核系統

稽核類別	稽核內容		
評估誰	一次評估一個實驗室，評估其進行中的研發方案，及該實驗室的整體體質（每一個實驗室約二至三年輪到一次稽核）。		
誰評估	由不受評估的其他實驗室的經理及資深研發人員擔任「外部稽核人」，受評實驗室的經理及資深研發人員擔任「內部稽核人」，並設有常任幕僚小組，協助稽核小組整理及分析資料。		
稽核小組所填的評分表	研發方案的技術因素	1.整體的技術強度、申請專利可能性、競爭力。 2.技術人員的數目與技藝。 3.知識競爭力與產品績效。 4.完成前尚需多少研發投資、多少時間。 5.可行性、成本與保護能力（Protect Ability）。 6.技術成功機率。	
	研發方案的商業因素	1.計畫的財務貢獻。 2.公司的市場與產品價值。 3.行銷成功機率。	
	實驗室的整體性體質	1.組織規劃能力。 2.幕僚人員的數目與技藝。 3.各類研發方案之間的平衡。 4.與行銷、製造、其他實驗室的協調與互動。	
評估步驟	1.排定稽核日期、選擇適當同僚擔任稽核小組成員。 2.六至八週前，由召集人與受評實驗室經理人選擇作為評估對象的計畫（包括新技術計畫、製程或節省成本計畫、產品維修計畫等）。 3.稽核日當天，計畫成員先簡報計畫的狀況、接受稽核小組成員面談訪問，並補足必要書面資料。 4.各稽核同僚對各計畫填寫評分表，包括量化的分數、文字評述、改善建議等。 5.稽核日一至二天後，舉行早餐會報，稽核小組成員與受評實驗室經理人非正式、開誠布公的交換意見。 6.常任稽核小組做後續性的綜合分析評估。		

資料來源：葉忠編著（2012）。《科技與創新管理》，頁329-330。雙葉書廊出版。

惠普科技公司（績效管理的七步法）

1939年，美國史丹福大學研究所畢業的兩位電機工程師威廉‧惠特（William Hewlett）及大偉‧普克（David Packard）用538美元的資金，在加州矽谷自家車庫開創了惠普公司（Hewlett-Packard Company, HP）。HP強調要尊敬、關切每一位員工，重視每一個人的成就。威廉‧惠特說：「只要給員工合理的環境，他們都會做最大的貢獻。」

HP的績效管理是要讓員工相信自己可以接受任何挑戰、可以改變世界，這也是惠普獨特的車庫法則（HP's Rules of the Garage）的主要精神所在。HP的績效管理可以分作兩個內容，一是組織績效管理，管理的對象是公司績效；二是員工績效管理，以員工作為績效管理對象。

範例14-5

惠普科技的績效管理

惠普科技公司（HP）創立於1939年。在績效管理方面，分別針對組織整體和員工個人建立績效評估的制度。在組織整體管理方面，強調公司績效的管理，包括績效管理循環和衡量組織績效指標。

績效管理循環包括企業策略的制定、關鍵績效指標與目標的制定、績效計畫制定與執行、監控與績效評估、獎勵與績效改進五步驟；衡量組織績效指標則參考平衡計分法的精神，設立員工指標、流程指標、財務指標和客戶指標。

在員工個人績效管理方面，則包含制定一致性的計畫和績效指標、對員工授權、教導員工、分類獎勵、問題處理、績效評估等項目。

最後欲達到培養組織文化、訂定績效計畫、建立高效率團隊等目標。

資料來源：張緯良（2012）。《人力資源管理》，頁230。雙葉書廊。

一、組織績效管理

HP用四個指標來衡量組織績效管理，分別是員工指標、流程指標、財務指標和客戶指標。員工滿意度調查是員工指標中的重要一項。在總結各種影響員工工作表現的因素以後，HP提出了一個待遇適配度、滿意度和重要性並重的員工滿意度分析方法。組織績效評估的員工指標，除了員工滿意度以外，還有優秀人才流失率和員工生產率等因素，這些因素看起來無法衡量，但卻可以從平時的工作中作出記錄，點點滴滴，都可以彙成大海。

組織績效評估中另一個指標是客戶指標，其中又包括市場占有率、舊客戶挽留率、新客戶拓展率、客戶滿意度和客戶忠誠度等幾個因素。HP的組織業績評估尚有其他兩個指標：流程指標和財務指標。流程指標

範例14-6

惠普平衡計分卡的運用

惠普（HP）對每一個垂直的事業部及水平的流程，均有專屬目標和評量標準。我們度量經營成效和支付酬勞，是根據一份平衡的計分表，它引導組織把重心放在財務績效標準上，如營收成長及獲利增加；作業效率標準上，如庫存週轉率及現金產生率；能夠增進整體顧客經驗的作為上；以及與員工切身有關的計畫上，我們會透過員工心聲（Voice of Workforce）調查，找出這類計畫以及測量其成效。每位主管都會得到一張平衡的計分表。同時，每個員工和高階主管，也會接受有關公司核心價值及領導行為方面的考評。工作方式與工作內容同樣重要，我們對這兩者均要求認真、紀律和條理。

資料來源：顧淑馨、王莉娟譯（2006）。卡莉·菲奧莉娜（Carly Fiorina）著。《勇敢抉擇——前惠普執行長Carly Fiorina回憶錄》，頁328-329。天下雜誌。

包括響應週期、總缺陷率、成本改進率和產品開發週期四個因素，而財務指標則包括銷售收入、經營利潤和經濟附加值三個因素。

二、員工績效管理

HP的員工績效管理框架，包括下列七個構面：

(一)制定上下一致的計畫

HP要求每個層面上的人員都要做各自的計畫。股東和總執行官要制定策略計畫，各業務單位和部門要制定方針計畫，部門經理和其團隊要制定實施計畫，透過不同層面人員的相互溝通，公司上下就能制定出一致性很高的計畫，從而有利於發展步驟的實施。

(二)制定業績指標

HP對於員工的業績指標，可用六個英文字母SMTABC來表示：

1. S（Specific，具體性），要求每一個指標的每一個實施步驟都要具體詳盡。
2. M（Measurable，可衡量），要求每一個指標從成本、時間、數量和質量等四個方面能作綜合的考察衡量。
3. T（Time，定時），業績指標需要指定完成日期，確定進度，在實施的過程中，管理層還要對業績指標做週期檢查。
4. A（Achievable，可實現性），員工業績指標需要和經理人、事業部及公司的指標相一致，且易於實施。
5. B（Benchmark，以競爭對手為標杆），指標需要有競爭力，需要保持領先對手的優勢。
6. C（Customer Orientation，客戶導向），業績指標要能夠達到客戶和股東的期望值。

(三)向員工授權

HP經理人係透過別人的努力得到結果，同時達到公司期望的目標。HP特別重視經理人怎樣向員工授權。HP強調的是因人而異的授權方式，根據不同的員工類型、不同的部門類型和不同的任務，把授權方式分為五種，分別是：斬而不奏（Act on your own）、先斬後奏（Act and Advise）、先奏後斬（Recommend）、問斬（Ask What To Do）、聽旨（Wait Until Told）。不同的員工要用不同的授權方法，因人而異。

(四)教導員工

HP根據員工的工作積極性和工作能力，把員工分成五個類型，分別採用一種方法進行教導。

(五)有問題的員工

HP面對表現不好的員工，迅速地作出反應，一般處理時間在60～90天之間。如果一段時間的教導以後，員工的表現仍未提高，公司就要立刻行動，解僱這些員工。

(六)確定員工業績等級

HP在評定員工業績時，要綜合考慮個人技術能力、個人素質、工作效率、工作可靠度、團隊合作能力、判斷力、客戶滿意度、計劃及組合能力、靈活性創造力和領導才能。在評定過程中，HP會遵循下列步驟：協調評定工作、檢查標準、確定期望、確定評定時間、進行員工評定、確定工作表現所屬區域、檢查分發情況得到最終許可、最後將訊息反饋給員工。

(七)挽留人才

HP透過體制、環境、員工個人事業和感情四個方面來挽留人才。（鄧玉金，2019）

範例14-7

惠普目標式的績效管理

資料來源：〈惠普目標式的績效管理〉。《能力雜誌》，總第519期（1999年5月號），頁47。

亞都麗緻飯店（三種績效考核評量表）

《總裁獅子心》作者嚴長壽，在其經營亞都麗緻飯店時，特別重視員工績效考核制度的落實，在「考核不是洪水猛獸」章節中，介紹了在亞都麗緻飯店實施的三種績效考核評量表，以及如何運用這些表格的方法。

在亞都麗緻，「考核」不但不是洪水猛獸，反而是我們整個企業體中最好的溝通工具。大部分的人不論是主管或員工總是一聽到「考核」就害怕。主管們一想到考核結果，必須與員工面對面面談就頭大，有很多話該說不該說，該怎麼說，能不能不說？哎！真傷透腦筋！而對員工來說，一碰到考核人人自危，誰知道這考核背後是否包藏禍心，說了真話弄不好秋後算帳，倒楣的還是自己。然而這種心態在亞都麗緻卻不存在的。

在我的觀念中，「考核」不但不是洪水猛獸，而是一個大企業體中最佳的溝通工具，幫助員工自我評估，促成員工與主管之間的瞭解，也讓主管能更進一步看清自己的領導能力。每一件事情都有正反兩面，端看我們如何做適當的運用。於是，在亞都麗緻成立之初，我便自己擬定了一套考核計畫，也規劃出三種不同的考核評量表。

一、員工考核表

一種是「員工考核表」，這是針對基層員工所設計的，內容在於衡量他的工作品質、工作效率、人際關係、獨立性、責任心以及他的發展潛力；再依據評估評定他的升遷、調職或是再訓練。這張「員工考核表」是由單位主管來填寫，填寫之後考核主管要簽字，被考核的人也在閱後簽字，可以說是完全的透明化。

二、督導人員考核表

第二種是「督導人員考核表」，內容針對負責督導的主管人員所設計，包括工作效率、行政能力、領導能力、組織能力、策劃能力、判斷能力、協調能力，以及對待下屬的訓練、關愛程度等綜合的考核。同樣的，考核與被考核者都要簽名認可，最後再彙集到總經理處。

三、逆向考核制度

另外，亞都麗緻還有一種「逆向考核」的制度，由員工來替主管把脈，評量主管的領導力、親和力、專業素養以及溝通能力；同時也替公司的各項伙食、福利、員工活動做診斷。在這份「逆向考核表」上面，我們還註明了：「此份問卷採用不記名方式，人事訓練部會將此資料封口完整的轉呈給總裁親自處理，並事後銷毀，你無須擔心資料外洩」。這樣的說明，當然是希望保障員工暢所欲言的權利，也希望員工明白：「逆向考核」不是打小報告，不是惡毒的攻訐，所以也絕不會秋後算帳。

這樣的考核完全是站在一個正面的立場，幫助主管做了一個領導能力的健檢。由於這是一種下對上的考核，我們必須很小心地對主管做溝通及說明；在這種倒金字塔型的管理模式下，時常主管做了某些決定，事實上卻不符合大多數員工的需求；或者在主管一心以為是對的事，在員工的心中確有著極大的差距。也有些主管平日很兇，一碰到考核就會沒有信心，以為員工都會批評他的不是，但事實卻不然，很多同仁都覺得他很有責任心，對事情也很盡責。這些都是形成隔閡的原因，因此「逆向考核」不是公司讓主管難堪的方式，而是在幫助主管瞭解自己，也瞭解與屬下的距離究竟是遠是近（嚴長壽，1998：174-176）。

中華電信公司（績效不彰人員處理步驟）

中華電信公司是國內最大之綜合電信業者，主要業務涵蓋固網通信、行動通信及寬頻接取與網際網路。根據《中華電信2020年永續報告書——公平考核長期激勵》記載：「為有效考核員工績效，創造員工、客戶及股東、公司共贏之企業環境，訂定中華電信《從業人員考核要點》，針對工作績效不佳員工，按規定程序輔導、改善與追蹤。我們的員工依工作屬性，分為一般從業人員及高階主管分別考核。員工於期初設立個人目標，主管透過面談機制，適時指導並協助員工精進工作技能，期末根據員工當年的貢獻度，辦理年終考核，以提升公司經營績效。除員工薪酬獎金與個人年度績效考核相連結外，中華電信訂有久任獎金，只要員工連續服務年資及近期績效考核成績達到一定標準，便給予現金獎勵，獎金遞延一年發放，適用對象為全體員工」。

在《中華電信個人績效考核作業手冊》第三篇〈考核技巧〉中，有關指導主管處理「績效考核不彰人員處理」的步驟如下：

步驟一：規劃面談過程

1.在一個星期中的前幾天安排好面談時間（最好在前一天下午）。
2.勿以電話通知。
  ・以三至五分鐘的時間來通知當事人。
  ・選擇獨立隱密地空間避免受干擾，如在專案辦公室或會議室。
  ・預先準備好有關資料及當事人個人檔案。
  ・明確告知當事人面談時間。
  ・記好萬一發生意外時，可以急救協助處理的電話號碼。

步驟二：平鋪直述

不要繞著圈子談論天氣或其他枝節瑣事。當事人一進辦公室，先設法使其感到輕鬆，然後告訴當事人有關訊息及決定。

步驟三：說明狀況

以兩三句話簡潔說明與當事人面談原因，例如：「你負責的客戶流失了4%，且品質一直出問題。在過去三個月來，我們數次談到這些問題，至今情形仍未改善，因此我們必須做個改變。」切忌在說明這些情況時，要對事不對人（勿做人身批評），並強調此一決定已成定局，公司主管均已同意此決定，並已將所有相關因素（績效、工作負荷等）考慮進去。面談時間最好不要超過十至十五分鐘。

步驟四：傾聽

面談進行至當事人能夠理性、冷靜，再來談論有關工作績效及事實紀錄是很重要的。不要引起爭論，相反地，你應主動傾聽，並不時以沉默或點頭表示回應，切忌在沒有把握能提供任何條件時，勿做任何承諾，否則只會使面談程序變得更複雜。

步驟五：確認下個步驟

當事人在面談後，或因心神不定，情緒失控或惱羞成怒，你應該向他說明申訴管道，並提醒他對於後續事宜若有任何疑惑，可以洽人事部門詢問。（中華電信，2005：22-23）

表14-1　如何處理員工的反應

員工反應	內心狀態	因應方式
敵視與憤怒	創傷、生氣、不滿	・歸納你所聽到的消息。 ・以試探性問題：「你對這件事情似乎相當憤怒？」 ・避免去挑起對方的怒氣。 ・保持客觀，針對事實提供對員工有益的資料。
防衛與辯解	罪惡感、害怕、不安、懷疑	・讓員工瞭解這件事使你和他都感到難過不要捲入任何談判式的討論。 ・安慰對方仍有很好的出路，並由此導入輔導他另謀出路。
尋求法律途徑	復仇、壓抑、控制	・允許員工就這件事情提出任何問題。 ・儘量避免節外生枝討論「政治性」話題。 ・保持正常的談話語調，這是個很好的方式，可以導入另一個輔導程序。
冷靜克制	震驚、懷疑、麻痺	・跟員工坦誠溝通，消除他的震驚。 ・告訴他，如果他願意，細節可以稍後再處理。 ・詢問他是否有特殊問題，若沒有則告訴他，關於前程輔導的資訊。
哭泣／嗚咽	悲傷、苦惱、擔憂	・讓員工大哭一場，給他手帕或面紙。 ・避免講些類似這樣的風涼話：「有什麼好哭的？又不是世界末日。」 ・當員工恢復常態後，跟他講明事實，並做進一步輔導。

資料來源：中華電信（2005）。《中華電信個人績效考核作業手冊》，2005年12
　　　　　月，頁23。

 台灣積體電路公司（績效管理與發展制度）

　　台灣積體電路公司（TSMC，以下簡稱「台積」）成立於1987年，在半導體產業中首創專業積體電路製造服務模式，全球總部位於台灣新竹科學園區。

一、績效評核的五大原則

1998年10月，台積實施一套新的績效管理制度——績效管理與發展（Performance Management and Development, PMD）。為了使PMD的執行能夠成功，要求主管進行績效評核時必須遵守五大原則。當年擔任台積人力資源副總經理李瑞華說：「人事的管理不可能達到絕對的客觀，最後還是需要主管的判斷，我們在制定PMD時，引進了員工自我評估，虛線主管的Joint Review，還有Cross Team Review，儘量把主管個人主觀的判斷降低。」

範例14-8

台積電績效考核的五大原則

一、如影伴的合作關係

台積電（TSMC）對主管的績效評核，不是只考慮其任務達成而已，也要考慮其帶領部屬的能力。當組織內部有表現不適任的主管時，台積電會花功夫進行輔導，之後如果仍然表現不佳，同時造成員工士氣低落，公司才會以較嚴格的方式處理，將主管調任為非管理職。

二、強調自我績效的管理

主管與部屬都應該在履行工作義務時，自己承擔應負的責任。這個責任同時也意味著當其中的一方不能履行任務時，另一方有義務立即給予回饋意見及提供警訊。在績效管理制度程序中，任何一項無法達成的工作目標，雙方都需負責，而不能履行義務的一方，則得承擔主要的責任。

三、持續地互動與溝通

過去台積電每年進行一次評核，員工重視的是考績分數得分，以及排名次，現在實施的績效管理制度，則是定期的檢討。主管與部

屬間持續不斷密切溝通，其過程是從設定未來的工作目標開始，包括發展行動、適時的對部屬的工作表現提供回饋與工作教導、提供部屬需要的資源及糾正部屬的行動等。新的績效管理制度，最少半年考核一次，如果員工在先前的六個月內表現欠佳時，主管會與員工研訂辦法、解決問題，如此一來，還有六個月可以補救。

四、績效發展

　　台積電每一位員工必須很清楚知道自己的優點與弱點，並且針對不足的工作領域，隨時運用最進步的科技及最新的知識來進行協助改善。同時也得集中心力在工作中屬於最關鍵及對於公司最有價值的部分的學習與發展。這個目標是為了使員工的潛力充分發揮，進而使公司能在競爭激烈的環境中屹立不搖。

五、例外管理

　　在例外管理的實務上，台積電集中注意力在10～20%的「傑出」及「需改進」、「不合格」的員工身上，而不是80～90%表現「優秀」及「良好」的員工。表現「傑出」的員工，台積電希望他們表現更好，同時也會照顧他們，因為這些「人才」一旦離職，對公司而言損失很大；表現不好的員工，也必須投入資源給予協助及關心，不可任其自然發展到不可收拾的地步。

資料來源：廖志德（1999）。〈台積電——以頂尖人才打造世界級企業的新績效制度〉。《能力雜誌》，第519期（1999年5月號），頁36-37。

二、共同評估做法

　　台積的績效評估分為三階：員工自我評估、共同評估與主管評估，以降低主管個人主觀的判斷。共同評核部分，強調客戶導向及團隊合作。於年度開始時，由主管與部屬共同決定誰是共同評核者（包括內部客戶與外部客戶，原則上共同評核為二到三人），並由共同評核者決定其評

核結果是否告之員工，至於評核結果如何計算，則仍由主管決定，以維持主管領導權。

評估的步驟，除了每年員工的自我評估外，還包括了定期檢視。員工自我評核後，再由主管與員工溝通，完成員工績效檢討與評核，並設定次年度目標及訂定發展計畫。

目標設定必須是詳細、精確、可量化、可達成、實際及具有時效性的目標；定期檢視，則強調績效考核並非年終總清算，而應於年度中由主管持續地與部屬進行績效討論，著重考核之發展性功能。

範例14-9

台積電的個人績效評估會議

台積電的績效評估方式，能讓員工看到自己的盲點，發現自己的潛能，同時看到同事的優點，彼此標竿學習，持續精進自己。當年度每人要針對所做的日常工作與專案，製作五頁簡報（有固定格式）。為了要突顯自己的工作價值，強調自己跟其他同事的不同，這五頁簡報至關重要，要讓所有人看到自己的亮點，清楚自己的工作內容。此外，除了主管要評估同仁績效，同儕間也要互評，這都有固定的績效比例。

績效評估會議上，每個人約有十分鐘報告時間，讓與會主管跟同事瞭解你的工作項目。這時，就要清楚切要地透過那五頁簡報，告訴大家自己今年完成的工作項目。講完後，與會的人就會針對不懂的地方發問。

每個同事都講完後，主管會發一張A4紙，要與會績效互評：哪一位最好？哪一位最差？另外的人就是正常水準。

績效評估報告中要填寫五個項目，分別為：

1.核心屬性評量表（必填）

2.主要成就表（必填）

3.你的優勢與潛能是什麼？

4.個人有哪些能力需要改善？

5.規劃下一年度的具體主要目標

　　每一位同仁，都可以透過這五個項目，精進工作表現。不斷檢視自己，借助與同事、主管的討論，看到工作過程中自己的盲點。自己也可以找一個標竿導師，跟他一起討論，找出自己的優勢跟潛能，不斷精進自己，找到更好的自己，活出更好的自己。不僅自己工作開心，也能替組織帶來貢獻。

資料來源：彭建文（2021）。〈只花一年，從「無事可寫」到「滿滿專案」！激發員工的考績制，台積電如何做？〉。《商周》，321期（2010/07），頁30。https://www.businessweekly.com.tw/management/blog/3006298。

三、正式績效面談期間

　　過去台積將績效管理制度的重點放在評估上，現在是將重點改為發展，強調考核溝通。台積將正式績效面談分為二次進行，第一次面談時，不會告訴受評者的考績，溝通重點放在去年主要業績、明年的工作目標、學習和發展的討論上，面談時間約為四十五分鐘至一小時三十分；第二次面談於完成評估最後階段進行，此時，員工在該年度績效表現已確定，主管與部屬通常會針對年度考績進行十至十五分鐘的溝通（李瑞華主講，廖志德文，1999）。

四、績效評比的原則

　　台積的績效管理制度，採取四等級評等法來規範，其各等級考核人

圖14-2　台積績效管理制度（PMD）作業流程圖

資料來源：台灣積體電路公司／廖志德撰（1999）。〈台積電——以頂尖人才打
　　　　　造世界級企業的新績效制度〉。《能力雜誌》，1999年5月號。

數之比例如下：

傑出≦10%

優良≦25～45%

良好≦50～70%

需改進、不合格≧5%

為了配合成為世界級公司的目標，台積為每一位員工訂定超高標準的工作目標及期望，並依據客觀的績效評估論功行賞，以促使員工發揮最大的潛能和生產力（黃同圳，2001：38）。

五、激勵與塑造的制度

台積創辦人張忠謀在1998年10月間，在交通大學開講「經營管理講座」課程，提到「主管要有勇氣告訴下屬弱點」的觀念，他指出，績效考核制度是為了達到「激勵」與「塑造」所產生的制度。考績制度的副產品，在確認表現最好與最壞的10%或5%過程，可同時達到激勵的效果與溝通效果。對於考績落至最後5%的員工，要向他們合理的說明，最後的5%不能永遠在最後5%，如果每年一樣的話，表示老闆有問題。

在溝通效果上，考績的結果應該讓同級或更高主管知道，這樣就可擬定一些調動人力的資料庫，例如資遣名單（隨時準備，備而不用）或是升遷名單，其中升遷名單對於最好的10%應該再進一步進行排名，使升遷名單更為清楚（王仕琦，1998）。

從上述的談話中，說明了績效管理制度的重點是在「培育塑造」員工的未來發展，而不是在看員工過去的表現。

圖14-3　台積績效管理與發展（PMD）制度四步驟

資料來源：劉啟光主講（2004）。「知識經濟下的人力資源管理：台積電公司分
　　　　　享」講義。

 結　語

　　績效管理的重點是要讓公司員工的潛能、能力和生產力做最大限度
的發揮，充分達到人盡其才的目的。上述標竿企業皆已證明，好的績效
管理系統能幫助員工聚焦在重要的工作專案上，提高員工工作士氣與產
出，組織也因而受惠。

　　從上述各標竿企業績效管理的實務做法，可瞭解人力資本（Human
Capital）的投入就是企業經營者的人力資源力量，處在當前經營環境劇變
與不確定的年代，唯有透過績效管理來提升人力資源能力與人力資本的轉
換，以形成不同方式的創新，方能轉換企業生存與發展的競爭優勢，從而
在產業及市場中永續的經營與發展。

績效管理辭彙

六個標準差（6 Sigma）

符合六個標準差（6σ）就代表每生產出一百萬個產品，其不良品必須低於四個（更精確來說是3.4個），轉換成一般服務業的用語，就是每一百萬人次的客人，其中不滿意服務的不可以超過四人，幾乎是趨近於零的意思。

A

絕對標準（Absolute Standard）

絕對標準是指對員工個人工作做成一固定標準，以員工績效與所訂定標準相比較，並評定其達成與否而予以評定等級，因此，員工之間不做相互的比較。

當責（Accountability）

當責是指說到做到，並且為所做的承諾負起完全責任，交出成果。

適應性績效指標（Adoptive Performance Indicator）

適應性績效指標是順應組織快速變革的需要而提出的一個新概念。即當工作要求和條件發生變化時，個體在一個任務上的學習能夠有效的遷移到另一個任務的行為。

交替排序法（Alternation Ranking Method）

交替排序法係指依據特定評估屬性（如生產力、出錯率、曠職率）將員工依該屬性由優至劣進行排序。

評鑑中心法（Assessment Center Method, ACM）

評鑑中心法是一套模擬工作實境的現場測評，包含動態及靜態情境，透過評鑑員觀察並評估參加者，是國際間公認信度、效度最高的評鑑發展工具。

歸因理論（Attribution Theory）

歸因理論係指考評者將員工工作績效表現不佳歸咎於努力不夠、能力不足、工

作特別艱難，或是運氣不佳，它會影響到其考績等第的效應決定。主管與部屬之間若常有面對面的互動時，主管會傾向於將績效差的部分歸於「非戰之罪」。

B

平衡計分卡（Balanced Scorecard, BSC）

平衡計分卡強調平衡的觀念，將企業願景轉換為具體的行動策略，由財務、顧客、流程與學習成長四個構面衡量績效，尋求企業短期與長期目標的平衡、財務與非財務度量間的平衡、落後與領先指標間的平衡、外部與內部績效間的平衡狀態。

行為取向（Behavioral Approach）

行為取向係指評量是看個人外顯可觀察可量化的行為。

行為觀察量表（Behavioral-Observation Scale, BOS）

行為觀察量表主要適用於對基層員工工作技能和工作表現的考察，也稱行為評價法、行為觀察法、行為觀察量表評價法。

加註行為評等量表（Behaviorally Anchored Rating Scale, BARS）

加註行為評量表係一項績效考評技術（主要是著眼於行為的考評而非特性考核），其與重大例外與績效行為面向有關。

偏誤（Bias）

偏誤是指員工績效以外的其他因素──這些因素系統地改變著對員工中評價──對考評的影響。

C

趨中傾向（Central Tendency）

趨中傾向係評估者傾向做出一般性的評價水準。

雲端運算（Cloud Computing）

雲端運算是指只要使用者能透過網路、由用戶端登入遠端伺服器進行操作，就

可以稱為雲端運算。

溝通（Communication）

溝通是我們日常生活中，傳達人與人之間思想與意念，並讓彼此相互瞭解的行為。

職能（Competency）

職能指的是知識（知道是什麼）、技術（如何做）、行為（有意義的執行）的綜合呈現，是作為執行工作職務所必須具備的基本能力。

脈絡性績效指標（Contextual Performance Indicator）

脈絡性績效指標係指員工為達成任務績效，在面臨各情境中所展現的行為或態度。脈絡性績效指標的優點，在積極性上，有助於導引被考核人展現有利目標達成的行為與態度，而在消極性上，則有助於避免因外部不可控制之因素，而影響績效的偏誤。

權變理論（Contingent Theory）

權變理論指的是任何策略制度的擬定，在不同環境下，都應有不同的作法，亦即策略與其所處的環境必須要能配合才能產生效果，再好的策略放在不適合的環境下都無法產生績效。

諮商（Counseling）

諮商是指透過語言和非語言的溝通去改變正常人的行為與觀念的人際關係。

重要事例技術法（Critical Incident Technique, CIT）

重要事例技術法是要求觀察者清楚地指定工作的任務和目標，並要求對工作人員進行定期觀察，從而在進行六至十二個月的觀察基礎上寫出有效和無效工作行為的工作分析報告，做為員工績效評估的結果。

關鍵成功因素（Critical Success Factor, CSF）

關鍵成功因素係指任何一個組織要成功經營，保持競爭力與成長所必須具備要掌握的幾項重要因素，倘若不能，就無法達成目標與招致失敗。

效標（Criterion of Validity）

效標是顯示測驗所欲測量或預測的特質之獨立量數，作為編製測驗時檢定與建立效度的參照標準，亦即指測驗所要預測的某些行為或量數。

D

決策（Decision Making）

決策係指的是兩個或兩個以上的替代方案中做抉擇。

E

同理心（Empathy）

同理心不是一種人格特質，而是一種技巧，是可以訓練的。學會不要輕易評判別人，學會以他人的角度看世界，能夠體會他人的情緒和想法，理解他人的立場和感受，同時能表達你理解對方感受的程度，並站在他人的角度思考和處理問題的能力。

員工比較法（Employee Comparison Methods）

員工比較法是相對而非絕對的評估法。它是將個人的績效與另一個人或更多人加以比較。

F

回饋（Feedback）

回饋係指收訊者經接收作用之後，對訊息來源所採取的反應行動，最常發生於雙向溝通、上行溝通和面對面口頭溝通。

現場詢問法（Field Review Method）

由工作績效評估人員或人事人員到現場與在職者之主管，或其他瞭解在職者之工作人員討論其各項表現後，再予以核定等第，送請各相關人員參考。

焦點團體（Focus Groups）

焦點團體主要藉由團體的互動，收集團體成員對特定主題的想法、意見、知覺、態度與信念。

強迫分配法（Forced Distribution）

強迫分配法類似在「曲線上分級」，是預先訂出一定比例，要求主管將部屬依

照此比例來評定優劣，如此可避免主管將所有的部屬統統評好（過寬傾向）或評壞（過嚴傾向）。

G

圖表評等量表（Graphic Rating Scale, GRS）
圖表評等量表係一種績效評估的方法，列出一些特性項目，以及每一個項目的績效間距。

H

月暈效應（Halo Error）
月暈效應是把員工行為的某一特點擴大化，至影響評估時的判斷。

車庫法則（HP's Rules of the Garage）
車庫法則來源是因為惠普創始人威廉・惠特（William Hewlett）及大偉・普克（David Packard）是在矽谷的一個車庫中建立惠普公司而得名。

人力資本（Human Capital）
人力資本是指存在於人體之中具有經濟價值的知識、技能和體力（健康狀況）等品質因素的總和。

I

個別排列法（Individual Ranking Method）
個別排列法係將全部受評者之工作狀況分別列出其等級，再依序為其高低訂定成績之優劣，是「員工比較系統」中最簡單的個別比較法。

周哈里窗（Johari Window）
由美國社會心理學家魯大特（Joseph Luft）與英格漢（Harry Ingham）提出，從自己與他人的角度，以瞭解或不瞭解為標準，把人的內在分成四個部分：開放我、盲目我、隱藏我、未知我。

網際網路（Internet）

網際網路是指20世紀末期興起電腦網路與電腦網路之間所串連成的龐大網路系統。

面談（Interview）

面談，是指兩人或兩人以上為某個目的而進行口頭溝通。

工作分析（Job Analysis）

工作分析是指將組織內各項工作之內容、責任、性質及員工所應具備的基本條件，包括知識、能力、責任感與熟練度等加以研究分析的過程，指明了個體的職責，這些職責關係到他們的獎勵、懲罰、晉升、降級、解僱、調動等。

K

關鍵業務板塊（Key Business Area, KBA）

關鍵業務板塊係指將現行工作業務方面劃分成若干業務板塊，選出若干關鍵的業務板塊，然後提出關鍵衡量指標。

關鍵績效指標（Key Performance Indication, KPI）

關鍵績效指標是一種量化指標，不是目標，但是能夠藉此認定目標或行為標準，反映組織的關鍵成功因素。公司會在訂下目標後，建立檢視工作成效的衡量指標，來追蹤目標達成狀況。

關鍵結果領域（Key Result Area, KRA）

關鍵結果領域是為實現企業整體目標、企業必須在一些領域取得滿意的結果才能實現，這些不可或缺的領域就是企業關鍵成功要素。平衡計分卡認為，這四個關鍵領域是財務、顧客、營運、學習和成長。

關鍵策略目標（Key Strategic Object, KSO）

關鍵策略目標就是分析制訂達成目標的重要工作，制訂出若干工作策略，然後再提出衡量這些策略實現的指標。

關鍵成功因素（Key Success Factor, KSF）

關鍵成功因素是在探討 業特性與企業策略之間關係時，常使用的觀念，是在

結合本身的特殊能力，對應環境中重要的要求條件，以獲得良好的績效。

領先指標（Leading Indicator）

領先指標是作為對未來經濟景氣變動之衡量，當領先指標綜合指數上升時，可預期未來經濟景氣將趨熱絡。

過寬傾向（Leniency Tendency）

過寬傾向係指考評者所做出的考評比員工的實際水準要高很多，可能因寬嚴不一而扭曲了績效考評的平均值。

管理（Management）

管理其英文的字源Management來自於maneggiare（義大利文），是指騎士駕馭馬匹，奔向既定目標的過程。易言之，管理是指透過他人有效完成活動的過程，包括協調組織資源。

管理循環（Management Cycle）

管理循環乃是在進行管理的過程（規劃、組織、任用、領導、控制）當中，歷經一連串的決策過程和選擇方法。

目標管理（Management By Objectives, MBO）

目標管理是一種績效評核方法，係設定自己的各項目標，然後再將目標分割成更細的標或關鍵成果（一個非常明確而具體的描述和完成日期，以便截止時間來臨時，沒有模糊敷衍的空間）。

矩陣（Matrix）

矩陣是一個按照長方陣列排列的複數或實數集合，最早來自於方程組的係數及常數所構成的方陣。這一概念由19世紀英國數學家凱利（Cayley）首先提出。

多元績效回饋制（Multi-source Feedback Systems）

多元績效回饋制又稱全方位（360度）績效回饋制，是以主管、同仁、部屬、自我評估、外部顧客等各方面進行評估，以取代過去只依賴主管評估的單一評估法，可以幫助人們提高對自我的洞察力，更加清楚自己的強項 和需要改進的地方，進而制定下一步的人力發展計畫。

N

負向強化（Negative Reinforcement）

負向強化是指為促成組織所期待的行為，將可能導致此行為之負面誘因消除的行為。

O

目標與關鍵結果（Objectives and Key Results, OKR）

目標與關鍵結果代表的是目標（Objectives）；KR則是「關鍵結果」（Key Results），也就是要達成目標，需完成哪些事情。

客觀標準（Objective Criterion）

客觀標準，係指評估員工是由衡量他們完成特殊設定目標和工作關鍵事例的成功度來決定。這種方針在程序明確，目標導向的組織中最為適用。

結果取向（Outcome/ Result Approach）

結果取向係指以工作的成果產出作為評估的重點，內容著眼於「做出什麼結果」，而非行為。例如：降低庫存量、存貨成本。

P

配對比較法（Paired Comparison Method）

配對比較法是要求主管必須對每位員工與單位中其他所有員工的績效表現進行配對比較，而根據這些配對比較決定員工績效評估結果，以決定排出個人的績效名次。

績效給薪（Pay for Performance）

績效給薪，係指薪資的給付應與績效有關，當員工對組織的貢獻大時則報酬高；貢獻小時則報酬低。

績效（Performance）

績效係指有效率的運用資源，以提供有品質的服務或產品，包括可以量化的工作成果、工作完成的時間以及工作品質等。包含效率、效能與滿意度等概念。

績效考核（Performance Appraisal）

績效考核係指利用一套正式的、結構化的制度，用來衡量、評核及影響與員工工作有關的特性、行為及其結果，從而發現員工的工作成效，瞭解未來該員工是否能有更好的表現，以期員工與組織的獲益。

績效管理（Performance Management）

績效管理即是從績效衡量的四大基本面向，即：投入、過程、產出、結果／影響，透過資訊的收集與有效運用，藉以達成組織目標的作為。

績效管理循環系統（Performance Management System）

績效管理循環係指全面品質運動所稱的計畫（Plan）、執行（Do）、考核（Check）及持續改善（Action）四階段（PDCA）循環。此一循環著重於持續改善的哲學，而卓越能力模式恰可作為組織成員提升工作能力的依據。

正向強化（Positive Reinforcement）

正向強化係指增加給員工喜歡的刺激，來增加員工好的行為，以使這些行為得到進一步加強，從而有利於組織目標的實現。

R

評定量表（Rating Scales）

評定量表係指透過觀察，給事件、行為或特質一個評定分數的標準化程式。

相對標準（Relative Standards）

相對標準係指針對員工績效與其他員工相互比較而評定何人表現為佳，何人表現為差。

信度（Reliability）

信度即可靠度，通常是指測驗結果的一致性或穩定性。

S

自我評估法（Self-Appraisal Method）

自我考核法是讓員工依據自己能力、興趣、需求與價值判斷等潛力，設定未來的目標，自我要求、自我發展的方法，亦是一種自我發覺、自我分析的過程。當員工對自己做自我評估時，可能會降低自我防衛的行為，且亦可以瞭解自己工作知能上的不足，而予以加強補充，自我發展。

刻板印象（Stereotype）

刻板印象指的是先入為主的觀念，主要是因為我們沒有足夠的時間去瞭解個體，於是會將一個團體全體成員的典型特質套用在這個團體中每一個成員的身上，而無視於他們之間其實有實際的差異。

策略（Strategy）

策略就是進行一連串不同的活動，創造獨特而有價值的定位。

策略地圖（Strategy Map）

策略地圖係指用來呈現平衡計分卡制度中四大策略目標以及創造組織價值之間因果關係的一種圖形，目的在於清楚展現組織的策略並將策略有效的結合。

過嚴傾向（Strictness Tendency）

過嚴傾向係指有些考評者可能給員工比實際工作表現更低的工作評價。

強弱危機分析法（SWOT Analysis Method）

強弱危機分析法是一種企業競爭態勢分析方法，是市場行銷的基礎分析方法之一，透過評價自身的優勢（Strengths）、劣勢（Weaknesses）；外部競爭上的機會（Opportunities）和威脅（Threats），用以在制定企業發展策略前對自身進行深入全面的分析以及競爭優勢的定位。

T

任務性績效指標（Task Performance Indicator）

任務績效指標是指與工作產出直接相關的，能夠直接對其工作結果進行評價的這部分績效指標。

由上而下（Top-down）

由上而下係指大部分決策權掌握在組織的最高層部門，由他們負責配置資源，當部門之間發生矛盾時，主要是由他們進行協調。

特質取向（Trait Approach）

特質取向係指管理者依照員工的某一項（或某些）屬性，進行評價並給予成績的績效考核方法。

V

效度（Validity）

效度是表示一份量表能真正測量到它所要測量的能力或功能所期望的程度。

W

活力曲線（Vitality Curve）

活力曲線係由奇異（GE）公司前執行長傑克‧韋爾奇提出。他認為員工能力會呈現鐘型分配，他利用活力曲線，強制將員工排名成前20%、中70%、後10%，尾端10%的員工將遭淘汰，企業才能不斷拉高績效門檻，因此也稱為「末位淘汰制」。

參考書目

aEnrich育碁知識寶典，〈HRD小辭典〉，https://www.aenrich.com.tw/download/dictionary_1.asp。

Amber（2006）。〈策略地圖與平衡計分卡〉。科技產業資訊室，https://iknow.stpi.narl.org.tw/Post/Read.aspx?PostID=3007。

EMBA世界經理文摘編輯部（1999）。〈新主管存活教戰手冊〉。《EMBA世界經理文摘》，第152期（1999年4月號），頁127-128。

EMBA世界經理文摘編輯部（2012）。〈績效衡量應該這樣做〉。《EMBA世界經理文摘》，第43期（2012年11月號），頁97-98。

HR MANAGER雜誌編輯部。〈績效考核的藝術〉。HR MANAGER雜誌，2006/01，頁7。

丁志達（2023）。《實用薪酬管理學》。揚智文化。

丁志達（2022）。《實用人資學》。揚智文化。

丁志達（2020）。《實用管理學》。滄海圖書。

丁志達（2014）。《績效管理》（二版）。揚智文化。

中人優選weuuu（2018）。〈谷歌績效管理真經，Google強大的理由！〉。《每日頭條》，https://kknews.cc/tech/2z5opxr.html。

中華電信（2005）。《中華電信個人績效考核作業手冊》，2005年12月。

尤振富（2009）。《企業績效管理制度之成敗與因應探討》。國立中央大學人力資源管理研究所碩士論文。

王仕琦（1998）。〈主管要有勇氣告訴下屬弱點〉。《工商日報》，1998/12/17。

王忠宗（2004）。《目標管理與績效考核——企業與員工雙贏的考評方法》。日正企管顧問。

北京愛丁文化交流中心譯（2003）。安德烈‧德瓦爾（André De Waal）著。《成功實施績效管理》。電子工業出版社。

司徒達賢（1999）。《為管理定位》。天下雜誌出版。

布蘭佳專欄（1994）。〈績效評估前，先做好績效管理〉。《管理雜誌》，第240期（1994年6月號），頁160。

石銳（2000）。《績效管理》。行政院勞工委員會職業訓練局。

安東里尼（David Antonioni）（1997）。〈360度評估法〉。《世界經理文摘》，

第130期6月號，頁19-20。

何文榮、黃君葆譯（1999）。羅賓斯（Stephen P. Robbins）著。《今日管理》。新陸書局。

何永福、楊國安（1993）。《人力資源策略管理》。三民書局。

余振忠譯（1985）。波納馬（T. V. Bonoma）、札特曼（G. Zaltman）著。《實用管理心理學》。遠流出版。

吳四明譯（2000）。馬庫斯‧巴金漢（Marcus Buckingham）、克特‧高夫曼（Curt Coffman）著。《首先打破成規：八萬名傑出經理人的共通特質》。先覺出版。

吳安妮（2003）。〈以平衡計分卡推動策略與績效管理〉，host.lyjh.tyc.edu.tw/.../510。

吳昭德（2001）。〈平衡計分卡概論〉，http://www.asia-learning.com/peter_wu/article/64063329/。

巫宗融譯（1997）。安德魯‧葛洛夫（Andrew S. Grove）著。《英特爾管理之道》。遠流出版。

李仁芳、洪子豪（2000）。《企業概論》。華泰文化。

李長貴（2000）。《人力資管理——組織的生產力與競爭力》。華泰文化。

李長貴（1997）。《績效管理與績效評估》。華泰文化。

李南賢（2000）。《企業管理》。滄海書局。

李建華、方文寶編著（1996）。《企業績效評估理論與實務》。超越企管顧問。

李洪余、朱濤譯（2003）。帕梅拉‧瓊斯（Pam Jones）著。《績效管理》。上海交通大學出版社。

李茂興、徐偉傑譯（1998）。裴朗特（Joan Ferrante）著。《社會學：全球性的觀點》。弘智文化。

李茂興譯（1992）。葛力‧戴則勒（Gary Dessler）著。《人事管理》。曉園出版社。

李強譯（2004）。安迪‧尼利著。《企業績效評估》。中信出版社。

李淑芳譯。安達貴之（2005）。《360度評估實務》。中國生產力中心。

李開復（2006）。《做最好的自己》。聯經出版。

李瑞華主講，廖志德文（1999）。〈台積電以頂尖人才打造世界級企業的新績效制度〉。《能力雜誌》，總號第519期（1999年5月號），頁34-39。

李誠主編（2000/2012）。《人力資源管理的12堂課》。天下文化。

李漢雄（2000）。《人力資源策略管理》。揚智文化。

李鳳、歐陽傑（2013）。〈簡單與有效：IBM績效管理的邏輯〉。《人力資源開發與管理》，第102期（2013年3月號），頁30-33。

李璞良譯（1992）。娜達莎‧約瑟華滋（Natasha Josefowitz）著。《做個成功主管》。絲路出版社。

亞瑟‧施內德曼（Arthur Schneiderman）（2004）。〈無師自通MBA〉。《大師輕鬆讀》，第91期，頁29。

林于禎（2012）。《績效薪對企業經營績效影響——情境因素探討》。國立中央大學人力資源管理研究所碩士論文。

林文政（1998）。《第一屆高科技人力資源管理國際研討會報告輯（上）：高科技產業人員績效考核之研究——以一家資訊電子業公司研發人員為例》，頁7-2。

林文政（2010）。〈績效管理≠打考績，提升員工能力更重要〉。《經理人月刊》，第71期10月號，頁61。

林素瑜（1999）。《組織學習與創新績效關係的研究》。靜宜大學企業管理學系碩士論文。

林能敬編譯（1990）。寇克派屈瑞克（D. L. Kirkpatrick）著。《績效考核與輔導實務》。超越企管顧問。

林欽榮（1991）。《組織行為》。前程企管。

林鉦鋟（1998）。〈用輔導取代責備〉。《工商時報》，1998/05/11。

林燦螢、鄭瀛川、金傳蓬（2013）。《人力資源管理：理論與實務》。雙葉書廊。

林瓊瀛（2016）。〈人才管理新趨勢——奇異績效考核制度大改造〉。《工商時報》，2016/07/05，D4經營知識。

邱天欣譯（2002）。羅博特‧貝可（Robert Bacal）著。《績效管理立即上手》。麥格羅‧希爾。

邱正斌、胡蓉譯（1999）。Richard S. William著。《業績管理》。東北財經大學出版社。

邱皓政（2011）。〈提升軟硬績效管理5堂課〉。《能力雜誌》，總號第667期（2011年9月號），頁47。

姚怡平譯（2019）。保羅‧尼文（Paul R. Niven）、班‧拉莫（Ben Lamorte）著。《執行OKR，帶出強團隊》。采實文化。

姜定維、蔡巍（2004）。《KPI，"關鍵績效"指引成功》。中信出版社。

英國雅特楊資深管理顧問師群（1989）。《管理者手冊》。中華企業管理發展中心。

孫本初（2000）。〈多元評估模式探討之研究〉。《人事月刊》，第31卷第5期，頁8-20。

孫怡譯（2003）。馬克斯·埃格特（Max A. Eggert）著。《評估管理》。上海交通大學出版社。

秦楊勇（2007）。《平衡計分卡與薪酬管理》。中國經濟出版社。

高翠霜譯（2002）。杜拉克等著。《績效評估》。天下文化。

張一弛編著（1999）。《人力資源管理教程》。北京大學出版社。

張良姿（2014）。《績效考核實用手冊》。經理人特刊。

張美智譯（1999）。約翰·勝格（John H. Zenger）著。《2＋2＝5：高產能與高獲利的新解答》。美商麥格羅·希爾國際。

張國安（1987）。《歷練——張國安自傳》。天下文化。

張清浩（2011）。〈雇主之績效考核權與司法審查〉。張清浩律師的部落格，http://www.lex.idv.tw/?p=3809。

張智寧（2000）。《不同策略群組特性下員工績效評估與組織績效的關聯性研究》。靜宜大學企業管理學系碩士論文。

張錦富（1999）。〈透過績效管理制度持續改善〉。《管理雜誌》，第305期（1999年11月號），頁54。

曹國維（1987）。《機會：人盡其才——人力資源管理新課題》。中國生產力中心出版。

梁金桂，「如何做好360度評量回饋」講義。美商宏智國際顧問（DDI）編印。

莫菲譯（1997）。約翰·培恩（John Payne）、雪莉·培恩（Shirley Payne）著。《輕鬆管理，成功領導》。圓智事業文化。

許是祥譯（1991）。Alexander Hamilton Institute, Inc.著。《目標管理制度》。中華企業管理發展中心。

許倬雲（2000）。〈人文與社會的提升〉。《中國時報》，2000/7/3，第2版。

許瑞宋譯（2010）。羅伯·柯普朗（Robert S. Kaplan）、大衛·諾頓（David P. Norton）著。〈為策略畫張地圖吧〉。《哈佛商業評論》，新版第43期（2010/03），頁71-79。

許瑞宋譯（2019）。約翰·杜爾（John L. Doerr）著。《OKR：做最重要的事》。

天下文化。

連育德譯（2015）。拉茲洛・博克（Laszlo Bock）著。《Google超級用人學：讓人才創意不絕、企業不斷成長的創新工作守則》。天下文化。

陳文光譯（1989）。村上良三著。《人事考核手冊——制度之設計與運用》。台華工商。

陳正強編著（2000）。《人力資源管理精論》。千葉圖書。

陳芳主編（2002）。《績效管理》。海天出版社。

陳芳毓（2014）。〈採訪林文政：績效管理≠打考績　提升團隊能力更重要〉。《經理人特刊——績效考核實用手冊》，頁12-13。

陳柏蒼譯（1996）。約翰・亨佛瑞（John Humphries）著。《管人的藝術》。希代出版。

陳照明（1997）。《目標管理：如何設定「好目標」及有效達成》。世茂出版社。

陶文祥譯（1997）。David Goss著。《人力資源管理》。五南圖書。

彭昶裕（1997）。《老闆的禮物——員工情緒管理EQ執行手冊》。耶魯國際。

彭懷真（2012）。《多元人力資源管理》。巨流圖書。

彭懷真（1999）。《團隊高績效》。希代出版公司。

曾玉明（1999）。〈績效發展引領企業向前看〉。《能力雜誌》，總號第519期（1999年5月號），頁20。

曾渙釗（1988）。〈為企業做健康檢查——績效評估的方法〉。《現代管理月刊雜誌》，第142期（1988年11月號），頁87-90。

費迪南・佛尼斯（Ferdinand Fournies）著。丁惠民、游琇雯譯（2007）。《績效！績效！PartⅡ，強化員工競爭力的教導對談篇》。麥格羅・希爾國際。

馮斯明譯（1985）。費德勒（Fread E. Fiedler）著。《尖端領導》。桂冠圖書。

黃同圳（2001）。「績效管理、考核與獎酬」講義。行政院勞工委員會編印。

黃英忠（1996）。〈人力資源管理的理念與應用〉。《人力資源發展月刊》，第34期，頁36-45。

黃達夫（2000）。《用心聆聽》。天下文化。

黃寰（2005）。《麥當勞大帝：雷・克洛克》。新瀚文化。

勤業管理顧問公司譯（1998）。史蒂芬・赫羅內茨（Steve M. Hronce）著。《非常訊息：如何做好企業績效評估》。聯經出版。

勤業管理顧問公司譯（1998）。赫羅內茨（Steve M. Hronce）著。《非常訊息：如

何做好企業績效評估》。聯經出版。

葉匡時（2021）。〈疫情改變企業老闆的認知與行為〉。《聯合報》，2021/09/21，A8財經要聞版。

葉忠編著（2012）。《科技與創新管理》。雙葉書廊。

詫摩武俊（1990）。《性格》。久大文化。

董定遠譯（1989）。荻原勝著。《新人事管理──21世紀的人事管理藍圖》。尖端出版。

廖文志（2011）。〈開創性的績效面談〉。《能力雜誌》，總號第666期（2011年8月號），頁27。

廖志德（1999）。〈以績效管理引爆組織動力〉。《能力雜誌》，總號第519期（1999年5月號），頁32-33。

管理雜誌編輯部（1992）。〈績效評估面面觀──有憑有據賞罰分明〉。《管理雜誌》，第222期（1992年12月號），頁111。

劉呈逸（2000）。〈Google、微軟都在用，3步驟讓達標更有效率〉。《Cheers雜誌》，台北市就業服務處網址，https://www.okwork.taipei/ESO/content/tw/Article/161117075814/200511160633

劉厚鈺譯（1990）。〈讓顧客為員工打考績──員工獎勵與顧客滿意的結合〉。《現代管理雜誌》（1990年1月號）。

劉家寧（2002）。〈目標管理確立　績效考核精準〉。《經濟日報》，2002/12/23。

劉揚銘（2010）。〈3M：給員工15%的自由，換來115%的工作表現〉。《經理人月刊》，第71期（2010年10月號），頁96-97。

劉揚銘（2014）。〈3M：依個人目標，評估及發展績效〉。《經理人特刊──績效考核實用手冊》，頁66-67。

劉揚銘（2005）。〈專家會談KPI：3位管理高手激盪7大關鍵〉。《經理人月刊》，第4期（2005年3月號），頁67。

蔡秀涓（1999）。〈績效不佳員工的處理：美國聯邦政府的經驗與啟示〉。《人事行政雜誌》，第129期（1999年8月號），頁20-39。

蔡淑美（1988）。〈探訪「民」隱的績效評估面談〉。《現代管理雜誌》，第141期（1988/10/15），頁8-12。

蔡壁如譯（1998）。維吉妮雅‧歐布萊恩（Virginia Obrien）著。《企業經營快易通》。商周出版。

蔣總統思想言論集編委會編（1966）。《卷22——考核人才的要領與領導原則》。中央文物供應社。

鄧玉金（2019）。〈惠普公司績效管理的七步法〉。《每日頭條》，https://kknews.cc/career/yvja2zg.html。

鄧東濱（1998）。《人力管理》。長河出版社。

鄭君仲（2005）。〈輕鬆搞懂KPI：7組條列重點帶你上路〉。《經理人月刊》，第4期（2005年3月號），頁67。

鄭肇楨（1998）。《心理學概論》。五南圖書。

鄭曉明譯（2003）。布萊恩‧貝克（Brian E. Becker）、馬克‧休斯李（Mark A. Huselid）、迪夫‧烏里奇（Dave Ulrich）著。《人力資源計分卡》。機械工業出版社。

鄭瀛川（2006）。《績效管理練兵術》。汎果文化。

鄭瀛川、王榮春、曾河嶸（1997）。《績效管理》。世台管理顧問。

蕭煥鏘（1999）。〈員工績效缺口之診斷與因應策略〉。《人事管理月刊》，第424、425期，頁18-33。

蕭鳴政等譯（2002）。加里‧萊瑟姆（Gary P. Latham）、肯尼斯‧韋克斯利（Kenneth N. Wexley）著。《績效考評：智力於提升企高事業組織的綜合實力》（第2版）。中國人民大學出版社。

駱秉容譯（2002）。費迪南‧佛尼斯（Ferdinand F. Fournies）著。《績效！績效！：提升員工績效的16個管理祕訣》。麥格羅‧希爾。

聯工社論（2012）。〈績效考核的強化與互信〉。《聯工月刊》，第268期（2012/04/30），2版。

謝寶國、夏勉（2004）。〈關鍵績效與崗位績效〉。《企業管理》，第4期，頁38-39。

韓志翔（2011）。〈績效面談回歸改善提升的初衷〉。《能力雜誌》，總號第666期（2011年8月號），頁33。

簡建忠（2002）。《績效需求評估》。五南圖書。

羅業勤（1992）。《薪資管理》。作者自印。

嚴長壽（1998）。《總裁獅子心》。平安文化。

顧淑馨、王莉娟譯（2006）。卡莉‧菲奧莉娜（Carly Fiorina）著。《勇敢抉擇——前惠普執行長Carly Fiorin回憶錄》。天下雜誌。

管理叢書

實用績效管理學

作　　者／丁志達
出 版 者／揚智文化事業股份有限公司
發 行 人／葉忠賢
總 編 輯／閻富萍
特約執編／鄭美珠
地　　址／新北市深坑區北深路三段 258 號 8 樓
電　　話／(02)8662-6826
傳　　真／(02)2664-7633
網　　址／http://www.ycrc.com.tw
 E-mail ／service@ycrc.com.tw
 ISBN ／978-986-298-430-7
初版一刷／2024 年 2 月
定　　價／新台幣 550 元

國家圖書館出版品預行編目（CIP）資料

實用績效管理學 = Performance management :
theory and practice / 丁志達著. -- 初版. --
新北市 ：揚智文化事業股份有限公司,
2024.02
　面；　公分（管理叢書）

ISBN 978-986-298-430-7（平裝）

1.CST: 績效管理　2.CST: 人事管理

494.3　　　　　　　　　　　　113001142

NOTES

NOTES